András Kertész

# Die Modularität
# der Wissenschaft

# Wissenschaftstheorie
# Wissenschaft und Philosophie

Gegründet von Prof. Dr. Simon Moser, Karlsruhe

Herausgegeben von Prof. Dr. Siegfried J. Schmidt, Siegen

András Kertész

# Die Modularität
# der Wissenschaft

Konzeptuelle und soziale Prinzipien
linguistischer Erkenntnis

Dr. András Kertész
Németh László u. 4
H-4032 Debrecen
Ungarn

Die Deutsche Bibliothek – CIP-Einheitsaufnahme

Kertész, András:
Die Modularität der Wissenschaft: konzeptuelle und
soziale Prinzipien linguistischer Erkenntnis / András Kertész.
– Braunschweig: Vieweg, 1991
  (Wissenschaftstheorie, Wissenschaft und Philosophie; 34)
  ISBN 978-3-322-88968-3        ISBN 978-3-322-88967-6 (eBook)
  DOI 10.1007/978-3-322-88967-6
NE: GT

# Vorwort

Die nachfolgenden Untersuchungen beruhen auf der Überzeugung, daß die Annahme der modularen Organisation der wissenschaftlichen Erkenntnis eine Reihe von Lösungsmöglichkeiten für gegenwärtig diskutierte Grundprobleme der allgemeinen Erkenntnis- und Wissenschaftstheorie bereitstellt. Dadurch wird eine Argumentationsstrategie nahegelegt, wonach es in erster Linie nicht auf eine möglichst präzise und vollständige Darstellung der Konzeption ankommt, sondern vielmehr auf die Überprüfung ihrer Fruchtbarkeit bei der Neuthematisierung von Fragen, die metawissenschaftliche Reflexionen zu bewältigen haben. Zu diesem Zweck eignet sich am besten die Analyse desjenigen Bereichs, dem die Modularitätshypothese entstammt: der theoretischen Linguistik. Das Anliegen dieser Arbeit ist es somit, die Stärken und Schwächen eines modularen Herangehens an die wissenschaftliche Erkenntnis *im allgemeinen* am Beispiel der Erarbeitung einer *speziellen* Wissenschaftstheorie der theoretischen Linguistik zu veranschaulichen.

Daß aus diesem Vorhaben ein Buch werden konnte, ist der Hilfe vieler zu verdanken. Für die intellektuelle Anregung und für praktische Unterstützung fühle ich mich Peter Finke (Bielefeld) in Dankbarkeit verbunden. Márta Fehér (Budapest), Ferenc Kiefer (Budapest), Katalin É. Kiss (Budapest), János S. Petőfi (Bielefeld/Macerata) und Anita Steube (Leipzig) haben das Manuskript gelesen und kommentiert; ihnen möchte ich für ihre hilfreichen Hinweise aufrichtig danken. Mehr als ich dies in wenigen Worten ausdrükken könnte, fühle ich mich Piroska Kocsány (Debrecen) zu Dank verpflichtet. Dem Deutschen Akademischen Austauschdienst, der im Studienjahr 1987/88 meinen Forschungsaufenthalt an der Universität Tübingen finanziell unterstützte, sowie den Mitarbeitern des Deutschen Seminars der Universität Tübingen verdanke ich, daß ich die Vorarbeiten zu diesem Werk unter ausgezeichneten Bedingungen durchführen konnte. Schließlich danke ich Irene Fickel (Debrecen/Berlin), Thomas Schestag (Debrecen) und Göran Schöfer (Debrecen/Berlin) für die Überprüfung des Manuskripts auf korrektes Deutsch.

Debrecen, im Januar 1991                                            András Kertész

# Inhaltsverzeichnis

# Einleitung

Zwar scheint das Interesse für Grundlagenprobleme der linguistischen Forschung gegenwärtig bei weitem nicht so rege zu sein, wie dies in den siebziger Jahren der Fall war, doch dieser Tatbestand bedeutet keineswegs, daß die in den damaligen Diskussionen aufgeworfenen Fragen zufriedenstellend geklärt worden sind. Die gegenwärtige Zurückhaltung gegenüber wissenschaftstheoretischen Problemen der theoretischen Linguistik ist vielmehr der Tatsache zuzuschreiben, daß diese Diskussionen, die durch den Gegensatz zwischen der Analytischen Wissenschaftstheorie und der Hermeneutik geprägt waren, in eine Sackgasse mündeten. Angesichts der Aussichtslosigkeit der so entstandenen Forschungslage wäre es durchaus ungerechtfertigt, die bereits fallen gelassenen Fragestellungen heute wieder aufzugreifen, wären nicht im letzten Jahrzehnt sowohl in der theoretischen Linguistik als auch in der allgemeinen Wissenschaftstheorie Veränderungen vor sich gegangen, die eine Neuformulierung alter Probleme erzwingen und dadurch diese von ihrer scheinbaren Unfruchtbarkeit befreien. Ohne Zweifel finden sich solche Entwicklungen in beiden Bereichen.

In der theoretischen Linguistik hat die *Modularitätshypothese* die Integration von Ansätzen ermöglicht, die verschiedenen Quellen entsprangen und eigentlich als Gegenspieler galten. Dies führt dazu, daß die durch diese Hypothese gekennzeichnete *generativistisch geprägte theoretische Linguistik* (die keineswegs mit einer bestimmten syntaktischen Theorie identifiziert werden darf) die Hauptrichtung der Entwicklung der theoretischen Linguistik zu bestimmen scheint;[1] ihre dominante Rolle ist selbst dann nicht zu bestreiten, wenn die Linguistik bei weitem nicht einheitlich, sondern durch zahlreiche einander teilweise entgegengesetzte Strömungen gekennzeichnet ist. Die generativistische theoretische Linguistik stellt deshalb ein würdiges Untersuchungsobjekt für den Wissenschaftstheoretiker dar und sie kann auch als Ausgangspunkt zu metatheoretisch relevanten Verallgemeinerungen dienen.

In der allgemeinen Wissenschaftstheorie läßt sich eine *methodologische Wende* beobachten, derzufolge die Wissenschaftstheorie nicht mehr als ein "überwissenschaftli-

---

1 Siehe z.B. Grewendorf - Hamm - Sternefeld (1987), Bierwisch (1990).

ches" Unterfangen, sondern als eine "gewöhnliche" empirische Einzelwissenschaft betrieben werden soll. Es erscheint deshalb durchaus berechtigt, zu erwägen, inwieweit durch die Berücksichtigung beider Tendenzen eine mögliche Neuorientierung der Wissenschaftstheorie der Linguistik die Grenzen früherer Versuche überschreiten kann.

Der Grundgedanke dieses Werkes ist, daß wissenschaftliche Erkenntnis einen spezifischen Teilbereich menschlichen Verhaltens darstellt und deshalb genauso durch die Interaktion eigenständiger Module des Verhaltens determiniert ist wie andere Bereiche, so z.B. das Sprachverhalten selbst. Wenn dementsprechend Wissenschaft in die Gesamtheit menschlicher Handlungsmuster eingebettet wird, so lassen sich sowohl die Gemeinsamkeiten, die sie mit anderen Verhaltensweisen teilt, als auch ihre spezifischen Züge aufdecken. Durch die Ermittlung universeller Prinzipien des menschlichen Verhaltens kann man nämlich den allgemeinen Charakteristika der Erkenntnis Rechnung tragen, und ihre auf Disziplinen oder Theorien relativierten Spezifika werden als "Fixierungen" der mit diesen Prinzipien verbundenen freien Parameter beschrieben. Daraus entfaltet sich das Programm einer *modularen Wissenschaftstheorie*, die ihren Untersuchungsgegenstand nicht zu rechtfertigen, sondern zu beschreiben und zu erklären trachtet. Es wird sich dabei zeigen, daß aus der Grundhypothese der gegenwärtigen theoretischen Linguistik *selbst*, nämlich der Modularitätshypothese, ein Wissenschaftsbild hervorgeht, das von den bisherigen Vorstellungen der Linguisten über ihre eigene Disziplin *radikal abweicht*. Um an einem bekannten Beispiel veranschaulichen zu können, daß ein solcher Ansatz bei der Lösung von wissenschaftstheoretischen Problemen tatsächlich fruchtbar sein kann, wird das Verhältnis zwischen Begriffsexplikation und Tatsachenerklärung in der generativistischen theoretischen Linguistik thematisiert.

Nach der Begründung der Problemstellung (Kapitel 0) werden in den Kapiteln 1 und 2 die Grundlagen einer modularen Wissenschaftstheorie erarbeitet, die im restlichen Teil des Buches angewendet wird. Im Kapitel 3 werden einige universelle konzeptuelle Prinzipien aufgedeckt, die Begriffsexplikationen zugrundeliegen. Kapitel 4 enthält eine Darstellung der daraus hervorgehenden Konsequenzen für Tatsachenerklärungen, wobei sich weitere universelle konzeptuelle Prinzipien ermitteln lassen. Im Kapitel 5 werden die sozialen Faktoren erläutert, die bei der Gestaltung von Explikationen und Erklärungen im allgemeinen relevant sind; ihre Interaktion mit den konzeptuellen Prinzipien wird die Spezifika theoretisch-linguistischer Erkenntnis ergeben. Kapitel 6 enthält schließlich eine Diskussion sowohl der Ergebnisse als auch der offen gelassenen Fragen, die den Weg für weitere Forschungen vorzubereiten scheinen.

Die Reichweite der Resultate bleibt, wie bereits angedeutet, nicht auf die theoretische Linguistik beschränkt. Dementsprechend werden die oben skizzierten *spezifischen* Untersuchungen der theoretisch-linguistischen Erkenntnis zeigen, wie man mit Hilfe einer modularen Metatheorie gegenwärtig diskutierte Probleme der *allgemeinen* Wissenschafts-

und Erkenntnistheorie lösen kann. Von besonderer Relevanz ist dabei die Frage nach dem Verhältnis zwischen konzeptuellen und sozialen Bedingungen der Erkenntnis, die in den wissenssoziologischen Diskussionen des letzten Jahrzehnts im Mittelpunkt des Interesses stand und steht.

Eine erfolgreiche Verwirklichung dieses Programms setzt präzise Beweisführungen und (meta)theoretische Explizitheit voraus. Doch in Kenntnis der Forschungslage sowohl der theoretischen Linguistik als auch der allgemeinen Wissenschaftstheorie wird man einen solchen Anspruch von vornherein als unrealistisch einschätzen müssen. Zum einen gibt es keine empirisch zwingenden Beweise für die Stichhaltigkeit der Modularitätshypothese. Zum anderen sind die bisherigen Überlegungen zu den Grundzügen möglicher einzelwissenschaftlich geprägter Wissenschaftstheorien alles andere als überzeugend. Aus diesen Gründen ist das Bestreben, theoretische Härte zu erzielen, von vornherein zum Scheitern verurteilt; alle Untersuchungen, die von den genannten Prämissen ausgehen, dürfen nur einen heuristischen Wert haben. In diesem Sinne ist das Anliegen dieser Arbeit die Entwicklung *der heuristischen Basis einer modularen Wissenschaftstheorie der theoretischen Linguistik*. Wie fragwürdig ein solches Unternehmen auch erscheinen mag, es stellt einen unverzichtbaren und notwendigen, wenn auch nicht hinreichenden Schritt in die Richtung des Verständnisses wissenschaftlicher Erkenntnis im allgemeinen durch empirische erklärende Metatheorien dar. Infolge dieser heuristischen Fundierung unterliegen die Untersuchungen folgenden Einschränkungen, die im Laufe der Erarbeitung des Gedankenganges stets beachtet werden müssen:

(1) Wenn der Ausdruck "Wissenschaftstheorie" auf unseren Untersuchungsrahmen bezogen wird, so ist damit lediglich ein möglicher (heuristischer bzw. vortheoretischer) Ansatz innerhalb einer Disziplin gemeint, dem gegenwärtig keine theoretische Härte zugesprochen werden kann.

(2) Alle Termini sind in einem naiven, vorexplikativen Sinne zu verstehen. Präzisierungen werden nur dort angestrebt, wo dies im gegebenen Argumentationszusammenhang unbedingt erforderlich ist bzw. durch die zur Verfügung stehenden Mittel überhaupt ermöglicht wird. Wenn ein Ausdruck in einem von uns vorgeschlagenen präzisierten Sinne zu deuten ist, so wird darauf explizit hingewiesen; in allen anderen Fällen wird die naive Interpretation vorausgesetzt. Durch diese bewußte Vagheit der Begriffsverwendung soll vermieden werden, daß gewisse Richtungen der Weiterentwicklung unseres Ansatzes eventuell von vornherein blockiert werden.

(3) Bei der Argumentation wird zwar Konklusivität angestrebt, aber sowohl die empirischen Fallstudien als auch die scheinbar deduktiven Beweisführrungen stellen größtenteils heuristische Schlüsse dar, die bekanntlich nicht mit logischer Notwendigkeit gelten, sondern nur die Glaubwürdigkeit der Schlußfolgerungen erhöhen.

(4) Es wäre prinzipiell erwünscht, einen mengentheoretischen Apparat zur Beschrei-

bung der ins Auge gefaßten Erscheinungen zu erarbeiten. Trotzdem wird dieses Desideratum nur an den Stellen verfolgt, wo gewisse erfolgversprechende Versuche schon zur Verfügung stehen. Dadurch soll vermieden werden, die späteren Untersuchungen von vornherein zwischen Grenzen zu zwingen, die eine erfolgreiche Weiterentwicklung bzw. Revision der hier verfochtenen Ideen im Lichte neuer Erfahrungen behindern würden.

(5) Unter "theoretischer Linguistik" wird im weiteren die generativistisch geprägte modulare theoretische Linguistik verstanden. Diese Entscheidung läßt sich durch die bereits erwähnte Überzeugung begründen, daß die modulare theoretische Linguistik unter den miteinander konkurrierenden Ansätzen eine ausgezeichnete Position einnimmt, weil sie — infolge der Modularitätshypothese — eine Reihe von verschiedenen Ansätzen und Strömungen zu integrieren vermag und deshalb eine allgemeine und relativ dominante Betrachtungsweise darstellt.[2]

Der Haupttext besteht aus rein wissenschaftstheoretischen Überlegungen, die — um die allgemeine Tragweite des Ansatzes hervorzuheben — nur einige illustrative Beispiele, aber keine detaillierten linguistischen Analysen enthalten. Das Verständnis der im Haupttext angeführten wissenschaftstheoretischen Argumentation setzt dementsprechend keine eingehenden linguistischen Vorkenntnisse voraus. Im Einklang mit der wissenschaftstheoretischen Tradition werden aber in einem Anhang Fallstudien angeführt, die der generativistisch geprägten theoretischen Linguistik entstammen. Von ihnen wird die empirische Unterstützung der im Haupttext hergeleiteten Thesen erwartet und sie wenden sich an den linguistisch interessierten Leser. Der Verzicht auf eine Darstellung der zum Verständnis der Fallstudien notwendigen technischen Details ist dadurch zu rechtfertigen, daß gegenwärtig mehrere deutschsprachige Einführungen in den heutigen Stand der generativistischen theoretischen Linguistik (wie z.B. Fanselow - Felix (1987), Grewendorf - Hamm - Sternefeld (1987), Grewendorf (1988), v. Stechow - Sternefeld (1988), Haider (1991)), die als zuverlässige Nachschlagwerke dienen können, zur Verfügung stehen.

---

2    Weitere Argumente für die Bestimmung des Untersuchungsgegenstandes dieser Arbeit sowie eine genauere Darstellung dessen, was unter "modularer theoretischer Linguistik" zu verstehen ist, werden in den Kapiteln 0 und 1 angeführt.

# 0 Problemstellung

## 0.1 Gegenstand

Eine Präzisierung der Problemstellung der vorliegenden Arbeit ist nicht möglich, ohne daß die *heuristischen Vorentscheidungen* genannt werden, die der Ermittlung des Untersuchungsgegenstandes, des Untersuchungsrahmens und der Untersuchungsziele zugrunde liegen.[1] Wenn dieses Werk als ein Beitrag zur wissenschaftstheoretischen Diskussion in der theoretischen Linguistik bestimmt wird, so betrifft die erste Vorentscheidung naturgemäß die *generellen Aufgaben,* die — den Eigentümlichkeiten der gegenwärtigen Forschungslage zufolge — *ein jeder* Ansatz zur Wissenschaftstheorie der Linguistik zu bewältigen hat. Es gelten folgende Desiderata:

(V1)(a)     Eine jede Untersuchung zur Wissenschaftstheorie der theoretischen Linguistik muß die zentrale Fragestellung in bezug auf den *Untersuchungsgegenstand* angemessen behandeln können. Da die bisherigen Diskussionen sich auf die Frage konzentriert haben, *was für eine Wissenschaft die theoretische Linguistik ist,* muß diese Frage so beantwortet werden, daß die Antwort aus den jetzigen Ansätzen nicht linear hergeleitet werden kann.

(b)     Sie muß das *methodologische* Problem, *welche Wissenschaftstheorie* sich zur Untersuchung der theoretischen Linguistik eignet, lösen können, indem sie auf den Entwurf eines wissenschaftstheoretischen Rahmens zielt, der in einer relevanten und nicht-trivialen Hinsicht über die Leistungen der bislang vorherrschenden Ansätze hinausgeht.

Da die unter (V1)(a) genannte Frage unmittelbar nicht beantwortet werden kann, soll

---

1     Die Thesen, die im folgenden in Form von "Vorentscheidungen" angeführt werden, stellen die Prämissen zur Herleitung der eigentlichen Aufgabenstellung dieser Arbeit dar. Doch sie selbst können nicht durch andere Thesen begründet werden, ohne daß ein unendlicher Regreß entsteht. Deshalb werden sie hier als im einzelnen nicht nachgewiesene Vorentscheidungen behandelt, die grundlegende Eigentümlichkeiten der gegenwärtigen Forschungslage widerspiegeln.

sie weiter spezifiziert werden. Es ist zweckmäßig, den Untersuchungsgegenstand auf eine linguistische Theorie einzuschränken, in der sich die Probleme der gegenwärtigen Forschungslage auf eine zugespitzte Weise niederschlagen. Erst dadurch wird ermöglicht, einerseits den Gegenstand der Untersuchungen definitiv zu erforschen, andererseits die Schwächen und Vorteile bisheriger Forschungsergebnisse aufzudecken und vorausweisende, nicht-triviale Schlußfolgerungen im Hinblick auf den gesuchten wissenschaftstheoretischen Rahmen zu ziehen. Die neueste Entwicklung in der generativen Linguistik bietet sich zu diesem Zweck von selbst an: Die frühere Entwicklungsstufe der generativen Grammatik etwa in der Form des Standardmodells ist diejenige linguistische Theorie, die lange Zeit hindurch zur Formulierung der Grundprobleme einer Wissenschaftstheorie der theoretischen Linguistik Anlaß gab — deshalb lassen sich im Lichte der späteren Entwicklung die Resultate dieser Untersuchungen bzw. die (oft extremen) Auffassungen gut testen. Es gilt nun, die Frage, was für eine Wissenschaft die gegenwärtige generative Linguistik ist, weiter zu spezifizieren, um sie auf eine hinreichend präzisierte Problemstellung zu reduzieren, die kompromißlose Stellungnahmen im Hinblick auf die beiden oben genannten Aufgaben (V1)(a) und (b) erzwingt. Es sprechen zwei Gründe dafür, die *Erklärungsproblematik* in den Mittelpunkt unseres Interesses zu stellen.[2]

Erstens: Da die wichtigste methodologische Zielsetzung der generativen Linguistik, die ihre Entwicklung von Anfang an motiviert, sie von anderen Ansätzen abgegrenzt und zur Entfaltung ihrer Entwicklungsphasen wesentlich beigetragen hat, die Erklärung sprachlicher Fakten ist, erhebt sich die Frage, *wie wissenschaftliche Tatsachenerklärungen in der generativen Syntax beschaffen sind, bzw. inwieweit ihre Beschaffenheit für die gegenwärtige Ausprägung derselben verantwortlich ist.*

Zweitens: Grammatische Tatsachenerklärungen stellen das unter wissenschaftstheoretischem Aspekt am eingehendsten untersuchte Gebiet der linguistischen Erkenntnis dar. Eine Auseinandersetzung mit den Vor- und Nachteilen der dadurch zur Verfügung stehenden Forschungsergebnisse mag daher Richtlinien zur Bewältigung der unter (V1) angegebenen Aufgaben anbieten. Dabei sind zwei Haupttendenzen zu beobachten: Anwendungen der Analytischen Wissenschaftstheorie, die die generative Linguistik als eine naturwissenschaftliche Theorie erscheinen lassen, und Anwendungen der Hermeneutik, die sie als eine Humanwissenschaft behandeln.[3] Es sei in aller Kürze gezeigt, in welchem

---

2    Im weiteren werden die Ausdrücke "grammatische Tatsachenerklärung" bzw. "generative Tatsachenerklärung" als synonyme Abkürzungen für "generativ-grammatische Tatsachenerklärung" verwendet.

3    Die Reduktion der wissenschaftstheoretischen Literatur über die generative Linguistik auf den Gegensatz zwischen der Hermeneutik und der Analytischen Wissenschaftstheorie ist eine stark vereinfachende Darstellung der Forschungslage. Wenn wir aber im Abschnitt 1.3 die Dichotomien angeben werden, die die gegenwärtige Forschungslage charakterisieren und deren Auflösung von einer jeden künftigen Metatheorie zu erwarten ist, so ließe sich leicht zeigen, daß auch andere Ansätze auf eine unproblematische Weise unter die Dichotomien subsumiert werden können, unabhängig davon, ob sie alle Grundpostulate der

Sinne das Problem generativ-grammatischer Tatsachenerklärungen die Konfrontation der beiden Ansichten thematisiert.

Was den Standpunkt der Vertreter der Analytischen Wissenschaftstheorie anbelangt, stellt zwar die Frage, inwieweit das Hempel-Oppenheim-Schema (vgl. Hempel 1965) deduktiv-nomologische Erklärungen adäquat rekonstruiert, eines der zentralen Themen der allgemeinen Wissenschaftstheorie dar, wobei — wie die Entwicklungstendenzen des vergangenen Jahrzehnts zeigen (Stegmüller 1983) — immer mehr Versuche unterbreitet worden sind, dieses Modell durch andersartige, zumeist als "pragmatisch" bezeichnete Ansätze abzulösen (Kertész 1988), aber die bisherigen Ergebnisse der Untersuchungen generativ-grammatischer Tatsachenerklärungen sind insofern konservativ geblieben, als sie sich ausschließlich auf Anwendungen des Hempel-Oppenheim-Schemas beschränkt haben. Obwohl diese Anwendungen das Explanans und das Explanandum mit verschiedenartigen Entitäten identifizieren und keinesfalls klar ist, was in der generativen Linguistik als Explanandum und was als Explanans zu gelten hat, sind sich alle bisherigen Ansätze in der Behauptung einig, daß diese Erklärungen im Prinzip alle Adäquatheitsbedingungen (für eine Analyse der Adäquatheitsbedingungen vgl. u.a. Hempel 1965 und Stegmüller 1969, 1983) des Hempel-Oppenheim-Schemas erfüllen.[4]

Aus dieser Behauptung ergibt sich eine Reihe von Aspekten, die nicht nur die grammatischen *Tatsachenerklärungen* selbst charakterisieren, sondern eine wissenschaftstheoretische Einschätzung generativ-grammatischer *Theorien* angeben, und in diesem Zusammenhang *spiegelt die Behandlung grammatischer Erklärungen die Grundannahmen in bezug auf die Haupteigenschaften der generativen Linguistik als Wissenschaft wider.* So steht die Annahme, daß das Explanandum grammatischer Erklärungen durch ein logisch gültiges Schlußverfahren aus dem Explanans abzuleiten sei, in enger Verbindung mit der Ansicht, die Grammatik sei eine *deduktive Theorie.* Die Annahme, wonach das Explanandum mindestens eine gesetzesartige Aussage enthalte, impliziert, daß die Regelformulierungen der generativen Syntax *gesetzesartigen Charakters* sind. Die Forderung, daß das Explanandum über einen empirischen Gehalt verfüge,[5] läßt darauf schließen, daß

---

bzw. der Analytischen Wissenschaftstheorie annehmen oder nicht. Wenn wir hier diese beiden Richtungen stellvertretend für andere Ansätze auszeichnen, so wird dadurch die unseren Überlegungen zugrundeliegende eigentliche Problemstellung nicht auf eine unzuläßliche Weise simplifiziert.

4    In Wunderlich (1981) stellen beispielsweise "Daten" in einem unspezifizierten Sinne das Explanandum dar, in Wang (1972) sind es Sätze, in Janssen (1982) Sprecherurteile usw. Siehe dazu ausführlicher Abschnitt 4.8.

5    Im Laufe der nachfolgenden Überlegungen wird "empirisch" systematisch in zwei verschiedenen Bedeutungen verwendet: vgl. "empirisch vs. theoretisch" und "empirisch vs. metaphysisch". Da beide Bedeutungen bekannt sind, genauso, wie die Schwierigkeiten ihrer Definition, soll an dieser Stelle keine Präzisierung vorgenommen werden. (Die zweitgenannte Bedeutung wird allerdings im Kapitel 6 expliziert.) Es ist auch nicht notwendig, zwischen ihnen konsequent zu differenzieren, denn aus dem Kontext, in dem sie vorkommen, soll immer hervorgehen, welche Bedeutung gemeint ist.

die Grammatik eine *empirische Wissenschaft* ist. Schließlich ergibt sich aus der Forderung der Wahrheit des Explanandums die Annahme, daß die Grammatik *objektiv gegebene Fakten* zu beschreiben und zu erklären habe.[6]

Ein ähnlicher Zusammenhang, allerdings mit entgegengesetzten Implikationen, ist auch bei den Hermeneutikern zu beobachten. Ihre Art der Einschätzung der generativen Linguistik leitet sich aus der Annahme her, daß die generative Linguistik keine erklärende Theorie im Sinne der Analytischen Wissenschaftstheorie sei. Im Mittelpunkt der sich daran anknüpfenden Diskussionen steht die Frage der Empirizität. Um ein bekanntes Beispiel herauszugreifen, konzentrieren sich z.B. E. Itkonens Analysen auf den Nachweis der Annahme, daß die dem Explanans zugrundeliegenden Regeln unreduzierbar *normativ* sind (Itkonen 1978, 1983). Dadurch kann zum einen auf die *Nicht-Empirizität* der Grammatik geschlossen werden, zum anderen erweist sich das, was die Vertreter der Analytischen Wissenschaftstheorie als "Erklärung" empfinden, als eine Überführung atheoretischer Regelkenntnis in theoretische Regelaussagen, und deshalb läßt sich die generative Linguistik *nicht nach dem Muster der deduktiv organisierten Naturwissenschaften* gestalten (Itkonen 1972, 1975, 1978). Die Argumentation von H. Andresen mündet in die Behauptung, daß die Voraussetzungen einer strikten *Subjekt-Objekt-Trennung* im Erklärungsprozeß, wie diese im Sinne der Analytischen Wissenschaftstheorie gilt, in generativen Theorien *nicht gegeben sind* (Andresen 1974).[7]

Diese kurze Schilderung der Forschungslage veranschaulicht die Annahme, daß der Erklärungsproblematik vor allem deshalb eine *Schlüsselposition* in der wissenschaftstheoretischen Diskussion über die Grundlagenprobleme der generativen Linguistik zukomme, weil sie die Unterbreitung entgegengesetzter Ansichten über die Art generativ-grammatischer Theoriebildung auf eine zugespitzte Weise erzwingt. Die genannten zwei Argumente scheinen die Entscheidung zu rechtfertigen, daß *die Beantwortung der Frage, was für eine Wissenschaft die generative Linguistik ist, durch die Erforschung der Struktur von Tatsachenerklärungen in der generativ-linguistischen Theorie erfolgen soll.*[8]

---

6    Die relevante Literatur umfaßt u.a. folgendes: Bense (1978) Chomsky (1957, 1965, 1981, 1986), Katz (1966), Wang (1972), Weydt (1975), Wunderlich (1981), Wunderlich (Hrsg.)(1976), Perry (Hrsg.) (1980), Cohen (Hrsg.) (1974), Wirth (Hrsg.) (1976), Kasher (Hrsg.)(1976), Niiniluoto (1981), Janssen (1982), Schecker (Hrsg.) (1976), Van de Velde (1974), Botha (1981), Osnabrücker Beiträge zur Sprachtheorie 3(1977) usw.

7    Neben den hier erwähnten Werken und den in der vorangehenden Fußnote angegebenen Sammelbänden, die das Diskussionsionsmaterial zum Problem grammatischer Erklärungen enthalten, sei noch etwa auf folgende wichtige Literatur zu einer hermeneutischen Wissenschaftstheorie der Linguistik verwiesen: Itkonen (1976), Apel (1973, 1973a), Oesterreicher (1979), Boas (1984).

8    Die Relativierung der Fragestellung auf *Tatsachen*erklärungen scheint durch die Forschungslage gut motiviert zu sein. Die im Rahmen der Analytischen Wissenschaftstheorie durchgeführten Diskussionen zur Erklärungsproblematik haben, wie bekannt, deutlich nachgewiesen, daß wichtige Differenzen unter den

Da die Tatsachenerklärungen der generativen Grammatik — wie jede Tatsachenerklärung, die im Rahmen einer wissenschaftlichen Theorie erzielt wurde — dadurch zustandekommen, daß *in das Explanans ein neuer Begriff eingeführt wird*, ohne den die Erklärung des Explanandums nicht möglich ist, kann die Struktur von Tatsachenerklärungen nur dann erfaßt werden, wenn sich die Struktur der im Explanans auftretenden Begriffe aufdecken läßt.[9] Die primäre Methode zur Einführung von Begriffen in eine wissenschaftliche Theorie, so auch in die generative Grammatik, ist die *Begriffsexplikation*,[10] wodurch das Problem der Begriffsbildung in bezug auf Tatsachenerklärungen in der Grammatik auf die Natur von Begriffsexplikationen reduziert wird. Somit läßt sich der Gegenstand der nachfolgenden Untersuchungen *als das Verhältnis zwischen Begriffsexplikation und Tatsachenerklärung in der generativen Syntax* bestimmen.[11] Als Ausgangspunkt soll *die Rektions- und Bindungstheorie* dienen, die die gegenwärtige Entwicklungsstufe generativ-linguistischer Forschungen repräsentiert.[12]

Zu einer weiteren Präzisierung der Problemstellung ist noch das Ziel der vorzunehmenden Analysen zu klären, indem wir angeben müssen, welche Art von Informationen

---

verschiedenen Erklärungstypen u.a. auf die Verschiedenheit der Explananda zurückzuführen sind, und auf dieser Grundlage unterscheidet man etwa Tatsachenerklärungen, funktionale Erklärungen, intentionale Erklärungen oder die Erklärungen von Theorien und Gesetzen. Man braucht die Ergebnisse der Analytischen Wissenschaftstheorie nicht zu akzeptieren, um anzuerkennen, daß der Unterschied zwischen diesen Typen beträchtlich ist. Der Grund dafür, daß Tatsachenerklärungen den Ausgangspunkt zu unserer Problemstellung bilden sollen, besteht darin, daß all die oben angedeuteten Probleme der wissenschaftstheoretischen Einschätzung der generativen Syntax den Eigentümlichkeiten von Tatsachenerklärungen entspringen — dabei spielen Erklärungen der anderen Typen eine untergeordnete Rolle. Deshalb ist die Vorentscheidung, wonach *Tatsachen*erklärungen *den Schlüssel* zum Verständnis der generativ-grammatischen Spracherkenntnis darstellen, keineswegs willkürlich.

9    Wenn wir die Fragestellung auf die Struktur von Begriffen und Erklärungen beschränken, ohne der Funkion derselben Rechnung tragen zu wollen, so führt das zu einer notgedrungenen Vereinfachung des Gedankenganges. Andernfalls würden Komplikationen in der Argumentation auftreten, die die Durchschaubarkeit der Überlegungen gefährden könnten. Im Hinblick auf das Verhältnis zwischen der Strukturalität und der Funktionalität von Begriffen und Erklärungen soll die den Ausführungen in Finke (1979, 1982) zugrundeliegende intuitive Idee vorausgesetzt werden. Sollten sich unsere Befunde zur Struktur von Erklärungen und Begriffen in der generativen Syntax als haltbar erweisen, so könnten sie in Anlehnung an die von Finke aufgegriffenen Aspekte um eine funktionale Komponente erweitert werden.

10    Siehe. z.B. Chomsky (1957, 1974, 1974a), Grewendorf (1985) zur Rolle von Begriffsexplikationen in der generativen Linguistik.

11    Da der Gegenstandsbereich der Untersuchungen sich auf Tatsachenerklärungen beschränkt, soll im weiteren — *ceteris paribus* — der Ausdruck "Erklärung" als eine Abkürzung für "Tatsachenerklärung" verstanden werden. Entsprechend ist mit "Explikation" immer "Begriffsexplikation" etwa im Sinne Carnaps gemeint.

12    Mit generativer Syntax bzw. generativer Linguistik ist die mit Chomsky (1957) ansetzende Forschungsrichtung gemeint, in allen ihren Entwicklungsstadien. "Rektions- und Bindungstheorie" soll eines der Stadien, nämlich die durch Chomsky (1981) geprägte gegenwärtige Forschungslage (deren Anfänge allerdings etwa zehn Jahre früher zu lokalisieren sind) bezeichnen. Die Relativierung von Erklärungen und

man eigentlich von der Erforschung des Verhältnisses zwischen Begriffsexplikation und Tatsachenerklärung in der Rektions- und Bindungstheorie erwarten kann.


## 0.2  Ziel


Wie im Abschnitt 0.1 bereits angedeutet, besteht das zentrale Problem einer Wissenschaftstheorie der generativen Linguistik in der Frage, was für eine Wissenschaft die letztere ist. Die bislang zugänglichen Antworten auf diese Frage lassen sich — infolge der unterschiedlichen Bewertung der Erklärungsproblematik — als ein Spannungsfeld von Dichotomien charakterisieren, die sich aus dem Gegensatz zwischen der Analytischen Wissenschaftstheorie und der Hermeneutik ergeben und mit den Mitteln gegenwärtiger Ansätze *nicht aufgelöst werden können.* Um das im Abschnitt 0.1 Gesagte zusammenzufassen, sollen die Dichotomien wie folgt angeführt werden:[13]

| | |
|---|---|
| (D1) | "Die generative Linguistik ist eine *erklärende* Wissenschaft" vs. "Die generative Linguistik ist *keine erklärende* Wissenschaft". |
| (D2) | "Die generative Linguistik ist eine *Naturwissenschaft*" vs. "Die generative Linguistik ist eine *Gesellschaftswissenschaft*". |
| (D3) | "Die generative Linguistik untersucht *Fakten*" vs. "Die generative Linguistik untersucht *keine Fakten*". |
| (D4) | "Die generative Linguistik ist eine *empirische* Wissenschaft" vs. "Die generative Linguistik ist eine *nicht-empirische* Wissenschaft". |
| (D5) | "Durch die generativ-grammatischen Forschungen werden *objektive* Kenntnisse erzielt" vs. "Es ist *nicht möglich*, im Rahmen der generativen Linguistik objektive Kenntnisse zu erzielen". |
| (D6) | "Die generative Linguistik formuliert *Gesetzesaussagen* in bezug auf das Sprachsystem" vs. "Die generative Linguistik formuliert *Normaussagen* in bezug auf das Sprachsystem". |

---

Begriffsexplikationen auf die Rektions- und Bindungstheorie in der obigen Problemstellung soll bedeuten, daß dieses Stadium den Ausgangspunkt der Untersuchungen darstellt. Es wird sich aber im Laufe der späteren Überlegungen als notwendig erweisen, auch andere Stadien zu berücksichtigen, indem etwa die Erklärungen der Rektions- und Bindungstheorie von denen der früheren Phasen abgegrenzt werden müssen. Andere Richtungen innerhalb der gegenwärtigen generativen Linguistik wie die Lexikalisch Funktionale Grammatik, die Generalisierte Phrasenstrukturgrammatik oder die Relationale Grammatik werden nur am Rande erwähnt (vgl. Kapitel 5) und gehören nicht in unseren Untersuchungsbereich.

13    Für eine ähnliche Aufzählung verwandter Dichotomien s. auch Janssen (1982).

Da die Forschungslage durch die Unauflösbarkeit dieser Dichotomien in eine Sackgasse geraten ist, muß eine Neuorientierung der Wissenschaftstheorie der generativen Linguistik sie irgendwie auflösen können.[14] Dementsprechend besteht *das Ziel* der nachfolgenden Untersuchungen darin, *die Frage, was für eine Wissenschaft die gegenwärtige generative Linguistik ist, durch die Auflösung der Dichotomien (D1)-(D6) zu beantworten.*

## 0.3  Zusammenfassung

In diesem einführenden Kapitel war unser Anliegen, die Problemstellung dieses Buches herauszuarbeiten. Es wurde gezeigt, daß (i) sich das Problem der Beschaffenheit generativ-linguistischer Forschung am zugespitztesten in der Frage nach dem Verhältnis zwischen Begriffsexplikationen und Tatsachenerklärungen manifestiert, und (ii) durch die Erklärungsproblematik sich Dichotomien ergeben, deren Pole die gegenwärtig existierenden entgegengesetzten Auffassungen über die Natur generativ-grammatischer Erkenntnis spezifizieren. Als Ergebnis erhalten wir somit eine *Problemstellung*, die aus drei Teilproblemen besteht:

(A)(i)  Den Ausgangspunkt bildet die Frage nach dem Verhältnis zwischen Begriffsexplikation und Tatsachenerklärung in der generativen Linguistik.

(ii)  Aus der Antwort soll auf die Auflösung der Dichotomien (D1)-(D6) geschlossen werden.

(iii)  Daraus wird sich die Lösung für das Problem, was für eine Wissenschaft die generative Linguistik ist, ergeben.

Nachdem die unter (V1)(a) genannte Fragestellung in Form von (A) spezifiziert worden ist, soll — in Einklang mit (V1)(b) — ein zur Lösung von (A) geeigneter wissenschaftstheoretischer Untersuchungsrahmen entworfen werden. Dieser Aufgabe sind die Kapitel 1 und 2 gewidmet.

---

14    Einige dieser Dichotomien (wie z.B. "gesellschaftswissenschaftlich — naturwissenschaftlich") sind in allgemein-wissenschaftstheoretischer Perspektive längst überholt. Sie sollen hier trotzdem angeführt und anschließend behandelt werden, weil sie in der speziellen Wissenschaftstheorie der Linguistik nach wie vor mit großem Gewicht vorhanden sind. Allerdings könnte ihre eventuelle erfolgreiche Auflösung nicht nur die spezielle Wissenschaftstheorie der Linguistik, sondern auch die allgemeine Wissenschaftstheorie vor allem dann bereichern, wenn sie in einem Rahmen erfolgt, der bisher nicht thematisierte Bezüge der genannten Dichotomien zu anderen Problemen bzw. bisher nicht vorliegende alternative Lösungsvorschläge nahelegt. Im Falle anderer Dichotomien — wie etwa "empirisch — nicht empirisch", "faktuell — nicht-faktuell", "objektiv — nicht-objektiv" usw. — steht sowohl die allgemein-wissenschaftstheoretische als auch die auf die Linguistik bezogene spezielle Lösung noch aus.

# 1 Probleme des Untersuchungsrahmens I: Wissenschaftstheorie und Modularität

## 1.1 Vorentscheidungen und Problemstellung

Um den methodologischen Rahmen, der dem im vorangehenden Kapitel angeführten Untersuchungsgegenstand dieser Arbeit gerecht wird, entwickeln zu können, ist es unumgänglich, die Vorentscheidungen explizit zu machen, die einerseits unseren Erwartungen gegenüber einer Wissenschaftstheorie der Linguistik, andererseits der Einschätzung der Stellung der Rektions- und Bindungstheorie in der theoretischen Linguistik der Gegenwart, zugrundeliegen.

Die Besonderheit der Wissenschaftstheorie einer Einzelwissenschaft besteht darin, daß sie nicht nur den Erkenntnisinteressen des metawissenschaftlich orientierten Wissenschaftstheoretikers, sondern auch denen des im objektwissenschaftlichen Bereich wirkenden Forschers dient. Von einer adäquaten Wissenschaftstheorie der generativen Linguistik werden daher rein intuitiv mindestens zwei Leistungen erwartet:

(V2)(a)  Einerseits soll sie zu einem Verständnis der Art und Weise wie linguistische Erkenntnis vor sich geht, strukturiert ist und funktioniert, beitragen. Dabei ist erwünscht, daß man sowohl die Gemeinsamkeiten zwischen der Linguistik und anderen Wissenschaftsbereichen aufdeckt (d.h. gewisse Eigenschaften linguistischer Erkenntnis unter die *Universalien* wissenschaftlicher Erkenntnis subsumiert), als auch den Spezifika linguistischer Kenntnisse (die die linguistische Forschung in ihrer *Partikularität* kennzeichnen und diese von anderen Wissenschaften unterscheiden) Rechnung trägt.

(b)  Andererseits aber erweisen sich die Ergebnisse einer solchen wissenschaftstheoretischen Forschung für den Linguisten erst dann als begründet bzw. nützlich, wenn sie zur *Förderung* objektwissenschaftlicher Erkenntnisse wesentlich beitragen können.

Auf dem Hintergrund dieser intuitiven Vorentscheidungen ist die Schlußfolgerung trivial, daß die bisherigen Ansätze zu einer Wissenschaftstheorie der generativen Linguistik deshalb gescheitert sind, weil sie nicht imstande waren, alle diese Erwartungen zu erfüllen. Sie beschränkten sich nämlich vorwiegend auf die Subsumtion linguistischer Forschungsstrategien unter allgemeingültige Prinzipien wissenschaftlicher Erkenntnis; dabei wurden sowohl die disziplinspezifischen Eigentümlichkeiten der linguistischen Theoriebildung als auch die unter (V2)(b) angedeutete objekttheoretische Verwertbarkeit wissenschaftstheoretischer Reflexionen vernachlässigt.[1] Wenn nun dementsprechend die metatheoretischen Diskussionen der siebziger und achtziger Jahre in eine unfruchtbare, erstarrte und anscheinend unauflösbare Gegenüberstellung der Ansichten mündeten, so mag der Grund dafür in erster Linie in der *ausschließlichen* Orientierung an wissenschaftstheoretischen Denkschemata liegen, die den Eigentümlichkeiten der Disziplin nicht angepaßt wurden (Wunderlich 1976, Klüver 1977, Finke 1979, 1986). Zwar wurden die einzelnen Ansätze in den achtziger Jahren etwas differenzierter, indem man sich (im Gegensatz zu den Auseinandersetzungen der siebziger Jahre) nicht mehr damit begnügte, Chomskys methodologische und philosophische Behauptungen hinsichtlich der Ziele und Aufgaben der Grammatik auf eine rein hermeneutische bzw. eine sich nach den Vorstellungen der Analytischen Wissenschaftstheorie richtende mechanische Wissenschaftsauffassung zu projizieren, sondern versucht wurde, auch die jüngsten Forschungsergebnisse der generativen Syntax zu berücksichtigen (vgl. etwa Janssen 1982 im Rahmen der Analytischen Wissenschaftstheorie und Boas 1984 im Rahmen einer verfeinerten hermeneutischen Auffassung); aber die Orientierungspunkte wissenschaftstheoretischer Reflexionen blieben nach wir vor dieselben. Was durch diese Forschungslage verzerrt wird, ist gerade das, worauf es bei dem ihr zugrundeliegenden Problem eigentlich ankommt: Die *tatsächlichen* Eigentümlichkeiten generativ-linguistischer Erkenntnis, die sowohl die Züge umfassen, die die Linguistik mit anderen Wissenschaften gemeinsam hat, als auch die, die sie von ihnen unterscheiden und die allein für diese Disziplin spezifisch sind.

Der zur Erforschung dieser Eigenschaften dienende Rahmen ergibt sich daher erst dann, wenn sich die Wissenschaftstheorie der generativen Linguistik nicht als eine reine Anwendung allgemein-wissenschaftstheoretischer Schemata gestaltet, sondern aus dem differenzierten und subtilen *Verhältnis* zwischen wissenschaftstheoretischen Analyseverfahren und generativer Linguistik hervorgeht, und wenn man weder den Kreis möglicher Metatheorien noch die Vielfalt möglicher Eigenschaften der Objekttheorie aufgrund unüberprüfter und willkürlich postulierter Annahmen einschränkt. Also kann die Frage, was für eine Wissenschaft die generative Linguistik ist, nur dann sinnvoll gestellt werden, wenn ein vorurteilsfrei ermittelter wissenschaftstheoretischer Ansatz zur Verfügung steht;

---

1   Mit Ausnahme von Finke (1979, 1982, 1986).

und dieser läßt sich seinerseits erst dann angeben, wenn zunächst ein Problem in den Mittelpunkt des Interesses gerückt wird, das in der bisherigen Diskussion keine Beachtung fand, nämlich: *Welche Art von Wissenschaftstheorie ist mit der gegenwärtigen generativen Syntax vereinbar?* Die Frage nach dem wissenschaftstheoretischen Rahmen, der sich zur Erforschung des im vorangehenden Kapitel festgelegten Untersuchungsgegenstands (im Sinne von (V1)(b)) eignet, soll *auf dieses Problem reduziert* und in diesem Kapitel beantwortet werden.

Um das Problem ins Auge fassen zu können, sind — nachdem die Vorentscheidung (V2) hinsichtlich der Aufgaben einer Wissenschaftstheorie der generativen Linguistik sowie die sich daraus ergebende Problemstellung expliziert wurden — auch die Vorentscheidungen zu erörtern, die die andere Seite des in der obigen Problemstellung angedeuteten Verhältnisses betreffen, nämlich die bestimmende Eigenschaft der generativen Grammatik im Hinblick auf ihre Stellung innerhalb der Tendenzen der theoretischen Linguisik.

Eine Beobachtung gegenwärtiger Entwicklungstendenzen der theoretischen Linguistik legt die Schlußfolgerung nahe, daß diese grundsätzlich durch zwei scheinbar entgegengesetzte Vorgänge geprägt ist. Der eine ist ein Desintegrationsvorgang, wonach es keine umfassende Theorie gibt, die die Forschung eindeutig und unbestritten bestimmt und alle oder zumindest die meisten Teilgebiete der linguistischen Forschung wie z.B. Syntax, Semantik, Pragmatik, Phonologie, Morphologie, Lexikologie usw. einheitlich erfaßt; in diesem Sinne darf die generative Grammatik etwa in der Gestalt von Chomsky (1981) nicht als eine umfassende Sprachtheorie erscheinen, sondern als ein Ansatz, dessen Geltungsbereich in erster Linie auf die Syntax beschränkt ist. Andererseits lassen sich infolge eines Integrationsvorgangs die Berührungspunkte zeigen, an denen die für verschiedenartige Probleme entwickelten Ansätze miteinander in Kontakt kommen und neuartige Problemlösungen anbieten. Zwischen den zwei Tendenzen besteht kein Gegensatz: Es ist der Prozeß der Desintegration, der die Entfaltung und die Integration autonomer Kenntnissysteme über die Sprache überhaupt ermöglicht. Den Schlüssel zum Verständnis des Verhältnisses zwischen den beiden Vorgängen in der generativistisch geprägten theoretischen Linguistik stellt der Begriff der *Modularität* dar, der, wie sein Gebrauch etwa in Chomsky (1980, 1981, 1986) sowie seine ausgereifteste und vielseitigste Anwendung in der kognitiven Linguistik von M. Bierwisch und seinen Mitarbeitern (Bierwisch 1983, 1983a, 1987, Bierwisch - Lang (Hrsg.) 1987 usw.) bezeugen, zentral für die generative Syntax ist.

Da "Modularität" ein unexplizierter Ausdruck ist, der in verschiedene Gebiete der Linguistik Eingang findet, in der Literatur in verschiedenen Bedeutungen verwendet wird und vorwiegend als ein heuristisches Leitprinzip oder als eine Art "Petitio Prinzipii" (Reis 1987) fungiert, soll — um eine Begriffsverwirrung zu vermeiden — eine vorläufige

Differenzierung vorgenommen werden, indem zwischen zwei Arten von Referenzen des Wortes "Modul" unterschieden wird (zu möglichen Deutungen des Modulbegriffs s. auch Wiese 1982).[2]

Nach seiner ersten, vielfach verwendeten Bedeutung bezeichnet es *Teilsysteme des menschlichen Verhaltens* im allgemeinen (bzw. der Sprachkenntnis im besonderen), die — über die biologischen, motorischen, perzeptiven, kinästhetischen usw. Voraussetzungen der einzelnen Verhaltensbereiche hinaus — auch die gesellschaftlichen Verhältnisse, die Handlungsschemata, die Interaktionsmuster menschlichen Verhaltens umfassen. Solche Systeme des Verhaltens werden wir im weiteren *V-Module* nennen. In diesem Sinne besagt die gängige Modularitätshypothese in ihrer allgemeinsten Fassung etwa folgendes:[3]

(MH)        Das gesamte Verhalten des Menschen ist V-modular organisert, wodurch eine jede Verhaltensinstanz auf der Interaktion relativ autonomer Systeme und Subsysteme beruht.

Um zu einem vorläufigen Verständnis von der Beschaffenheit und Funktionsweise von V-Modulen zu gelangen, soll genügen, in erster Näherung folgende Aspekte hervorzuheben, die im späteren noch weiter präzisert bzw. ergänzt werden.[4]

---

2     Wir wollen aber keine ausführliche Explikation des Modulbegriffs vornehmen: Die Tatsache, daß er gegenwärtig unexpliziert ist, scheint seine Fruchtbarkeit in der theoretischen Linguistik nicht zu beeinträchtigen. Auf das Problem der Explizierbarkeit des Modulbegriffs wird im Abschnitt 6.2 ausführlicher eingegangen.

3     Selbst innerhalb der hier angedeuteten Verwendungsweise des Modulbegriffs (V-Modul) sind mehrere verschiedene Deutungen bekannt. (MH) unterscheidet sich beträchtlich z.B. von der Auffassung Fodors in Fodor (1983) sowie deren Weiterentwicklungen in etwa Shanon (1988), Bennett (1990) oder Garfield (Hrsg.) (1987). Nach Fodor sind Module autonom funktionierende Eingabe- und Ausgabemechanismen des mentalen Systems. Demgegenüber weist (MH) auf ein viel generelleres Organisationsprinzip der Organismen hin. Es handelt sich dabei nicht um den Prozeß-, sondern um den Systemaspekt von Modulen. Zur Rechtfertigung einer solchen verallgemeinerten Deutung der Modularitätshypothese siehe u.a. Bierwisch (1981, 1989), Chomsky (1980, 1986), Grewendorf - Hamm - Sternefeld (1987), Jackendoff (1983).
      Allerdings mag (MH) demjenigen, der sich in den gegenwärtigen methodologischen Diskussionen der theoretischen Linguistik wenig auskennt, als trivial erscheinen. (MH) behauptet natürlich bedeutend mehr, als daß menschliches Verhalten aus Teilsystemen besteht und ist keineswegs trivial; ganz im Gegenteil. Dies wird sofort ersichtlich, wenn man die Modularitätsannahme der *globalen* oder *funktionalen* Betrachtungsweise in der heutigen Sprachtheorie gegenüberstellt (vgl. dazu etwa die Einleitung zu Meibauer (Hrsg.) 1987). (MH) impliziert dann nämlich die recht starke Annahme, daß

      ...eine Theorie, die die *V* zugrundeliegende Strukturbildung als Resultat zweier separater Systeme $S_i$, $S_j$ expliziert, an Generalisierungsmöglichkeiten gewinnt gegenüber einer Theorie, die die Struktur von *V* als Produkt eines einheitlichen Systems *S* darstellt. Lang (1987: 292)[*V* = Verhaltensinstanz, A.K.]

Daß (MH) nicht trivial ist, ergibt sich auch aus den weiter unten zu spezifizierenden Eigenschaften von V-Modulen.

4     Für Einzelheiten s. u.a. Bierwisch (1981), Lang (1987), Berwick - Weinberg (1984), Pylyshin (1985), Garfield (Hrsg.) (1987), Marr (1982), Grewendorf - Hamm - Sternefeld (1987), Wiese (1982) usw. Die Präzisierung wird im Abschnitt 2.5 erfolgen.

Erstens sind unter den V-Modulen des Verhaltens nicht externe Gegebenheiten, sondern deren mentale Repräsentationen zu verstehen. V-Module sind einheitlich als *Kenntnissysteme* zu behandeln.

Zweitens ist ein jeder V-Modul *autonom,* indem er ein in sich geschlossenes, für sich zu spezifizierendes, eigenständigen Gesetzmäßigkeiten unterworfenes System bzw. Teilsystem des Verhaltens darstellt. Diese Autonomie ist aber *relativ*, weil V-Module miteinander interagieren können. Einzelne Verhaltensinstanzen bzw. Verhaltensbereiche werden demnach nicht von einem einzigen V-Modul determiniert, sondern durch die *Wechselwirkung* verschiedener V-Module.

Drittens sind V-Module *hierarchisch* aufgebaut, indem sie V-Submodule einschließen, die wiederum aus weiteren untergeordneten Systemen bestehen können. Der V-Modul der Grammatik schließt etwa den syntaktischen, den phonologischen und den semantischen V-Submodul ein, wobei letzterer etwa die Wortbedeutung als einen weiteren V-Submodul umfaßt.

Jeder V-Modul enthält viertens nur eine kleine Zahl von universellen Prinzipien, die *Regeln* determinieren, und diese Regeln bestimmen ihrerseits die *Repräsentationen* einzelner Verhaltensinstanzen. Instanzen des Verhaltens stellen Überlagerungen von Repräsentationen dar.[5]

---

5    Für intuitiv einleuchtende Beispiele, die diese Begriffe erhellen, siehe Bierwisch (1981, 1987). Als eine einfache Illustration der Behauptung, daß jede Verhaltensinstanz eine Überlagerung verschiedener Repräsentationen darstellt, die jewels durch die Prinzipien und Regeln des entsprechenden V-Moduls gesteuert werden, nehmen wir an, jemand bringt folgende Äußerung, die als eine Verhaltensinstanz anzusehen ist, hervor:

(1)                    Dieser Rockstar kann jungen Leuten viel über Liebe und Freiheit sagen.

Die durch die Prinzipien bzw. Regeln des syntaktischen V-Moduls determinierte syntaktische Repräsentation dieser Äußerung würde z.B. die Tatsache enthalten, daß das finite Verb "können" der Reihenfolge nach zwar nach "Rockstar" steht, aber der Hierarchie nach mit dem infiniten Verb "sagen" eng verbunden ist. Die möglichen konzeptuellen Repräsentationen, denen die Prinzipien des konzeptuellen V-Moduls zugrundeliegen, werden z.B. die kontextbedingte Variabilität der begrifflichen Interpretation von "sagen" widerspiegeln. Es lassen sich u.a. folgende — vom jeweiligen Interpretationskontext abhängige — konzeptuelle Repräsentationen dieses Verbs angeben:

(2)(a)                 Dieser Rockstar bringt *auditiv perzpierbare Äußerungen* hervor, aus denen junge Leute viel lernen können.

   (b)                 Dieser Rockstar *komponiert* Lieder, aus denen junge Leute viel Lernen können.

   (c)                 Dieser Rockstar *singt* Lieder, aus denen junge Leute viel lernen können.

Bei gleicher konzeptueller Repräsentation kann die Äußerung wiederum verschiedene — durch die Prinzipien und Regeln des V-Moduls der sozialen Interaktion bestimmte — kommunikative Funktionen haben, die von der jeweiligen Interaktionssituation abhängen und verschiedenen interaktionalen Repräsentationen entsprechen. (2)(b) kann z.B., wenn von einem Englischlehrer geäußert, den Schülern vorschlagen, sich zwecks Förderung ihrer Sprachkenntnisse mehr mit englischen Schlagertexten zu befassen. Oder, in einer Diskussion zwischen zwei Ästheten kann dieselbe Äußerung ein Werturteil über den Standpunkt des Ästheten formulieren, der etwa der Meinung ist, Rockmusik habe nichts mit Kunst zu tun usw.

Fünftens sind die universellen Prinzipien der einzelnen V-Module an *offene Parameter* gebunden. Diese Parameter sind Variablen, die u.U. durch Werte aus anderen V-Modulen fixiert werden können; darin manifestiert sich die Interaktion verschiedener V-Module bei der Determination von Verhaltensinstanzen. Somit besteht *die wesentlichste Konsequenz von (MH)* in einer eigentümlichen Zweiseitigkeit der menschlichen Verhaltensbereiche: Einerseits werden spezifische Bereiche wie etwa das Sprachverhalten durch universelle Prinzipien, die auch anderen Bereichen zugrundeliegen, determiniert, andererseits wird den spezifischen Eigentümlichkeiten sowie der Eigenständigkeit dieser Bereiche oder einzelner Instanzen durch die Interaktion der Prinzipien bzw. durch die Fixierung der mit ihnen verbundenen offenen Parameter Rechnung getragen.

In seiner zweiten geläufigen Bedeutung referiert der Modulbegriff auf diejenigen *wissenschaftlichen Theorien oder Teiltheorien* (im weiteren *Z-Module*), die als das Ergebnis eines wissenschaftlichen Erkenntnisvorgangs zustandekommen und deren Aufgabe es ist, verschiedene Bereiche des menschlichen Verhaltens, unter diesen auch das Sprachverhalten, *zu beschreiben und zu erklären.* (In diesem Sinne nennt man etwa die Bindungstheorie, die Theta-Theorie, die Grenzknotentheorie usw. "Module" der Rektions- und Bindungstheorie). Die beiden Arten von Modulen sind voneinander natürlich nicht unabhängig: Die V-Module des Verhaltens sind nur in Form erklärender Theorien d.h. Z-Modulen erforschbar und deshalb müssen autonome Z-Teilsysteme der Theorie in irgendeiner Weise autonomen V-Teilsystemen der wirklichen Organisation menschlichen Verhaltens bzw. mentaler Prozesse entsprechen. Die Frage, wie man sich dieses Verhältnis genauer vorstellen soll, kann an dieser Stelle nicht beantwortet werden und sei zunächst dahingestellt.[6] Wenn man "Modularität" im zweiten Sinne als Z-Modularität versteht und auf die spezifische Organisation wissenschaftlicher Kenntnisse bezieht, die den gegenwärtigen Stand der theoretischen Linguistik kennzeichnet, sind — wiederum auf eine zunächst heuristische Weise — vor allem folgende wohlbekannte Aspekte hervorzuheben.

Erstens, wie aus den jüngsten Ansätzen ersichtlich ist,[7] sind Z-Module zwar relativ autonome und klar umgrenzte Systeme von wissenschaftlichen Kenntnissen, aber sie lassen sich so integrieren, daß an ihren Schnittstellen trotz ihrer Verschiedenartigkeit interessante und neuartige Forschungsergebnisse erzielt werden, wodurch ermöglicht wird, immer die dem jeweiligen Zweck am besten dienenden Ansätze auszuwählen und miteinander in Verbindung zu bringen. Dabei spielen z. B. in der generativistisch geprägten modularen Linguistik nicht nur die Ansätze eine ausschlaggebende Rolle, die mit den Chomskyschen Annahmen explizit verträglich sind, sondern auch diejenigen, die sich ursprünglich als

---

6     Sie wird allerdings in 1.2 und 6.2 wieder aufgegriffen.

7     Vgl. u. a. Bierwisch (1983), Farmer - Harnish (1985), Abraham (1986), Reis (1985, 1987), Meibauer (Hrsg.) (1987), Bierwisch - Lang (Hrsg.) (1987), Grewendorf - Hamm - Sternefeld (1987), Lang (Hrsg.) (1988), Fries (1987, 1989) usw.

Gegenspieler ankündigten (wie z.B. die Sprechakttheorie), die aber infolge des Gedankens der Modularität Schnittstellen mit dem syntaktischen Z-Modul bilden können, ohne daß eine inkohärente Theorie erzeugt wird.[8] Ausschlaggebend dabei ist die präzise Spezifizierung bzw. Festlegung der *Schnittstellen,* d.h. der Art der Interaktion der Z-Module, damit die gewünschten Ergebnisse herbeigeführt und unhaltbare Konsequenzen vermieden werden. Die Tatsache, daß scheinbar so verschiedenartige Denkweisen wie die Chomskys einerseits und die Wittgensteins oder Searles andererseits miteinander in Verbindung gebracht und zu Erklärungszwecken verwertet werden können,[9] ohne dabei diese in eine — sicherlich inkohärente — Theorie zu zwingen, zeugt davon, daß die Z-modulare Organisation in diesem Sinne nicht eine Forschungsrichtung oder eine Theorie auszeichnet, sondern ein Merkmal der theoretischen Linguistik als *Disziplin* ist.[10] Das Schema (1) gibt einen Überblick über die generativistisch geprägte modulare theoretische Linguistik.

Zweitens lassen sich die Z-Module der theoretischen Linguistik wie eine Theorie der Syntax, der Wortbedeutung oder der sozialen Interaktion usw. ihrerseits in *Z-Submodule* unterteilen. Das Paradebeispiel dafür ist der syntaktische Z-Modul, der generell mit der neuesten Entwicklung der generativen Grammatik, wie etwa der Rektions- und Bindungstheorie, identifiziert wird, und der aus den bekannten Teilsystemen der X-bar-Theorie, der Rektionstheorie, der Theta-Theorie, der Bindungstheorie usw. besteht.

Ein weiteres wichtiges Merkmal einer solchen Z- modularen Organisation der theoretischen Linguistik besteht darin, daß keine "Regelformulierungen" mehr im herkömmlichen Sinne z.B. einer Passivregel existieren, sondern die Erklärung der Grammatikalität von Sätzen aus dem *Zusammenspiel* der Z-Module hervorgeht: Dies betrifft sowohl beispielsweise das Grammatik-Pragmatik-Verhältnis als auch die Z-Submodule des syntaktischen Z-Moduls (d.h. die Teiltheorien der Rektions- und Bindungstheorie).

Das letztgenannte wohlbekannte Beispiel läßt gut erkennen, daß viertens die Z-modulare Organisation der theoretischen Linguistik von einer spezifischen Art des Systemgedankens geprägt ist: Es handelt sich um ein *Netzwerk* von relativ autonomen Bestandteilen bzw. Z- Teilsystemen, deren Verhältnis zueinander sich nicht ausschließlich in einer

---

8    Abraham (1986), Grewendorf (1985), Reis (1985, 1987), Meibauer (Hrsg.) (1987), Fries (1989) Rosengren (Hrsg.) (1987), Kertész (1990b, 1990e) usw.

9    Wobei die Möglichkeit einer solchen Integration natürlich nicht dadurch ausgeschlossen werden kann, daß Chomsky selbst eine Kluft zwischen seiner Auffassung und der Wittgensteins oder Searles postuliert, vgl. z.B. Bierwisch (1983), Grewendorf (1985) sowie unsere Ausführungen im Kapitel 2.

10    Sowohl "Theorie" als auch "Disziplin" werden hier und im weiteren in einem heuristischen Sinne verwendet. Im Hinblick auf die Problemstellung dieser Arbeit ist ihre präzise Explikation nicht nötig, und auch die Entscheidung für eine der gängigen Definitionen scheint, wie sich im späteren noch zeigen wird, unmöglich zu sein. Zur Deutung der theoretischen Linguistik als Disziplin s. auch Bierwisch (1982). Allerdings werden wir den Begriff der Theorie im Abschnitt 1.2, den der Disziplin im Abschnitt 2.5 definitorisch eliminieren.

(1)

theoretische Linguistik
grammatische Theorien
pragmatische/soziologische Theorievarianten
phonologische Theorievarianten
semantische Theoriavarianten
Theorien der sozialen Interaktion (Bierwisch 1981)
usw.
Theorien der pragmatischen Kompetenz (Grewendorf et al. 1987)
autosegmentale Phonologie (Goldsmith 1976)
lexikalische Phonologie (Kiparsky 1982)
usw.
Komponentenanalyse (Katz 1972)
usw.
modelltheoretische Semantik (Montague 1974)
syntaktische Theorievarianten
Lexikalisch-Funktionale Grammatik (Bresnan 1982)
Generalisierte Phrasenstrukturgrammatik (Gazdar et al. 1985)
Rektions- und Bindungstheorie (Chomsky 1981)
usw.
Teiltheorien
Rektionstheorie
Bindungstheorie
Grenzknotentheorie
Kasustheorie
Thetatheorie
X'-Theorie
usw.

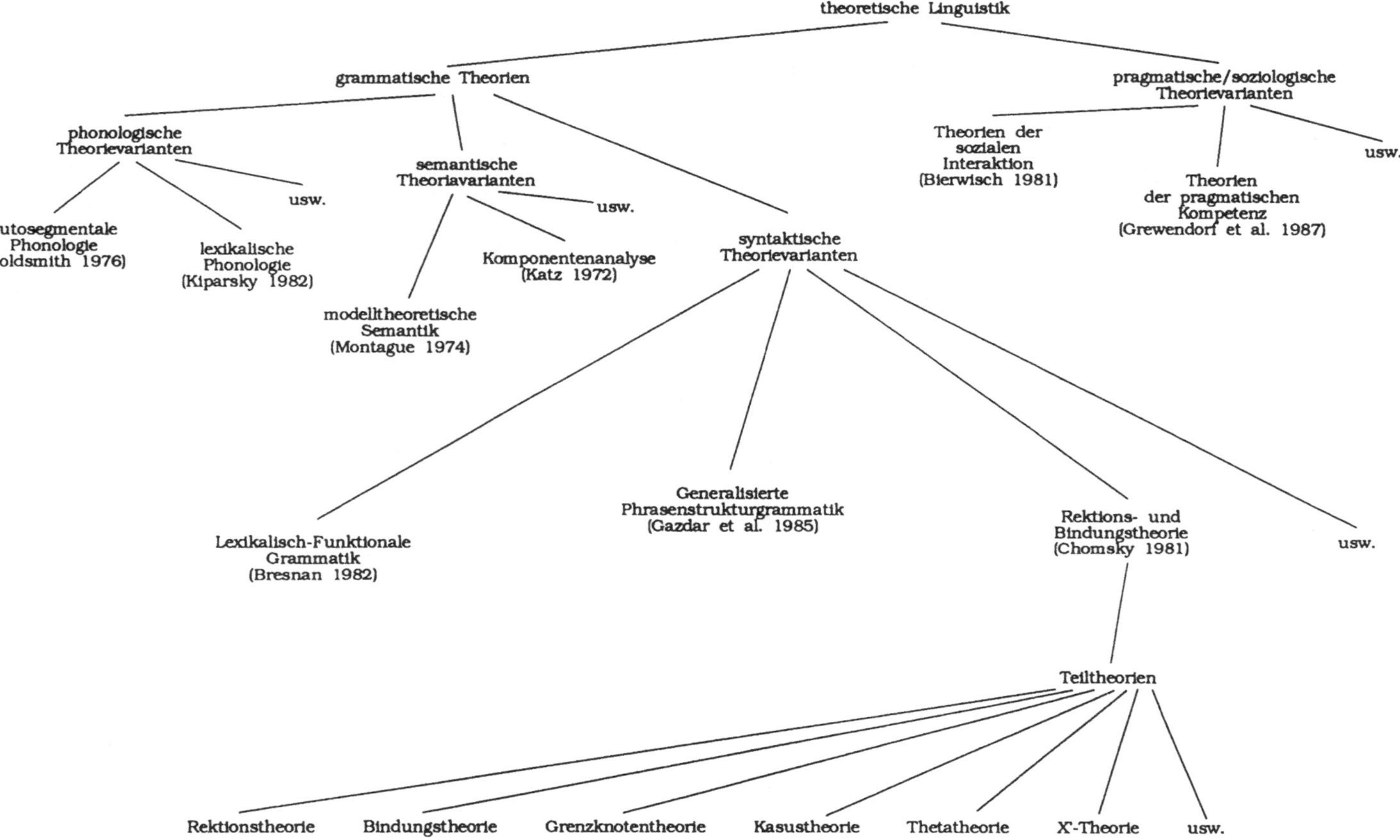

hierarchischen Unter- bzw. Überordnung erschöpft, sondern auch ein Nebeneinanderordnen gestattet.

Aufgrund dieser kurzen Zusammenfassung wohlbekannter Tatsachen lassen sich unsere Vorentscheidungen in bezug auf den gegenwärtigen Status der generativen Linguistik folgendermaßen zusammenfassen:

(V3)(a)        Die bestimmende Eigenschaft der gegenwärtigen generativen Linguistik ist ihre Z-modulare Organisation.

(b)        Diese Art der Z-Modularität erzwingt ihre Integration mit teilweise anders ausgerichteten Theorien, wodurch die generative Syntax nicht isoliert, sondern nur unter Berücksichtigung ihrer Interaktion mit anderen Ansätzen innerhalb der theoretischen Linguistik untersucht werden kann.

Bezieht man jetzt die Vorentscheidungen (V2) einerseits und (V3) andererseits aufeinander, so dürfte wohl folgen, daß der Z-modularen Organisation der theoretischen Linguistik eine ausschlaggebende Rolle bei der Beantwortung der Frage, was für eine Wissenschaftstheorie mit der generativen Linguistik verträglich ist, zukommt. Dementsprechend soll für folgende Hypothese argumentiert werden:

(T0)        Mit der gegenwärtigen generativen Linguistik ist nur eine Wissenschaftstheorie vereinbar, die selbst einen Z-Modul der theoretischen Linguistik darstellt.

Als Ausgangspunkt zu der Argumentation bietet sich die Modularitätshypothese (MH) an.

## 1.2 Die Konsequenzen der Modularitätshypothese

Aus der Modularitätshypothese geht *unmittelbar* der Anhaltspunkt zur Festlegung des wissenschaftstheoretischen Rahmens hervor, der als eine mit den Grundannahmen der generativistisch geprägten theoretischen Linguistik vereinbare methodologische Basis zur Untersuchung der Grundlagenprobleme dieser Disziplin dienen kann. Es bietet sich nämlich folgendes Argument an: *Wenn im Sinne von (MH) das gesamte Verhalten V-modular organisiert ist und man die Behauptung akzeptiert, daß Wissenschaft einen*

*Teilbereich menschlichen Verhaltens darstellt, so ergibt sich, daß auch wissenschaftliche Erkenntnis V-modular organisiert sein muß.* Deshalb ist sie mit Hilfe einer Metatheorie zu erfassen, die die für die wissenschaftliche Forschung charakteristischen Verhaltensabläufe als Ergebnisse der Interaktion mehrerer relativ autonomer Systeme des Verhaltens spezifiziert.[11] Daraus folgen zwei Grundannahmen in bezug auf den spezifischen Verhaltensbereich "generative Linguistik", die unter eine *wissenschaftstheoretische Modularitätshypothese* subsumiert werden sollen:[12]

(WMH)(a)    Zum einen stellt generativ-linguistische Erkenntnis einen eigenständigen Bereich menschlichen Verhaltens dar und baut auf solchen Bedingungen auf, die sich *nicht auf andere Gebiete des Verhaltens* reduzieren lassen.

(b)    Zum anderen konstituiert sie sich aus der Interaktion der relativ autonomen V-Module des menschlichen Verhaltens, die *auch anderen Bereichen desselben* zugrunde liegen.

Aus diesem Argument ergibt sich eine Hierarchie von Ebenen der V-Modularität: Die V-Modularität sprachlichen Verhaltens, die V-Modularität der generativ-linguistischen Erkenntnis, deren Gegenstand das sprachliche Verhalten ist, und die V-Modularität der wissenschaftstheoretischen Erkenntnis, deren Gegenstand die linguistische Erkenntnis darstellt. Da diese drei Erscheinungsformen der V-Modularität drei verschiedenen Objekt- bzw. Metaebenen angehören, sei, um die Begriffsverwirrung zu vermeiden, folgende Differenzierung vorgeschlagen. Die V-Module, deren Zusammenspiel die generativ-linguistische Erkenntnis bestimmt, befinden sich auf der Metaebene relativ zu den V-Modulen des Spachverhaltens; erstere seien im weiteren *TO-Module*, letztere *S-Module* genannt. Die V-Module, die wissenschaftstheoretische Erkenntnis determinieren, gehören — relativ zu TO-Modulen — der metawissenschaftlichen Ebene des Verhaltens an; wir werden von *TM-Modulen* sprechen. TO-und TM-Module haben gemeinsam, daß sie wissenschaftliche Erkenntnis determinieren, daher werden wir sie unter dem Begriff der T-Modularität zusammenfassen. Eine analoge Differenzierung bietet sich auch bei den Z-Modulen an:

---

11    Zwar ist die Annahme, daß infolge der Modularitätshypothese auch Wissenschaft V-modular organisiert sein muß, in der einschlägigen Literatur nirgendwo explizit ausgeführt worden, doch es gibt Belege dafür, daß diese Möglichkeit erkannt und als plausibel bewertet worden ist. Vgl. z.B.: "In short, modularity of explanation permits a corresponding modularity of scientific investigation." Berwick - Weinberg (1984: 80).

12    In Bierwisch (1989) und Fanselow (1989) wurden zwar die Annahmen, die dem Analogon von (WMH)(a) auf der Ebene des Sprachverhaltens zugrunde liegen, in Frage gestellt, aber die dort genannten Argumente sind nicht stark genug, um (WMH)(a) als eine *Hypothese* von vornherein anzufechten. Ihre Stichhaltigkeit ist immerhin eine rein empirische Frage und solange keine systematischen Untersuchungen durchgeführt worden sind, läßt sie sich ohne weiteres aufrecht erhalten.

Objektwissenschaftliche Theorien seien ZO-Module, metawissenschaftliche Theorien ZM-Module genannt.[13]

Nachdem die wissenschaftstheoretische Modularitätshypothese auf einem einfachen Wege aus (MH) hergeleitet worden ist, sollen jetzt — der Problemstellung dieses Kapitels entsprechend — die Konsequenzen erwogen werden, die sich aus ihr im Hinblick auf die gesuchten Eigenschaften einer mit der generativen Linguistik verträglichen Wissenschaftstheorie ergeben. Zunächst stellt sich die Frage, was für ein Verhältnis zwischen V-Modularität und Z-Modularität im Lichte von (WMH) besteht. Wenn laut (WMH) dem spezifischen Bereich "wissenschaftliches Verhalten" dieselben universellen Prinzipien zugrundeliegen, die auch andere Verhaltensbereiche determinieren, dann sind objektwissenschaftliche Theorien (d.h. ZO-Module) — sowie all die Erscheinungen, in denen sich objektwissenschaftliche Erkenntnis manifestiert wie u.a. Erklärungen und Explikationen —, solche Verhaltensinstanzen, denen genau die Prinzipien von TO-Modulen zugrundeliegen. Es folgt daher: Ein ZO-Modul ist eine durch das Zusammenspiel von TO-Modulen determinierte Verhaltensinstanz.[14] Ähnliches trifft auch auf die wissenschaftstheoretische Erkenntnis zu. Wenn TM-Module die Prinzipien enthalten, deren Interaktion wissenschaftstheoretische Erkenntnis bestimmt, und diese sich in Form von metawissenschaftlichen Theorien manifestiert, die mit ZM-Modulen identifiziert wurden, dann sind

---

13    Schematisch lassen sich diese begrifflichen Differenzierungen wie folgt darstellen:

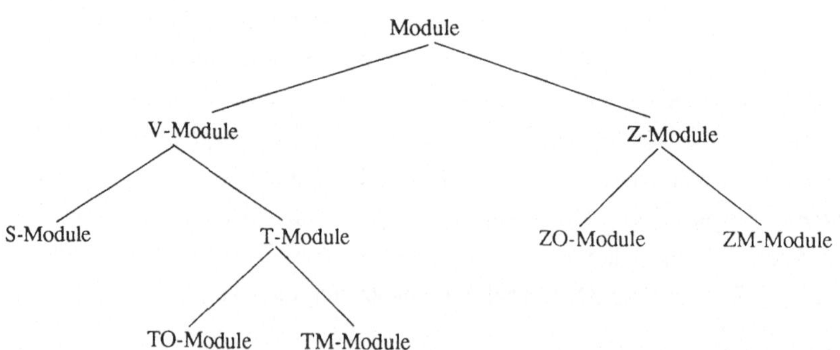


14    Da Z-Module Theorien, d.h. Systeme von Sätzen sind, stellen sie natürlich äußerst komplexe Verhaltensinstanzen dar. Das ändert aber nichts an der Schlußfolgerung, daß sie infolge von (WMH) als solche dargestellt werden können. Es ergibt sich aus der im vorangehenden Abschnitt angeführten Kennzeichnung von V-Modulen, daß Theorien — insofern sie Verhaltensinstanzen darstellen — als die Überlagerung verschiedener V-Repräsentationen zu konzipieren sind. Sie lassen sich als konzeptuelle Repräsentationen interpretieren, die von dem konzeptuellen TO-Modul determiniert werden, oder als durch den syntaktischen TO-Modul bereitgestellte syntaktische Repräsentationen oder als von den Regeln und Prinzipien sozialer Interaktionen abhängige interaktionale Repräsentationen usw. Vgl. dazu auch Fußnote 5. Auf die Beschaffenheit von Theorien wollen wir in dieser Arbeit nicht weiter eingehen, wir werden uns in den Kapiteln 3 bis 5 ausschließlich der Untersuchung von Explikationen und Erklärungen als analog gearteten Verhaltensinstanzen zuwenden.

ZM-Module solche Verhaltensinstanzen, die auf den genannten TM-Prinzipien beruhen. Auf eine einfache Formel gebracht: *Z-Module sind durch die Interaktion der T-Module bestimmte Verhaltensinstanzen.*[15] Somit ergibt sich aus (WMH) die Plausibilität von (T0): Wenn sowohl meta- als auch objektwissenschaftliches Verhalten T-modular organisiert ist, und wenn die Theorien, die von den T-Modulen des Verhaltens determiniert werden, Z-Module sind, dann ist die Annahme, daß die theoretische Linguistik Z-modular organisiert ist, nur mit der Annahme verträglich, daß ihre Metatheorie ebenfalls Z-modular ist. Darüber hinaus erhalten wir das Ergebnis, daß die in der einschlägigen Literatur geläufigen aber getrennt behandelten zwei Bedeutungen des Modulbegriffs voneinander nicht unabhängig sind: Infolge der von uns hergeleiteten wissenschaftstheoretischen Modularitätshypothese (WMH) läßt sich der Begriff der Z-Modularität durch den der V-Modularität *definitorisch eliminieren.* In Einklang damit wird in den nachfolgenden Kapiteln, in denen die den Verhaltensinstanzen "generativ-grammatische Tatsachenerklärung" und "generativ-grammatische Begriffsexplikation" zugrundeliegenden TO-Module im Mittelpunkt des Interesses stehen, auf den Begriff der Z-Modularität vollkommen verzichtet. Es erscheint jedoch als zweckmäßig, ihn in dem vorliegenden Kapitel vorläufig noch beizubehalten, weil er die Redeweise über das Verhältnis zwischen Objekt- und Metatheorien, das hier angesprochen wird, vereinfacht.

Als eine weitere Konsequenz ergibt sich folgendes. Da ZO- und ZM-Module gleichermaßen solche wissenschaftliche Theorien sind, die die im vorangehenden Abschnitt skizzierten Eigentümlichkeiten aufweisen, können sie auf genau dieselbe Weise integriert werden und ihre Schnittstellen lassen sich genauso zur Lösung von objektwissenschaftlichen Problemen heranziehen, wie dies bei ZO-Modulen schlechthin der Fall ist. Folglich kann die Wissenschaftstheorie, die ZM-modular aufzufassen ist, genau in derselben Weise zur Lösung von objektwissenschaftlichen Problemen beitragen, wie das Zusammenspiel von ZO-Modulen unter sich.[16] In diesem Sinne sind ZM-Module in bezug auf ZO-Module *konstruktiv.* Dadurch wird es prinzipiell möglich, der Vorentscheidung (V2)(b) Rechnung zu tragen.

Weiterhin befinden sich ZO-Module relativ zu ZM-Modulen auf der Objektebene, und sie werden von den nach wie vor als Theorien aufgefaßten ZM-Modulen als ein Bereich

---

15    Für einige Konsequenzen, die sich aus diesem Ergebnis für die Behandlung bekannter Probleme der Wissenschaftstheorie der Linguistik folgen, siehe Kertész (1990c) und (1990e).

16    Im Lichte neuerer Untersuchungen zur künstlichen Intelligenz läßt sich vermuten, daß in der wissenschaftlichen Erkenntnis das Verhältnis zwischen der Objekt- und der Metaebene wahrscheinlich viel verwickelter ist als diese Formulierung sowie die These (T0) implizieren. Zwar gibt es keine Gründe dafür, (T0) und ihre hier angedeuteten Konsequenzen von vornherein als unplausibel zu betrachten, aber es erscheint als zweckmäßig, die Frage nach der Beschaffenheit der metawissenschaftlichen Konstruktivität offen zu lassen. Eine kurze Besprechung der Gründe für die gegenwärtige Unlösbarkeit dieser Probleme befindet sich im Abschnitt 6.2.2.

menschlichen Verhaltens untersucht. Deshalb bilden erstere den *Untersuchungsgegen-stand* der letzteren. Da man es mit Z-Modulen *per definitionem* darauf abgesehen hat, Instanzen menschlichen Verhaltens zu beschreiben und zu erklären (Bierwisch 1983, Bierwisch 1987, Bierwisch - Lang 1987, Reis 1985 usw.), stellen ZM-Module typische Strategien der *Einzelwissenschaften* dar, ebenso wie die ZO-Module, die sich auf der objektwissenschaftlichen Ebene befinden (wie etwa die ZO-Submodule der Rektions- und Bindungstheorie). Dadurch wird im Sinne von (V2)(a) prinzipiell gewährleistet, die Eigentümlichkeiten des spezifischen Verhaltensbereichs "generative Syntax" sowohl auf die ihm zugrundeliegenden universellen Prinzipien wissenschaftlicher Erkenntnis als auch auf die Spezifika dieses Gebiets hin zu erforschen.

Aus (WMH) *folgt daher*, daß mit einer ZO-modular organisierten theoretischen Linguistik nur eine Wissenschaftstheorie verträglich ist, die (i) *ZM-modular* ist, (ii) in bezug auf die objektwissenschaftlichen Problemstellungen der theoretischen (bzw. gene-rativen) Linguistik eine *konstruktive* (d.h. die Lösung von ZO- Problemen herbeiführende) Funktion ausübt, und (iii) *einzelwissenschaftlichen* Charakters ist.[17]

Wie einfach die Argumentation auch war, die Schwierigkeiten, zu denen die hier formulierten Ergebnisse führen, sind nicht zu übersehen. Von besonderer Wichtigkeit scheinen dabei folgende Einwendungen zu sein.[18]

---

17    Der Begriff "einzelwissenschaftlich" wird hier in einem vorexplikativen Sinne verwendet; damit ist das Antonym zu "überwissenschaftlich" gemeint. "Überwissenschaftlich" ist die herkömmliche Wissen-schaftstheorie insofern, als sie bestimmen will, was unter allgemeingültigen Kriterien als wissenschaftlich gilt und was nicht. Danach soll die Wissenschaftstheorie ganz anderen Voraussetzungen unterliegen als die Disziplinen, die ihren Untersuchungsgegenstand bilden. "Einzelwissenschaftlich" hingegen bedeutet, daß die Wissenschaftstheorie eine Disziplin ist, die ihren Gegenstand d.h. die Objektwissenschaft unter denselben Voraussetzungen erforscht wie die Disziplinen, die den Untersuchungsobjekt der Wissenschaftstheorie darstellen. Wenn an dieser Stelle die Angabe von notwendigen und hinreichenden Bedingungen der Einzelwissenschaftlichkeit nicht möglich ist, so kann der Bereich dieses Begriffs durch paradigmatische Beispiele und eine Ähnlichkeitsrelation prinzipiell umrissen werden; diese Klasse paradigmatischer Bei-spiele für Einzelwissenschaften könnte etwa die Physik, einige linguistische Disziplinen wie die generati-vistisch geprägte theoretische Linguistik, die Soziologie, die kognitive Psychologie usw. enthalten. Der Begriff der Einzelwissenschaftlichkeit spielt zwar eine zentrale Rolle in der gegenwärtigen Neuorientierung der allgemeinen Wissenschaftstheorie (vgl. Kapitel 2), aber selbst die Verfechter solcher Tendenzen wie etwa Bloor, Quine usw. haben bislang auf eine Präzisierung verzichtet. Zu den sich daraus ergebenden Konsequenzen siehe Hesse (1988).

Wichtig ist zu bemerken, daß einzelwissenschaftliche Disziplinen in diesem Sinne sowohl empirisch als auch nicht-empirisch sein können. Es besteht z.B. kein Zweifel, daß die generative Linguistik im oben genannten naiven Sinne "einzelwissenschaftlich" ist, aber ob sie eine empirische Theorie darstellt, ist strittig. Die Grenzziehung zwischen empirischen und nicht-empirischen Wissenschaften hängt teilweise von der Bestimmung des Begriffs der Empirizität ab. Da die Erarbeitung dieses Begriffs eines der Hauptziele dieser Arbeit ist (vgl. Abschnitt 0.2), soll an dieser Stelle das Problem der Abgrenzung von empirischen und nicht-empirischen Einzelwissenschaften dahingestellt bleiben.

18    Weitere Gegenargumente werden im Anhang (Abschnitt 7.1) in Form der beiden Fallstudien "Sprechaktverben in einer modularen theoretischen Linguistik" und "Das Erklärungspotential vortheoreti-scher Informationen in der Linguistik" behandelt.

## 1.3 Einwand 1: Monismus, Dualismus, Pluralismus

Zunächst ist zu fragen, wie die Lösung *wissenschaftstheoretischer Probleme* zustande-kommt, wenn Wissenschaftstheorie ZM-modular organisiert ist. Da behauptet wurde, daß eine mit der theoretischen Linguistik verträgliche Wissenschaftstheorie über genau diesel-ben Eigenschaften verfügt wie alle anderen Z-Module und daß sie in derselben Weise zur Lösung von linguistischen Problemen beiträgt wie etwa ZO-Module, folgt, daß zur Lösung eines wissenschaftstheoretischen Problems im Prinzip ein ZM+1-Modul herangezogen werden kann, der sich auf einer noch höheren Metaebene befindet und in bezug auf die Wissenschaftstheorie ähnlicherweise konstruktiv ist wie diese bezüglich der objektwissen-schaftlichen ZO-Module. Es entsteht daher ein unendlicher Regreß. Der Regreß läßt sich dann unterbrechen, wenn man vermeiden kann, daß ein ZM+1-Modul auf der Metameta-ebene zur Lösung von wissenschaftstheoretischen Problemen beiträgt.

Die Möglichkeit dafür ergibt sich aus (WMH). Wie wir im Abschnitt 1.2, in unmittelbarem Anschluß an (WMH), festgestellt haben, sind Z-Module nämlich Verhal-tensinstanzen, die durch T-Module determiniert werden. Deshalb könnte man eine unend-liche Hierarchie von objekt- bzw. metatheoretischen Ebenen nur dann annehmen, wenn eine analoge Hierarchie auch im Falle der T-Module bestünde; jedem $Z_i$-Modul müßten also entsprechende $T_i$-Module zugrunde liegen. T-Module sind aber Systeme des Verhal-tens. Deshalb ist die Frage, ob eine bestimmte Repräsentationsebene einen eigenständigen V-Modul darstellt oder nicht, ein empirisches Problem. Somit ist das ursprünglich episte-mologische bzw. logische Problem des Regresses *auf eine rein empirische Fragestellung reduziert worden*. Die *empirische* Hypothese aber, wonach das menschliche Verhalten aus einer unendlichen Hierarchie von V-Objekt- bzw. V-Metamodulen besteht, ist nicht nur intuitiv sehr unplausibel, sondern sie ließe sich in der Tat sehr schwer nachweisen, weil dazu empirische Befunde notwendig wären, deren Existenz gegenwärtig kaum denkbar ist. Wir müßten nämlich für jeden $V_i$-Modul einzeln nachweisen, daß er ein relativ autonomes Teilsystem des Verhaltens darstellt. Uns sind aber gegenwärtig keine Fakten bekannt, die einen solchen Beweis stützen.[19] Man dürfte also mit Recht auf die Unhaltbarkeit der genannten Annahme schließen. Aufgrund unserer gegenwärtigen Kenntnisse müssen wir deshalb das Gegenteil dieser Annahme als eine empirische Hypothese formulieren (die natürlich im Lichte neuer Fakten in der Zukunft eventuell widerlegt werden kann): Das Verhalten besteht nicht aus einer unendlichen Hierarchie von V-Objekt- bzw. V-Metamo-dulen. Wenn nun Z-Module Verhaltensinstanzen sind, die durch T-Module determiniert werden, dann folgt, daß es auch keinen unendlichen Regreß von ZM-Modulen geben kann.

---

[19]    Auf die Schwierigkeiten, die mit dem Nachweis der Eigenständigkeit von V-Modulen zusammen-hängen, wollen wir an dieser Stelle nicht eingehen, weil sie im Abschnitt 6.2.1 diskutiert werden. Die richtunggebenden Überlegungen befinden sich in Bierwisch - Lang (1987).

Diese empirische Hypothese, als eine Konsequenz von (WMH), entkräftet also den Einwand des Regresses. Stellt man jetzt, auf diesem Hintergrund, wieder die Frage, wie wissenschaftstheoretische Probleme (d.h. ZM-Probleme) gelöst werden, so gibt es nur zwei Antwortmöglichkeiten. Der erste Aspekt ist, daß wissenschaftstheoretische Problemlösungen selbst durch das Zusammenspiel von ZM-Submodulen auf der gleichen metawissenschaftlichen Ebene zustandekommen. Ein Beispiel dafür wäre z.B. das Zusammenwirken eines ZM-Submoduls, der die konzeptuellen Faktoren linguistischer Erkenntnis zu untersuchen trachtet mit einem, der sie soziologisch analysiert.[20] Nach dem zweiten Aspekt soll die Tragweite von ZM-Problemlösungen durch die ZO-Module eingeschränkt werden. Die Wissenschaftstheorie der Linguistik kann deshalb von vornherein weder monistisch noch dualistisch sein, weil die Art möglicher metatheoretischer Problemlösungen von den Eigentümlichkeiten der jeweiligen ZO-Module umrissen wird — zumindest insofern, als gewisse Alternativen ausgeschlossen werden (s. dazu ausführlicher Abschnitt 1.6).[21] Der Verzicht auf den Monismus bzw. Dualismus zieht aber das Leugnen der Universalien der wissenschaftlichen Erkenntnis nicht nach sich. Aus (WMH) folgt, daß eine ZM-modulare Wissenschaftstheorie einerseits die Existenz *universeller TO-Prinzipien* anerkennen muß, andererseits den Spezifika einer Einzelwissenschaft wie etwa die generative Syntax durch die "Fixierung" der mit den universellen TO-Prinzipien assoziierten *freien TO-Parametern* Rechnung trägt. Dadurch besteht die Möglichkeit zur Erforschung sowohl der Universalien als auch der Vielfalt wissenschaftlicher Erkenntnis im Sinne von (V2)(a): Statt des Monismus bzw. Dualismus bietet sich ein *relativer Pluralismus* an.

Der Verzicht auf den Monismus bzw. Dualismus bleibt auch für die Beschaffenheit der metawissenschaftlichen Konstruktivität nicht ohne Konsequenzen. Denn es ergibt sich, daß die metawissenschaftlichen Erkenntnisse, die zu einem konstruktiven Eingriff in die Vorgänge der Objektebene führen, nicht die von vornherein gegebenen Bedingungen der Wissenschaftlichkeit sind; man sollte vielmehr annehmen, daß diese Bedingungen *selbst* thematisierbar und erklärungsbedürftig sind. Nach der Standardauffassung der Wissenschaftstheorie stellen die Prinzipien, Bedingungen oder Kriterien der Wissenschaftlichkeit[22] *den Ausgangspunkt* wissenschaftstheoretischer Analysen dar, weil sie als von

---

20    Wie wir im Kapitel 2 sehen werden, kommt es bei der Untersuchung generativer Explikationen und Erklärungen genau auf die Entwicklung einer Metatheorie mit diesen beiden ZM-Submodulen an.

21    Die Analytische Wissenschaftstheorie ist insofern *monistisch*, als sie die Einheit aller empirischen Wissenschaften annimmt und für alle Disziplinen bzw. Theorien dieselbe Struktur bzw. dieselben Rechtfertigungsverfahren postuliert. Der *Dualismus* der Hermeneutik besteht darin, daß sie zwar eine Grenzlinie zwischen den Natur- und den Gesellschaftswissenschaften zieht, aber innerhalb der beiden Gruppen ebenfalls die Einheitlichkeit der entsprechenden Wissenschaften annimmt.

22    In der Analytischen Wissenschaftstheorie handelt es sich um die allgemeinen *a priori* Bedingungen der Rationalität. Nach der Auffassung der Hermeneutik sind zwar die für die Natur- und die Gesellschaftswissenschaften richtunggebenden Kriterien verschieden, aber sie werden in beiden Fällen postuliert, *bevor* die wissenschaftstheoretischen Überlegungen überhaupt ansetzen. In unserer Terminologie handelt es sich hierbei um TO-Prinzipien der Wissenschaftlichkeit.

vornherein gegeben angesehen werden und der Wissenschaftstheoretiker objektwissenschaftliche Theorien je nach dem bewertet, in welchem Maße sie diesen Anforderungen
Genüge tun. Im Gegensatz dazu müssen in einem Z-modularen Rahmen die ZM-Annah-
men über die TO-Prinzipien der Theoriebildung, wie sie etwa die generative Linguistik
kennzeichnen, nicht den Ausgangspunkt, sondern *das Ergebnis* wissenschaftstheoretischer
Analysen bilden. Metatheoretische Konstruktivität ist dementsprechend erst *nach* der
Durchführung von einzelwissenschaftlich vorgenommenen ZM-Untersuchungen zu den
TO-Prinzipien der Theoriebildung möglich. Die dadurch gewonnenen Ergebnisse sind die
Anhaltspunkte, an denen ein metawissenschaftlicher Eingriff in die objektwissenschaftli-
chen Vorgänge orientiert ist. Ein ZM-Modul soll demnach die mit einzelwissenschaftlichen
Mitteln ermittelten spezifischen Charakteristika der objektwissenschaftlichen TO-Module
der generativen Linguistik erfassen, wobei diese Kenntnisse durch die übliche Art der
Interaktion zwischen Z-Modulen in den der Befriedigung von objektwissenschaftlichen
Erkenntnisinteressen dienenden Argumentationszusammenhang Eingang finden können.


## 1.4  Einwand 2: Intradisziplinarität

Ein letztes Problem betrifft schließlich die Frage, ob ZM-Module insofern "theorieintern"
sind, als sie in einen übergeordneten theoretischen Apparat wie etwa die Rektions- und
Bindungstheorie integriert werden sollen; wäre das der Fall, so würde die Rektions- und
Bindungstheorie sowohl eine ZO- als auch eine ZM-Ebene enthalten. Das trifft faktisch
offensichtlich nicht zu. Außerdem ist dies auch nicht erwünscht: Wären ZO-Module bereits
innerhalb der Theorie definiert, so würde die Wissenschaftstheorie gerade das nicht
erfassen können, was in methodologischer Hinsicht das ausschlaggebende Merkmal der
theoretischen Linguistik ist: Das Zusammenspiel der ZO-Module der theoretischen Linguistik und die Spezifikation ihrer Schnittstellen. Die Wissenschaftstheorie soll demnach
zwar *intradisziplinär*, aber nicht intratheoretisch sein.[23] Man kann sich ihre Position in
Analogie zu anderen Z-Modulen der theoretischen Linguistik vorstellen. Beispielsweise
gibt es sehr viele Erscheinungen — wie etwa das Mittelfeld oder den Satzmodus im
Deutschen — , die nur dann hinreichend erklärt werden können, wenn sowohl grammatische als auch pragmatische Erwägungen zur Sprache kommen (Farmer - Harnish 1985,
Meibauer (Hrsg.) 1987, Rosengren (Hrsg). 1987, Fries 1989, Lang (Hrsg.) 1988 usw.); es
bestehen jedoch gute und wohlbekannte Gründe dafür, die Rektions- und Bindungstheorie

---

23    Die Idee einer intradisziplinären Wissenschaftstheorie wurde in Finke (1982) in bezug auf die
Literaturwissenschaft vorgeschlagen.

und eine Variante der Sprechakttheorie nicht unter gleiche theoretische Postulate zu subsumieren. Es wird deshalb festgehalten: Mit der generativen Linguistik ist nur eine Wissenschaftstheorie vereinbar, die als ein ZM-Modul der *theoretischen Linguistik als Disziplin* zu konzipieren ist, wobei sie keiner Einzeltheorie bzw. keinem Z-Modul der theoretischen Linguistik selbst untergeordnet ist.


## 1.5  Das Ergebnis


Aus (T0) sowie aus den bis jetzt bekannten allgemeinen Eigenschaften der Z-Module der theoretischen Linguistik ergaben sich vier Merkmale einer mit der generativen Linguistik verträglichen Wissenschaftstheorie, die sich in Form folgender These zusammenfassen lassen: [24]

(T1)(a)　　　Mit der gegenwärtigen Z-modularen Organisation der generativen Linguistik ist nur eine Wissenschaftstheorie vereinbar, die eine *Einzelwissenschaft* ist.

(b)　　　Mit der gegenwärtigen Z-modularen Organisation der generativen Linguistik ist nur eine Wissenschaftstheorie vereinbar, die in dem bereits angedeuteten Sinne *konstruktiv* ist.

(c)　　　Mit der gegenwärtigen Z-modularen Organisation der generativen Lin-

---

[24]　　　Zwischen (T1)(a) und (d) scheint ein Widerspruch zu bestehen. Wenn man annimmt, daß unter "einzelwissenschaftlich" so etwas zu verstehen sei wie "geht genauso vor wie alle Einzelwissenschaften", so impliziert das eine Art des Monismus. Dies ist jedoch ein Mißverständnis. Der Monismus, der im Abschnitt 1.3 kritisiert wurde, entstammt der Analytischen Wissenschaftstheorie und betrifft gewisse Annahmen in bezug auf das Objekt wissenschaftstheoretischer Untersuchungen, wobei die Einheit der Struktur, der Rechtfertigungsverfahren oder des Systems von logischen Werten und Normen der zu analysierenden Theorien vorausgesetzt wurde. Der Verzicht auf eine monistische Betrachtungsweise bietet die Möglichkeit an, daß der Vielfalt wissenschaftlicher Erkenntnis Rechnung getragen wird. Wenn nun Wissenschaftstheorie sich selbst als eine Einzelwissenschaft betrachtet, so weist diese Tatsache darauf hin, daß sie bereit ist, die Einheitlichkeit der Eigenschaften ihres Untersuchungsobjekts, d.h. der wissenschaftlichen Erkenntnis, nicht von vornherein anzunehmen, sondern die Frage, ob dies so ist oder nicht, zunächst offen zu lassen und erst als das Ergebnis einer Untersuchung der Fakten zu beantworten. Nimmt man, in Anlehnung an diesen Hintergrund an, daß Wissenschaftstheorie eine Einzelwissenschaft ist, dann folgt, daß auch sie der möglichen Vielfalt wissenschaftlicher Erkenntnis unterworfen ist und sich von anderen Disziplinen eventuell beträchtlich unterscheiden kann. Der einzige Punkt, der eine unverzichtbare Gemeinsamkeit zwischen einer so verstandenen Wissenschaftstheorie und anderen Einzeldisziplinen andeutet, ist — wie es bereits im Zusammenhang mit den Merkmalen der Z-Module erörtert wurde — , daß sie die Lösung einzelwissenschaftlicher Probleme, d.h. die Beschreibung und Erklärung von Fakten zur Aufgabe hat, was man darunter auch immer verstehen mag. Wollte man auch auf diese Gemeinsamkeit verzichten, so würde man gewiß die Idee von "Wissenschaft" aufgeben müssen.

|  |  |
|---|---|
|  | guistik ist nur eine Wissenschaftstheorie vereinbar, die *intradisziplinär* ist. |
| (d) | Mit der gegenwärtigen Z-modularen Organisation der generativen Linguistik ist nur eine Wissenschaftstheorie vereinbar, die *relativ pluralistisch* ist. |

Eine durch diese These charakterisierte Wissenschaftstheorie trägt im Prinzip den im Abschnitt 1.1 unter (V2)(a), und (b) angegebenen intuitiven Anforderungen gegenüber einer angemessenen Metatheorie der generativen Linguistik Rechnung. Es erhebt sich aber die Frage, in welchem Maße und auf welche Weise diese These *eine* Wissenschaftstheorie der Linguistik festlegt. Die Antwort läßt sich aufgrund folgender Überlegungen herleiten.

Wenn eine mit der generativen Linguistik vereinbare Wissenschaftstheorie laut (T1)(a) über die Eigenschaft verfügt, daß sie ihr Untersuchungsobjekt, d.h. die generative Linguistik, unter ähnlichen Voraussetzungen erforscht wie andere Einzeldisziplinen ihren Gegenstand, so ist sie durch die Eigentümlichkeiten der Linguistik in ähnlicher Weise empirisch unterdeterminiert wie jene im Hinblick auf ihr Untersuchungsgebiet. Deshalb muß man, in Einklang mit einem Argument Quinescher Art (Quine 1975) annehmen, daß durch diese Unterdeterminiertheit die Möglichkeit mehrerer miteinander im Prinzip empirisch äquivalenter Wissenschaftstheorien anerkannt werden muß. Diese Konsequenz widerspricht weder der Annahme einer intradisziplinären Wissenschaftstheorie noch der Behauptung, daß (T0), sowie (T1)(a)-(d) einige Merkmale einer Wissenschaftstheorie der Linguistik bestimmen. Diese beziehen sich nämlich nicht auf den Inhalt einer solchen Wissenschaftstheorie, d.h. nicht auf die Sätze, die sie über die Linguistik als wahr annimmt, sondern auf die Art (d.h. auf formale Eigenschaften) möglicher Wissenschaftstheorien der generativen Linguistik. Es ist deshalb nicht möglich, aufgrund der Aufdeckung weiterer Eigentümlichkeiten der theoretischen Linguistik, die über ihre Z-modulare Organisation hinaus eventuell auch andere Faktoren berücksichtigen würde, *eine bestimmte* Wissenschaftstheorie definitiv anzugeben.

Es folgt also, daß die bisher nachgewiesenen Merkmale als sehr allgemeine und abstrakte Eigenschaften anzusehen sind, die die Zahl der in Frage kommenden Optionen in formaler Hinsicht zwar einschränken, aber keine allein zulässige Wissenschaftstheorie der generativen Linguistik determinieren. Sie sind genau so allgemein, daß sie die Vielfalt menschlicher Erkenntnis zulassen, und sie sind so restriktiv, daß sie den wissenschaftstheoretischen Erklärungsbedarf, den die generative Linguistik stellt, befriedigen können.[25]

---

25    Die Thesen (T1)(a)-(d) sind eigentlich nichts anderes als die *TM-Prinzipien*, die eine ZM-modulare Wissenschaftstheorie kennzeichnen. Da aber den Gegenstand der vorliegenden Untersuchungen nicht diese TM-Prinzipien, sondern die TO-Prinzipien der generativen Theoriebildung darstellen, soll die Frage nach ihrer präzisen Ausformulierung nicht diskutiert werden. Hinweise darauf finden sich allerdings im Abschnitt 6.2.1.

Die Entscheidung für eine bestimmte Wissenschaftstheorie der generativen Grammatik
kann aufgrund dieser Eigenschaften allein nicht erfolgen; vielmehr müssen sie durch die
Festlegung *andersartiger Gesichtspunkte spezifiziert* werden, damit eine unter gewissen
Umständen als "geeignet" zu bezeichnende Wissenschaftstheorie der generativen Linguistik entwickelt werden kann.

Sind die Thesen (T0) und (T1)(a)-(d) auch nicht dazu geeignet, eine bestimmte
wissenschaftstheoretische Forschungsrichtung auszuzeichnen, so scheinen sie doch zumindest gewisse Möglichkeiten *auszuschließen*. Insbesondere betrifft das die beiden
Ansätze, die bisher um den Status einer Wissenschaftstheorie der generativen Linguistik
rangen: Die Analytische Wissenschaftstheorie und die Hermeneutik. Wie sehr diese beiden
Ansätze sich auch unterscheiden, einige ihrer Grundthesen, die bislang die Art wissenschaftstheoretischer Problemstellungen in bezug auf die Linguistik geprägt haben, scheinen, wie bereits mehrmals erwähnt, in Form einer *Standardauffassung* zusammenfaßbar
zu sein:

(ST1)(a)         Die Wissenschaftstheorie ist *überwissenschaftlich,* indem sie objektwis-
                 senschaftliche Leistungen aufgrund allgemeiner Kriterien der Wissen-
                 schaftlichkeit bewertet.

(b)              Die Wissenschaftstheorie ist gegenüber den Objektwissenschaften
                 *autonom.*[26]

(c)              Sie ist *disziplinenübergreifend.*

(d)              Sie ist *monistisch oder dualistisch.*

Offensichtlich ist (ST1) unverträglich mit (T1), wodurch sowohl die Hermeneutik
als auch die Analytische Wissenschaftstheorie als mit (MH) unvereinbare wissenschaftstheoretische Betrachtungsweisen verworfen werden müssen.


## 1.6 Zusammenfassung

Die Aufgabe der vorangehenden Überlegungen war es, zu untersuchen, was für eine
Wissenschaftstheorie mit dem gegenwärtigen Stand der generativen Linguistik verträglich
ist. Anhand der Konsequenzen der Modularitätshypothese (MH) habe ich zu zeigen
versucht, daß mit dem Z-modularen Aufbau der theoretischen Linguistik nur eine durch
die Thesen (T0), (T1)(a)-(d) gekennzeichnete Wissenschaftstheorie verträglich ist. Anschließend wurde dafür argumentiert, daß diese Eigenschaften lediglich als abstrakte

------

26    Für eine Gegenüberstellung der Autonomiethese der traditionellen Wissenschaftstheorie und der Idee
der Konstruktivität s. Finke (1979, 1982).

Merkmale anzusehen sind, die unter Berücksichtigung andersartiger Erwägungen spezifiziert werden müssen, um die Entscheidung für einen bestimmten metawissenschaftlichen ZM-Modul herbeiführen zu können. Die Frage, auf welcher Grundlage die Ermittlung dieser weiteren Gesichtspunkte vorgenommen werden kann, blieb allerdings offen.

Dementsprechend ist das Ausgangsproblem nur teilweise gelöst worden. Als Fazit ergibt sich, daß es offenbar unumgänglich, aber keinesfalls ausreichend ist, bei der Ermittlung einer möglichen Wissenschaftstheorie der generativen Linguistik zentrale Eigenschaften der letzteren wie beispielsweise die der Z- bzw. V-Modularität einer gründlichen Analyse zu unterziehen. Der Z-modulare Aufbau der gegenwärtigen generativen Linguistik, so lautet das Endergebnis, gestattet auf der einen Seite eine *freie Entscheidung* zwischen den möglichen Metatheorien, aber auf der anderen Seite schränkt er die Zahl der mit der generativen Linguistik *verträglichen* Metatheorien ein, und *erst dadurch* wird es überhaupt möglich, aufgrund der Erarbeitung weiterer Gesichtspunkte eine angemessene Wissenschaftstheorie zu ermitteln.[27] Die dabei aufzugreifenden Fragestellungen werden im Kapitel 2 dargestellt, um die Strategie des gesuchten ZM-modularen Untersuchungsrahmens herauszuarbeiten.

---

27    Daß die Eigentümlichkeiten der gesuchten Metatheorie durch die Untersuchung der Schnittstellen zwischen ZM- und ZO-Modulen ermittelt wurden, widerspricht nicht der relativen Autonomie der V-Module des Verhaltens. Dieses Problem wird im Abschnitt 6.2.1 noch einmal erwähnt.

# 2 Probleme des Untersuchungsrahmens II: Wissenssoziologie

## 2.1 Problemstellung

Nachdem im vorangehenden Kapitel die Hauptmerkmale möglicher Metatheorien der generativen Linguistik herausgearbeitet worden sind, ergibt sich als nächster Schritt folgendes Problem: *Wie lassen sich die unter These (T1)(a)-(d) zusammengefaßten sehr allgemeinen Merkmale dahingehend spezifizieren, daß ein bestimmter metatheoretischer Apparat entsteht, der adäquate Mittel zur Lösung von (A) liefert?* Da das interne Verhältnis zwischen theoretischer Linguistik und ihrer Metatheorie nur gewisse Möglichkeiten eröffnete, aber keinen spezifischen Untersuchungsrahmen bereitstellen konnte, muß die Lösung des in diesem Kapitel zu behandelnden Problems durch unabhängige Argumente ermittelt werden, die außerhalb dieses Verhältnisses liegen.

Wenn, im Sinne von Abschnitt 1.6, die lange Zeit hindurch vorherrschenden Richtungen der allgemeinen Wissenschaftstheorie wie die Analytische Wissenschaftstheorie und die Hermeneutik mit dem TM-modularen Aufbau[1] der theoretischen Linguistik nicht vereinbar sind, muß man die Kandidaten für eine Wissenschaftstheorie der generativen Syntax unter denjenigen Entwicklungstendenzen suchen, die sich als ernsthafte Alternativen zu den gegenwärtig vorherrschenden Ansätzen ankündigen. Deshalb besteht der Anhaltspunkt zur weiteren Differenzierung der im Abschnitt 1.6. ermittelten allgemeinen Merkmale des gesuchten TM-Moduls in der Auswertung *gegenwärtiger Hauptströmungen der allgemeinen Wissenschaftstheorie.* Aus den im Abschnitt 1.1 diskutierten Gründen für das Scheitern bisheriger Ansätze ergibt sich, daß eine mögliche Wissenschaftstheorie der

---

1    Wie im vorangehenden Kapitel angedeutet, werden wir wegen der Reduzierbarkeit des Begriffs der Z-Modularität auf den der V-Modularität nur den letzteren verwenden; deshalb erübrigt sich die Verwendung des Präfixes "V-". Es erscheint als zweckmäßig, folgende Sprechweise einzuführen. Wenn Ausdrücke wie "Modul", "Prinzip", "Erklärung", "Begriff" usw. *ohne* die Angabe eines Präfixes erscheinen, so beziehen sie sich auf die entsprechenden Erscheinungen aller Ebenen. "Modul" steht beispielsweise im weiteren für V-Module jeder Art, "Begriff" umfaßt sowohl S- als auch TO- und TM-Begriffe, usw. Unter der TM-Modularität der Wissenschaftstheorie verstehen wir, daß diese solche Verhaltensinstanzen darstellt, die durch TM-Prinzipien determiniert sind.

Linguistik sich in die *progressiven Entwicklungstendenzen* der allgemeinen Wissenschaftstheorie zwar einfügen soll, aber keine reine Anwendung der einen oder anderen Richtung sein darf.

Da die gegenwärtigen Diskussionen davon zeugen, daß in der allgemeinen Wissenschaftstheorie tiefgreifende Veränderungen im Entstehen begriffen sind, wird das oben genannte Grundproblem dieses Kapitels durch die Beantwortung folgender *Teilfragen* zu lösen sein:

(a) Lassen sich die gegenwärtigen Entwicklungstendenzen der allgemeinen Wissenschaftstheorie unter ein dominantes Hauptmerkmal subsumieren, wodurch die Richtung der Entwicklung eindeutig bestimmt werden kann?

(b) Welcher der neuen Forschungsansätze bietet sich als Kandidat zur Neuorientierung wissenschaftstheoretischen Denkens an?

(c) Sollte ein solcher Ansatz ermittelt werden können, welche Probleme wirft sein Verhältnis zu der gegenwärtigen generativistischen Theoriebildung auf?

(d) Auf welche Weise ergeben sich aus der Lösung dieser Probleme die spezifischen Eigentümlichkeiten der gesuchten TM-modularen Wissenschaftstheorie?

Die auf diese Fragen zu gebenden Antworten sollen die Spezifizierung der im vorangehenden Kapitel nachgewiesenen Merkmale des in Rede stehenden wissenschaftstheoretischen Untersuchungsrahmens herbeiführen und damit das Grundproblem dieses Kapitels lösen.

## 2.2  Wohin tendiert die allgemeine Wissenschaftstheorie?

Die erste Tendenz, die hier kurz referiert werden soll, ist die "pragmatische Wende" in den neueren Erklärungsexplikationen. Obwohl das Hempel-Oppenheim-Schema jahrzehntelang als ein zwar problematisches, aber doch gut funktionierendes Modell wissenschaftlicher Erklärungen galt, schienen einige zentrale Probleme, die es angeschnitten hatte, mit rein logischen Mitteln unüberwindbar zu sein. Diese Schwierigkeiten führten zu einer "Pragmatisierung" des Erklärungsbegriffs.[2] Der relative Erfolg dieser "pragmatischen" Problemlösungsstrategien ist dadurch zu erklären, daß sie nicht danach streben, (logische oder außerlogische d.h. "pragmatische") *Kriterien* für korrekte Erklärungen zu liefern, sondern linguistische Kenntnisse als *abstrakte Analogiemodelle* verwenden, um auf strukturelle Eigenschaften von wissenschaftlichen Erklärungen schließen zu lassen.[3] Solche

---

2    Z.B. Hansson (1979), Gärdenfors (1980), Stegmüller (1983), Achinstein (1983).

3    Die ausführliche Argumentation für diese Annahme findet sich in Kertész (1988) — sie soll hier nicht wiederholt werden.

abstrakten Analogiemodelle sind typisch für die *a posteriori* verfahrenden empirischen Einzelwissenschaften, die ihren Untersuchungsgegenstand zu beschreiben und zu erklären trachten. Da demzufolge im Laufe dieser Entwicklung die *Methode* wissenschaftstheoretischer Forschung verändert wurde, ergibt sich, daß der "pragmatischen Wende" eigentlich eine *methodologische Wende* in der Wissenschaftstheorie zugrundeliegt: Es geht nicht mehr um die Rechtfertigung wissenschaftlicher Erklärungen aufgrund *a priori* Kriterien der Rationalität, sondern um ihre Erforschung im Rahmen einer empirischen Einzelwissenschaft.

Die zweite Tendenz ist die "Naturalisierung der Epistemologie", die sich erst in letzter Zeit als selbständige Forschungsrichtung zu entwickeln begann.[4] Dieser Versuch zu einer Neufundierung der Wissenschafts- bzw. Erkenntnistheorie geht davon aus, daß — da unsere Argumentationsverfahren nicht durch Argumentation selbst begründet werden können — alle Rechtfertigungsversuche von vornherein zum Scheitern verurteilt sind. Die Wissenschaftstheorie muß daher, anstatt Rechtfertigungen anzustreben, auf kausalen Zusammenhängen der Wirklichkeit aufbauen — diese sollen ihrerseits vor allem auf dem Gebiet der *kognitiven Psychologie* zu suchen sein. Dadurch wird die Epistemologie bzw. die Wissenschaftstheorie in eine einzelwissenschaftliche Disziplin überführt und auf ein Teilgebiet der Psychologie reduziert.

Die dritte Richtung ist das von D. Bloor vorgeschlagene "Starke Programm der Wissenssoziologie".[5] Die Vertreter von Bloors Edinburgher Schule sind sich mit den Naturalisten darüber einig, daß die Wissenschaftstheorie nicht als das Fundament der wissenschaftlichen Erkenntnis angesehen werden dürfe, sondern selbst eine *a posteriori* Disziplin sei. Im Gegensatz zu den Naturalisten kommen aber Bloor und seine Mitarbeiter zum Schluß, daß die Wissenschaftstheorie eher der Soziologie zuzuordnen sei, wobei betont werden müsse, daß es sich nicht um eine Wissenschaftssoziologie handele, die an der Seite einer Wissenschaftstheorie traditioneller Art zugelassen werden könne, sondern um eine Soziologie *des Wissens,* die diese ablösen solle, indem sie — anstatt die kognitiven Leistungen wissenschaftlicher Erkenntnis zu begründen und zu rechtfertigen — Erkenntnis unter Hinweis auf soziologische Faktoren wie Konventionen, Institutionen, gesellschaftliche Interessen und Bedürfnisse zu beschreiben und zu erklären versucht.

Selbst dieser kurze Überblick ergibt die Schlußfolgerung, daß die Richtungen, die verschiedentlich als "pragmatische Wende", "soziologische Wende", "naturalistische Wende" bezeichnet werden, eigentlich spezifische Ausprägungen einer zugrundeliegenden dominanten Entwicklungstendenz in der Wissenschaftstheorie sind: *Die allgemeine Wis-*

---

4      Quine (1969), Kornblith (Hrsg.) (1985), Giere (1985), Brown (1988).

5      Bloor (1976, 1982, 1983, 1988), Barnes (1977, 1982, 1985), Barnes - Bloor (1982), Gellatly, (1980, 1988), Hesse (1988, 1988a), Nola (1990), McCarthy (1988) Hollis - Lukes (Hrsg.) (1982), McMullin (Hrsg.) (1988) Brown (Hrsg.) (1984), Hronszky (Hrsg.) (1988), Stud. Hist. Phil. Sci. 36/4(1982).

*senschaftstheorie tendiert in die Richtung einer empirischen Einzelwissenschaft.*[6] Das ist
die Antwort auf *Teilfrage (a)* in 2.1.

Im Prinzip sind alle drei Ansätze mit den unter (T1) angegebenen Merkmalen (a)-(d)
verträglich (s. Abschnitt 1.6).[7] Wenn man jetzt die Frage stellt, welcher der behandelten
drei Ansätze sich als Ausgangspunkt zur Erarbeitung eines adäquaten wissenschaftstheoretischen Untersuchungsrahmens für die generative Linguistik anbietet (Teilfrage (b)), so
sprechen prinzipiell zwei Argumente *für das Starke Programm der Wissenssoziologie.*

Das erste ist empirischer Natur. Die Existenz alternativer Logiken — vgl. z.B. das
berühmte Beispiel der "Azande-Logik" — ist eine empirische Tatsache, und es ist deshalb
unberechtigt, ein einziges System logischer Werte anzunehmen, auf dessen Grundlage
wissenschaftliche Rationalität gerechtfertigt werden könnte. Im Sinne des im Abschnitt
1.6 erwähnten Quineschen Argumentes läßt sich annehmen, daß die Existenz einer für alle
Menschen gemeinsamen Wirklichkeit keineswegs die Unikalität der Beschreibungen
dieser Wirklichkeit garantiert. Analog dazu kann man behaupten, daß die Existenz einer
uns allen innewohnenden gemeinsamen Rationalität auf keinen Fall die Unikalität des
dieser Rationalität zugrundeliegenden Systems von logischen Werten festlegt. Deshalb
lassen sich die Kriterien der Rationalität (und vor allem die Logik) nicht ausschließlich aus
der biologischen, physiologischen Ausrüstung des Menschen ableiten. Wenn es keine
unikalen Prinzipien der Rationalität gibt, dann muß man die Vielfalt menschlicher Rationalität anerkennen, und man muß auch eine Erklärung dafür finden können, warum
bestimmte Arten der Rationalität die für sie charakteristischen, spezifischen Eigentümlichkeiten aufweisen. Da die Prinzipien der Rationalität also nicht aus den natürlichen
Eigenschaften des Menschen allein abgeleitet werden können, liegt es auf der Hand, die

---

6     Vgl. dazu auch u.a. folgende Deklarationen:

...there seems to be no non-arbitrary standard of minimal scientific correctness based on some
particular subset of methodological values (Achinstein 1983: 192);
The main thesis is that the study of science must itself be a science (Giere 1985: 355);
In a very orthodox way I have said: only proceed as the other sciences proceed and all will be well
(Bloor 1976: 141).

Andersartige Argumente für eine ähnliche Beurteilung der heutigen Wissenschaftstheorie finden sich auch
in Kantorovich (1988) und Ginev - Polikarov (1988).

7     Auch ohne weitere Hinweise auf die Details ist leicht einzusehen, daß im Prinzip alle drei Ansätze
den im Kapitel 1 ermittelten Anforderungen der Einzelwissenschaftlichkeit, der nicht-monistischen Beschaffenheit und der Intradisziplinarität Genüge tun. Weniger direkt ergibt sich aus dem Gesagten die Konstruktivität der drei Theorien. Wie aber Kantorovich überzeugend nachgewiesen hat, impliziert das Merkmal der
Einzelwissenschaftlichkeit einer Wissenschaftstheorie eindeutig deren Konstruktivität (Kantorovich 1988).
Die Probleme der wissenschaftstheoretischen Konstruktivität werden wir im Kapitel 6 ausführlicher disku-
tieren.

für sie verantwortlichen Ursachen in der Gesellschaft zu suchen (Barnes - Bloor 1982, Fehér 1986).[8]

Das zweite Argument baut auf der Natur der Diskussionen auf, die sich in letzter Zeit um das Starke Programm herum entfalteten und die ihm unter den Versuchen zu einer Neuorientierung der Wissenschaftstheorie eindeutig eine ausgezeichnete Position zuweisen. Die Art und Weise, in der die Verteidiger der Analytischen Wissenschaftstheorie das Starke Programm angreifen, zeugt eindeutig davon, daß erstere eigentlich nicht Bloors Thesen anfechten, sondern die in der Tat absurden Ansichten, die sich daraus ergeben, daß einige Annahmen Bloors auf die Voraussetzungen und Vorentscheidungen der Analytischen Wisenschaftstheorie bezogen werden. Fragt man nach dem Grund dieser Erscheinung, so ergibt sich, daß, obwohl beide Lager dieselben Termini verwenden, Ausdrücke wie "Wissen", "Wahrheit", "rational", "irrational", "Gültigkeit" usw. etwas vollkommen anderes für den Analytiker als für den Soziologen bedeuten. Die dadurch entstehenden unauflösbaren semantischen Dichotomien, die einen antagonistischen Gegensatz zwischen zwei Weltanschauungen andeuten, sind laut Kuhn (1970) typische Symptome eines Konflikts zwischen zwei wissenschaftlichen Paradigmen. Demnach ist das Starke Programm der Wissenssoziologie als ein ernsthafter Kandidat für ein künftig zu erarbeitendes neues Paradigma in der Wissenschaftstheorie zu deuten.[9]

Zwar sind die genannten beiden Argumente bei weitem nicht hinreichend, um nachzuweisen, daß Bloors Starkes Programm die einzig progressive Anschauungsweise ist, die die gegenwärtig existierenden Richtungen in der Zukunft ablösen wird, doch sie scheinen dieser Annahme eine größere Plausibilität zu schenken, als der Hypothese, die Ähnliches über die "naturalistische Wende" oder die "pragmatische Wende" behaupten würde.[10] Daher scheint in der gegenwärtigen grundlageninstabilen Situation der Wissen-

---

8    Es ist nicht unwesentlich zu bemerken, daß der erste Teil dieses Argumentes die Analytische Wissenschaftstheorie ausschließt, der zweite sich aber auch gegen die Verabsolutisierung einer naturalistischen Epistemologie wendet.

9    Für eine detailliertere Begründung dieser Schlußfolgerung s. u.a. Hesse (1980, 1982, 1988), Gellatly (1980, 1988), Fehér (1984, 1986, 1988); die Diskussionen, die dabei auszuwerten sind, finden sich etwa in Hollis-Lukes (Hrsg.) (1982), Stud. Phil. Hist. Sci. 36/4 (1982), Brown (Hrsg.) (1984), Hronszky et.al. (Hrsg.) (1988), McMullin (Hrsg.)(1988), Hesse (1988, 1988b), McCarthy (1988), Nola (1990).

10    Diese Interpretation der Diskussionen weist auch darauf hin, daß man mit Fehér (1984, 1986, 1988) eine echte Grundlagenkrise in der Wissenschaftstheorie annehmen und das Starke Programm als einen Kandidat für ein neues Paradigma ansehen könnte, obwohl, zugegeben, die hier angeführten Argumente nicht stark genug sind und die Bewertung der Situation keinesfalls eindeutig ist. Wenn diese Frage im vorliegenden Rahmen auch nicht zufriedenstellend beantwortet werden kann, so zeugen die Fakten doch zumindest davon, daß, falls die Grundideen des Starken Programms mit den Eigentümlichkeiten generativ-grammatischer Sprachforschung überhaupt verträglich sein sollten, die auf Bloors Ansatz aufgebaute Metathorie der Linguistik sich auf jeden Fall in die Haupttendenz der Entwicklung wissenschaftstheoretischen Denkens einordnen ließe.

schaftstheorie das Starke Programm immer noch einen relativ besseren Ausgangspunkt zur Entwicklung des gesuchten Untersuchungsrahmens abzugeben als die Alternativen.

Wenn man nun davon ausgeht, daß durch die Argumentation für das Starke Programm die im Abschnitt 2.1 gestellte *Teilfrage (b) beantwortet wurde* und wir dadurch einen entscheidenden Schritt in die Richtung der Spezifizierung der Merkmale (T1)(a)-(d) getan haben, so ergibt sich *die Frage nach dem Verhältnis zwischen dem Starken Programm und den Grundannahmen der generativen Syntax* im Lichte der Modularitätshypothese (MH) (Frage (c) im Abschnitt 2.1). Die Anhaltspunkte zur weiteren Differenzierung des Untersuchungsrahmens sollen sich aus den Lösungsvorschlägen für die Probleme entfalten, die dieses Verhältnis aufwirft. Um diese Probleme überhaupt formulieren zu können, ist es angebracht, zunächst einige relevante Eigenschaften des Starken Programms stichwortartig zusammenzufassen. Auf eine ausführliche Darstellung von Bloors Konzeption wird im weiteren verzichtet; es soll genügen, auf die bereits genannte Literatur zu verweisen.

## 2.3 Aspekte des Starken Programms

(i) Bloor selbst definiert sein Programm in Form von vier Thesen:

... the sociology of scientific knowledge should adhere to the following four tenets. In this way it will embody the same values which are taken for granted in other scientific disciplines. These are:
1 It would be causal, that is, concerned with the conditions which bring about belief or states of knowledge. Naturally there will be other types of causes apart from social ones which will cooperate in bringing about belief.
2 It would be impartial with respect to truth and falsity, rationality or irrationality, success or failure. Both sides of these dichotomies will require explanation.
3 It would be symmetrical in its style of explanation. The same types of cause would explain, say, true and false beliefs.
4 It would be reflexive. In principle its patterns of explanation would have to be applicable to sociology itself. Like the requirement of symmetry this is a response to the need to seek for general explanations. It is an obvious requirement of principle because otherwise sociology would be a standing refutation of its own theories.
These four tenets, of causality, impartiality, symmetry and reflexivity define what will be called the strong programme in the sociology of knowledge. They are by no means new, but represent an amalgam of the more optimistic and scientific strains to be found in Durkheim (1938), Mannheim (1936) and Znaniecky (1965). Bloor (1976: 4-5)

Alle vier Thesen formulieren grundsätzliche Abweichungen von der Auffassung der Analytischen Wissenschaftstheorie (s. auch Fehér 1986). Die erste These behauptet, daß das Starke Programm eine empirische Einzelwissenschaft sei, die es nicht auf die *Bewertung* wissenschaftlicher Erkenntnis, sondern auf ihre *Beschreibung und Erklärung* abgesehen hat. Die zweite These steht im Gegensatz zu derjenigen Auffassung der Analytischen Wissenschaftstheorie, wonach die Wissenschaftstheorie ausschließlich positive Ergebnisse des wissenschaftlichen Erkenntnisvorgangs untersuchen solle, d.h nur wahre und den Anforderungen der Rationalität entsprechende Resultate der Forschung. Auch die dritte These gibt eine Behauptung an, die konstitutive Annahmen der Analytischen Wissenschaftstheorie anficht. Die Vertreter der letzteren wären nämlich durchaus bereit anzuerkennen, daß Wissensbehauptungen, die sich in der Geschichte der Wissenschaften als falsch oder irrational erwiesen haben, soziologischen Erklärungen unterworfen werden können: Es ist nicht zu leugnen z.B., daß Wissenschaftler sehr oft in den Dienst augenblicklicher politischer und wirtschaftlicher Interessen gestellt werden, zufolge derer ihre Forschungsresultate in der Weise beeinflußt werden, daß sie den Anforderungen der Rationalität nicht mehr entsprechen. Aber die These Bloors, daß auch das, was in einer bestimmten Gesellschaft zu einer bestimmten Zeit als wahr bzw. rational gilt, durch dieselben oder zumindest durch ähnliche gesellschaftliche Ursachen gesteuert wird, erscheint für die Analytiker als absurd und unakzeptabel, weil sie die Existenz von *a priori* Werten der Rationalität grundsätzlich leugnet, bzw. *die Werte selbst*, die unter gegebenen Umständen als Prinzipen der Rationalität gelten, als sozial bedingt ansieht. Die vierte These weist der Soziologie insofern eine ausgezeichnete Position zu, als sie sowohl Gegenstand als auch Mittel wissenschaftstheoretischer Untersuchungen sein kann.

(ii) Das Starke Programm ist mit einer eigenartigen Interpretation bzw. Abwandlung der Spätphilosophie Wittgensteins verbunden. Der Grundgedanke dabei ist die Annahme, daß Wittgensteins Spätphilosophie im Grunde genommmen eine wissenssoziologische Theorie darstelle, die mit den Ansätzen von Durkheim, Mauss und Mannheim eng verwandt ist, und die sich in eine *erklärende empirische Theorie* verwandeln läßt:

> My plan, then, after examining the main doctrines of the later philosophy, is *to link Wittgenstein's work to the sociology of knowledge* and to show how it can be developed into *a systematic theory of language games*. To those who are already familiar with Wittgenstein's writings, and the conventions that currently surround its interpretation, this may sound like a misguided enterprise. Surely, it will be said, this will distort Wittgenstein's achievements and intentions. Did he not denounce the search for causes and the construction of explanatory theories? 'We are not doing natural science', he insisted. Despite his remarks elsewhere about natural history, Wittgenstein was even prepared to add 'nor natural history — since we can also invent fictitious natural history for our purposes'... There is no ducking the issue: I will be going against certain of Wittgenstein's stated preferences, his chosen method, and perhaps his deepest prejudices. *Nevertheless, I shall argue that this is entirely legitimate.* Some purposes may be served by thought experiments, others are not. I shall replace a fictitious natural history by a real natural history, and an imaginary ethnography by a real ethnography. Only in this way can we make a secure estimate of Wittgenstein's capacity to illuminate life, *not as it might be,*

*but as it is*: and to describe people, not as they might be, but as we find them. There could be no more disciplined way to see just what his work amounts to. Bloor (1983: 5). Hervorhebung von mir, A.K.

(iii) Diese wissenssoziologische Theorie ist, damit die Fehler vermieden werden, die man Durkheims wissenssoziologischem Ansatz vorgeworfen hat, durch eine entsprechend präzisierte Fassung des von M. Hesse in Anlehnung an Quine entwickelten *Netzwerk-Modells* wissenschaftlicher Theorien (Hesse 1974) stabilisert worden.

It will be my claim that we can reconstitute the Durkheim and Mauss formula on a new theoretical base. This will allow us to infuse fresh and significance into it and then relate it to a new range of factual material. But to do this we need a general model of classification. Fortunately such a model exists. It is called the network model, and has been developed by the philosopher of science, Mary Hesse, following the work of Duhem and Quine. Originally offered as an analysis of scientific inference it applies as much to myth or common sense as to science itself. Essentially the network model says that knowledge is not built out of discrete, self-sufficient facts which maintain their individuality and status in isolation from one another. Rather, knowledge is organic, and the organization of the whole takes precedence over the parts, overseeing their adjustment and correction. What is more, the model suggests that the organization of a classificatory system is not, and cannot be, determined by the way the world is. There is no such thing as a natural or uniquely objective classification. Bloor (1982: 269).

(iv) Die im Rahmen des Starken Programms vorzunehmenden Untersuchungen zielen in erster Linie darauf ab, die *epochen- bzw. disziplinspezifischen* — d.h. die partikularen — Merkmale wissenschaftlicher Erkenntnis zu erfassen, wobei die Erforschung der Universalien wissenschaftlicher Erkenntnis zwar keine völlig irrelevante, aber eine doch eher im Hintergrund stehende Aufgabe ist:

Men's ideas about the workings of the world have varied greatly. This has been true within science just as much as in other areas of culture. Such variation forms the starting point for the sociology of knowledge and constitutes its main problem. What are the causes of this variation, and how and why does it change? The sociology of knowledge focuses on the distribution of belief and the various factors which influence it. For example: how is knowledge transmitted; how stable is it; what processes go into its creation and maintenance; how is it organized and categorized into different disciplines or spheres? Bloor (1976: 3)

Weitere Eigentümlichkeiten dieses Ansatzes sowie die notwendigen Modifikationen sollen nun anhand der bereits erwähnten Probleme, die die Möglichkeit der Anwendung des Starken Programms auf die generative Linguistik anfechten, herausgearbeitet werden.

## 2.4  Chomsky und Wittgenstein

### 2.4.1  Problemstellung

Betrachtet man die generative Linguistik — wie jede andere Objekttheorie — als einen potentiellen Untersuchungsgegenstand einer wissenssoziologischen Wissenschaftstheorie im Sinne Bloors, so wirft die im vorangehenden Abschnitt unter (ii) angegebene Eigenschaft des Starken Programms unmittelbar ein fundamentales Problem auf: Wenn man einmal akzeptiert, daß das Starke Programm eine ernst zu nehmende Alternative zu der Analytischen Wissenschaftstheorie und der Hermeneutik darstellt, von dem eine grundsätzliche Neuorientierung wissenschaftstheoretischer Problemstellungen und Lösungsversuche zu erwarten ist, besteht dann *überhaupt* die Möglichkeit, daß ein solcher Ansatz die Grundlage für eine anspruchsvolle und leistungsfähige Metatheorie der generativen Linguistik bilden kann? Bloors Ansatz setzt nämlich eine wissenssoziologische Interpretation der Spätphilosophie Wittgensteins voraus — und eine zweifellos allgemein akzeptierte These der gegenwärtigen Sprachtheorie ist die Ansicht, daß zwischen der generativen Grammatik und der Sprachauffassung Wittgensteins eine unüberbrückbare Kluft bestehe (s. z.B. Chomsky 1980, 1986). Die Standardauffassung lautet:

(ST2)        Die Grundannahmen der generativen Linguistik und die des späten Wittgenstein schließen einander aus.

Im Gegensatz zu dieser These müßte man deshalb zeigen — um nachweisen zu können, daß eine wissenssoziologisch geprägte Metawissenschaft der generativen Linguistik *überhaupt möglich ist* — , daß die Deutung der Schriften Wittgensteins, die dem von Bloor vorgeschlagenen Starken Programm zugrundeliegt, den Sinn des Chomskyschen Unternehmens nicht bestreitet. Ohne den Nachweis der folgenden Hypothese ist deshalb unser Ansatz nicht aufrecht zu erhalten:

(T2)         Eine im Sinne des Starken Programms konzipierte Metatheorie der generativen Linguistik ist im Hinblick auf das Verhältnis zwischen den Grundannahmen der generativen Linguistik und denen des späten Wittgenstein nicht widersprüchlich.

Um das Problem in seiner wahren Relevanz und vollen Bedeutung darstellen und anschließend die Plausibilität von (T2) erhärten zu können, soll es in der Form aufgegriffen werden, die seinen Kern und seine weitreichenden Konsequenzen am deutlichsten vor Augen führt. Wenn dementsprechend das von S. Kripke "Wittgensteins skeptisches

Paradoxon" genannte Argument (Kripke 1987), das das Verhältnis zwischen Chomskys und Wittgensteins Sprachauffassung auf eine äußerst zugespitzte Weise thematisiert, als Ausgangspunkt gewählt wird, so scheint diese Wahl durch Chomskys heftige Reaktion auf Kripkes Gedankengang (Chomsky 1986: 221 ff.) gut begründet zu sein.

Das skeptische Paradoxon Wittgensteins, wie Kripke es aufgrund der Paragraphen 201-202 der *Philosophischen Untersuchungen* formuliert, ist das folgende. Im Falle einer Regel $R$ gibt es keine Fakten aufgrund derer man entscheiden könnte, ob man in der nächsten Anwendung von der Regel $R$ oder von einer Regel $R'$ Gebrauch macht, wobei $R'$ mit $R$ in vergangenen Anwendungen übereinstimmt, sich aber von ihr in zukünftigen unterscheidet. Wie kann man ermitteln, ob ein Sprecher $S$ die Regel $R$ oder $R'$ anwendet? Als Lösung soll Wittgenstein, Kripke zufolge, vorgeschlagen haben, daß dem Sprecher $S$ die Befolgung der Regel $R'$ nur dann zugemutet werden könne, wenn $S$ sich genauso verhält, wie sich andere Sprecher in derselben Situation verhalten würden, d.h. wenn $S$ in Übereinstimmung mit der Praxis einer Gemeinschaft handelt. Das Ausschlaggebende bei dieser "skeptischen Lösung", wie Kripke sie nennt, ist, daß die Anwesenheit einer Gemeinschaft gefordert wird.[11]

Die Konsequenzen einer solchen Auflösung des Paradoxons sind schwerwiegend. Erstens dürfte sie die Strategie der generativen Linguistik, die es auf die Untersuchung der individuellen Psychologie des Sprecher-Hörers unter Abstraktion von einer Gemeinschaft abgesehen hat, grundsätzlich in Zweifel ziehen (Kripke 1987: 45). Zweitens behauptet Chomsky, daß die generative Grammatik eine naturwissenschaftliche Theorie sei, deren Ziel es ist, Fakten zu entdecken, zu beschreiben und durch allgemeine Gesetzmäßigkeiten zu erklären. Im Lichte des skeptischen Paradoxons ist das ein vollkommen verfehltes Unternehmen, weil die Fakten, die dabei zentral sind, überhaupt nicht existieren, und demnach keine Erklärungen der intendierten Art geliefert werden können (Kripke 1987: 123). Damit gelangt man zu der Schlußfolgerung, daß Chomskys und Wittgensteins Ansichten sich gegenseitig ausschließen:

> Je nach dem eigenen Standpunkt kann man die hier aufgezeigten Spannungen zwischen der modernen Linguistik und Wittgensteins skeptischer Kritik so ansehen, daß dadurch entweder die Linguistik in Frage gestellt wird oder Wittgensteins skeptische Kritik — oder auch beide. Kripke (1987: 125).

Wie lassen sich diese destruktiven Konsequenzen des Paradoxons und seiner skeptischen Lösung vermeiden? Kripkes Schlußfolgerungen enthalten zwei latente Prämissen.

---

11      Es ist zu bemerken, daß das skeptische Paradoxon nicht nur syntaktische Regeln betrifft, sondern Regeln im allgemeinen, so auch Bedeutungen und Begriffe (was unter diesen auch immer zu verstehen sei). Siehe dazu Stegmüller (1986). Wenn wir im folgenden ein Argument, in Anlehnung an die jeweilige Sprechweise Wittgensteins, unter Hinweis auf eine dieser Erscheinungen ausführen, so bezieht sich die Konklusion auch auf die beiden anderen.

Die erste besagt, daß Wittgensteins Antimentalismus *jede Art* des Mentalismus anficht: Denn würde die Behauptung, daß dem Sprecher *S* die Befolgung der Regel *R* nur dann zugesprochen werden kann, wenn *S* in Übereinstimmung mit der Praxis einer Gemeinschaft handelt, die Annahme nicht ausschließen, wonach das Regelbefolgen dispositionell bedingt sein kann, so würde sie die genannten Konsequenzen für die Strategie der generativen Linguistik nicht eindeutig aufzeigen.[12] Die andere Prämisse ist die Annahme, daß dem Begriff der "Praxis" die *Willkürlichkeit* der Konventionen (Übereinstimmungen) zugrunde liegt: Wären Konventionen nicht willkürlich, sondern u.a. biologisch und sozial bedingt, so wäre die Untersuchung dieser Bedingtheit durchaus legitim und aus Kripkes Lösung würde nicht die Unfruchtbarkeit des generativen Unternehmens folgen. Sollte es uns also gelingen zu zeigen, daß aufgrund von Bloors Wittgenstein-Interpretation diese zwei Prämissen widerlegt werden können, so wäre damit bewiesen, daß in einem wissens-soziologischen Rahmen zwischen den Ansichten Chomskys und Wittgensteins kein Gegensatz besteht. Daher soll folgender Gedankengang entwickelt werden.

In einem ersten Schritt sei anhand von zwei Argumenten nachgewiesen, daß Wittgensteins Antimentalismus den Mentalismus Chomskys *nicht ausschließt* (Abschnitt 2.4.2). Dies soll zunächst unabhängig von der wissenssoziologischen Interpretation gezeigt werden, denn *erst dadurch* wird der zweite Argumentationsschritt legitimiert: Wir werden dafür argumentieren, daß im wissenssoziologischen Rahmen Wittgensteins Regelbegriff die Anerkennung der dispositionellen Aspekte der Regelbefolgung geradezu *voraussetzt*, weil die Willkürlichkeit von Konventionen durch "die Natur" eingeschränkt wird (Abschnitt 2.4.3). Drittens wird sich aus der soziologischen Bedingtheit der Konventionen eine Deutung des Praxisbegriffs ergeben, die zwar die Existenz des von Kripke formulierten Paradoxons nicht leugnet, aber eine *nicht-skeptische Lösung* impliziert, aus der die destruktiven Konsequenzen, die die Grundannahmen der generativen Grammatik zu widerlegen scheinen, nicht herzuleiten sind (Abschnitt 2.4.4). Die sich dadurch anbietende Vereinbarkeit der Chomskyschen und Wittgensteinschen Sprachbetrachtung führt viertens zur Ermittlung der wissenssoziologischen Basis einer modularen theoretischen Linguistik (Abschnitt 2.4.5).

---

12    Es könnte sich zwar auch in diesem Fall herausstellen, daß die konkreten Thesen und Untersuchungs-verfahren der generativen Linguistik falsch sind, weil z.B. die Wittgensteinsche Sprachbetrachtung eine andere Art des Mentalismus zuläßt als die, die Chomsky gegenwärtig annimmt; das würde aber nicht den Sinn des ganzen Unternehmens in Frage stellen, sondern nur darauf schließen lassen, daß die aufgegriffenen Probleme andersartiger Lösungen bedürfen — wobei jedoch das grundlegende Ziel der Erkenntnis der menschlichen Sprache durch die Untersuchung individuell- psychologischer Faktoren unberührt bleibt.

## 2.4.2 Mentalismus und Antimentalismus

In der Diskussion zwischen Chomsky und Kripke hat die Tatsache keine Beachtung gefunden, daß Wittgenstein sich nicht global gegen *den* Mentalismus wendet, sondern dessen verschiedenartige Manifestationen einer subtilen Bewertung unterzieht. Um dies zu veranschaulichen, erscheint die Einführung einer dreifachen Differenzierung als nützlich, denn aus Wittgensteins Bemerkungen über die Beziehung zwischen Sprache und Denken kann man darauf schließen, daß er im Grunde genommen auf drei verschiedene Varianten des Mentalismus bezug nimmt.[13]

Die erste besagt, daß Bedeutungen mentale Bilder sind, die bei jeder Anwendung eines Wortes im Geist erscheinen. Gegen diese Auffassung wendet sich Wittgenstein auf den ersten Seiten des Blauen Buches (Wittgenstein 1970: 19 ff.). Eine zweite Form des Mentalismus behauptet, Bedeutungen beruhten auf geistigen Tätigkeitsformen, wie z.B. meinen, wollen, wünschen usw. Auch diese Auffassung lehnt er ab (Wittgenstein 1970: 23, 72).[14]

Wittgenstein diskutiert auch eine dritte Art des Mentalismus. Dies ist die Bezugnahme auf biologische, psychologische, physiologische Prozesse des Geistes. Wittgenstein vergleicht den Geist in diesem Sinne mit einer Amoebe und kommt zu dem Schluß, daß es durchaus möglich wäre, in beiden Fällen aufgrund der Kompliziertheit des gezeigten Verhaltens anzunehmen, daß ein solches Verhalten sich unter Hinweis auf physikalische Mechanismen nicht erklären ließe und deshalb nach einem ganz andersartigen Vorgang geforscht werden müsse. Diese Schlußfolgerung sei aber falsch, weil sie auf einer Mißdeutung der Aufgabe beruhe: Den Ausgangspunkt stellt nämlich nicht ein naturwissenschaftliches Problem dar, sondern eine Verwirrung im Sprachgebrauch. Um das eigentliche Problem anzudeuten, führt er ein plausibles Beispiel an, das wegen seiner Relevanz eines Zitats wert ist:

> Angenommen, wir würden auf Grund psychologischer Untersuchungen einen Modellgeist herstellen, ein Modell also, das, wie wir sagen würden, die Tätigkeit des Geistes erklären würde. Dieses Modell wäre in der Weise Teil einer psychologischen Theorie, in der ein mechanisches Modell des Äthers eine Theorie der Elektrizität sein kann... Wir werden finden, daß solch ein Modellgeist sehr kompliziert und verwickelt sein muß, wenn er dazu dienen soll, die beobachteten Tätigkeiten zu erklären; und auf dieser Basis könnten wir den Geist eine seltsame Art Medium nennen. Doch dieser Aspekt des Geistes interessiert uns nicht. Die Probleme, die er uns aufgeben könnte, sind psychologische Probleme, und die Methode ihrer Lösung ist die Methode der Naturwissenschaft. (Wittgenstein 1970: 21-22)

---

13   Auf diese Differenziertheit von Wittgensteins Mentalismus weist, in einem anderen Zusammenhang, auch Bloor hin. Vgl. Bloor (1983).

14   Für eine ausführlichere Darstellung dieser zwei Positionen s. Kertész (1990b).

Wittgenstein behauptet also nicht, daß der psychologische Aspekt des Geistes nicht existiere, und es wird auch nicht bestritten, daß diesem Aspekt in einem entsprechenden Zusammenhang eine wichtige Rolle zukommen könne. Was betont wird, ist, daß dieses Gebiet nicht den Gegenstand seiner Überlegungen darstelle und die Probleme, die es aufwirft, nicht identisch mit den Problemen seien, deren Lösung er sich vorgenommen hat (s. auch Grewendorf 1985, Grewendorf - Hamm - Sternefeld 1987, Kertész 1990b).

Nach dieser Differenzierung dürfte wohl einleuchten, daß die generative Grammatik eindeutig den dritten Typ des Mentalismus verkörpert. Chomskys Annahme, wonach der Geist als ein System von miteinander in kompliziertem Verhältnis stehenden Modulen zu behandeln sei, das unter anderem auch die psychologisch-physiologisch-biologischen Vorbedingungen des sprachlichen Verhaltens als einen der Module aufweise und das naturwissenschaftlichen Untersuchungen unterworfen werden könne, läßt sich in keinerlei Hinsicht mit dem Mentalismus der beiden erstgenannten Auffassungen identifizieren. Da Wittgensteins Antimentalismus diese beiden betrifft, nicht aber den letztgenannten Typ, wird der Mentalismus der generativen Linguistik von Wittgensteins Sprachauffassung nicht angefochten. Dies läuft letzten Endes darauf hinaus, daß Wittgenstein und Chomsky sich verschiedenen Untersuchungsgegenständen zuwenden, und es ist deshalb unberechtigt, Aussagen, die den einen Bereich betreffen, auf den anderen zu projizieren.

Das zweite Argument, das dafür spricht, daß Wittgensteins Sprachauffassung die der generativen Linguistik nicht angreift, bezieht sich auf die von Chomsky und Wittgenstein angewandten Untersuchungsmethoden.

Ein Problem, das in den vergangenen zwei bis drei Jahrzehnten in der Wissenschafts-theorie heftig diskutiert wurde, ist die Frage, inwieweit wissenschaftliche Theorien im Hinblick auf die in ihnen vorkommenden Begriffe unvergleichbar seien, d.h. ob die Möglichkeit bestehe, verschiedene Theorien miteinander zu vergleichen und eine Ent-scheidung zugunsten der einen oder der anderen zu treffen. Wie auch immer die Antwort im Falle von zwei einzelwissenschaftlichen Theorien ausfallen mag, sicherlich besteht eine Art Unvergleichbarkeit[15] zwischen einer einzelwissenschaftlichen Theorie wie die gene-rative Linguistik und einem philosophischen Gedankensystem, das in dem im Kapitel 1 angeführten Sinne keineswegs einzelwissenschaftlich sein kann. Wittgensteins Methode ist die Sprachanalyse:

> ...unsere Untersuchung aber richtet sich nicht auf die Erscheinungen, sondern, wie man sagen könnte, auf die 'Möglichkeiten' der Erscheinungen. Wir besinnen uns, heißt das, auf die Art der Aussagen, die wir über die Erscheinungen machen ... dies kann man ein 'Analysieren' unserer Ausdrucksformen

---

15    Auf die Inkommensurabilitäts-Diskussion soll hier nicht eingegangen werden, weil für uns lediglich der intuitive Gedanke der Unvergleichbarkeit von Chomskys und Wittgensteins Begriffsapparat von Rele-vanz ist. Aus diesem Grunde verwenden wir den naiven Begriff der "Unvergleichbarkeit" anstelle des in der wissenschaftsphilosophischen Literatur verschiedentlich explizierten Ausdrucks "Inkommensurabilität".

nennen, denn der Vorgang hat manchmal Ähnlichkeiten mit einem Zerlegen. Wittgenstein (1969: 337).

Demgegenüber beruhen die Verfahren der generativen Linguistik auf methodologischen Voraussetzungen, die der Untersuchung von "Erscheinungen" durch die Konstruktion einzelwissenschaftlicher Theorien dienen:

> The statements of grammar ... are not different in principle from the statements of natural science theories; they are factual, in whatever sense statements about valence or visual processing mechanisms are factual and involve truth claims. Chomsky (1986: 224).

Es leuchtet auch intuitiv ein, daß eine Methode, die gewisse Erscheinungen dadurch aufdecken will, daß sie den diese "Erscheinungen" bezeichnenden Sprachgebrauch analysiert, sich grundsätzlich von einer Methode abhebt, die die "Erscheinungen" als Tatsachen betrachtet und es auf ihre Erklärung abgesehen hat. Es kann zwar durchaus der Fall sein, daß beide Ansätze dieselben Begriffe verwenden — so spielt z.B. "Geist", "Satz", "Grammatik" sowohl in der generativen Linguistik als auch in den Schriften Wittgensteins eine zentrale Rolle —, aber die Bedeutung dieser Begriffe wird grundsätzlich verschieden sein. Es geht nicht nur um die triviale Feststellung, daß die Bedeutung von Begriffen von der jeweiligen Theorie, in der sie vorkommen, bestimmt wird, und daß es keinen theorieneutralen Maßstab gibt, der eine Grundlage für den Vergleich von zwei verschiedenen Theorien darstellen würde. Es ist viel wesentlicher, daß hier ein zentraler *qualitativer* Unterschied zwischen den Begriffen der generativen Grammatik und der Wittgensteinschen Sprachphilosophie besteht: Wenn Chomsky von "Geist" oder "Satz" spricht, sind diese Ausdrücke theoretische Begriffe, deren Bedeutung vom Gerüst seines theoretischen Unternehmens festgelegt wird, während Wittgenstein die von ihm verwendeten Begriffe in ihrer umgangssprachlichen oder philosophischen Bedeutung analysiert. Während die generative Grammatik die Begriffe, von denen sie Gebrauch macht, *expliziert,* will Wittgenstein umgangssprachliche Begriffe im zitierten Sinne verstehen, *zerlegen* und die dabei entdeckten Verwirrungen beseitigen. Dies läuft letzten Endes auf den Unterschied zwischen zwei methodologischen Traditionen, der Galileischen und der analytischen Methode, hinaus (von Wright 1974, Grewendorf 1985, Grewendorf - Hamm - Sternefeld 1987).[16] Die Sprachbetrachtung der generativen Linguistik und die Wittgensteins sind also in einem intuitiven aber nicht-trivialen Sinne unvergleichbar. Deshalb ist Kripkes Schluß, der aus der angenommenen Korrektheit der Wittgensteinschen Auffassung auf die Inkorrektheit der generativen Linguistik folgert, logisch nicht gerechtfertigt.

---

16    G. Grewendorfs Überlegungen stellen einen bedeutenden Beitrag zu den gegenwärtigen sprachphilosophischen Diskussionen dar, indem sie einige grundsätzliche Mißverständnisse über das Verhältnis zwischen Wittgenstein und Chomsky klären. Sie stehen mit unseren Argumenten in Einklang, werden aber im einzelnen hier nicht referiert.

Es wurden zwei Argumente angeführt, die dafür sprechen, daß Wittgensteins Antimentalismus die der generativen Linguistik zugrundeliegende mentalistische Sprachbetrachtung *nicht unbedingt ausschließt*. Sieht man das ein, so kann die viel schärfere These des folgenden Abschnitts, wonach in der *wissenssoziologischen* Interpretation Wittgensteins Regelbegriff diejenigen dispositionellen Faktoren *voraussetzt*, die den Gegenstand Chomskyscher Linguistik bilden, nicht durch den Einwand zurückgewiesen werden, daß die wissenssoziologische Interpretation arbiträr, gezwungen und der Wittgensteinschen Denkweise fremd ist. Um diese These nachzuweisen, soll nun das Problem aufgegriffen werden, *inwieweit Konventionen willkürlich sind.*[17] Die Faktoren, die die Willkürlichkeit der Übereinstimmung einzuschränken scheinen, haben zwei Quellen: Die eine entspringt der Natur, die andere der Gesellschaft. Ich wende mich zunächst der erstgenannten zu.

### 2.4.3 "Der Beitrag der Natur zur Konvention"

Einer der gängigsten Einwände gegen Bloors Ansichten besagt, daß er die Gestaltung der Erkenntnis und damit die Regelbefolgung ausschließlich durch gesellschaftliche Gesetzmäßigkeiten erklären wolle, ohne dabei den konzeptuellen Aspekten von Kenntnissystemen Rechnung zu tragen. Diese Kritik ist aber insofern ungerecht, als Bloor in seinen Schriften des öfteren betont, daß für sein Modell die *Kooperation* des psychologischen bzw. dispositionellen Aspekts mit dem soziologischen konstitutiv ist, obwohl er sich bei seinen Einzelanalysen tatsächlich eher auf den letzteren konzentriert.[18]

Wenn das so ist, muß Bloor auch Wittgenstein in einem ähnlichen Sinne interpretieren. Daß eine solche Deutung selbst unter philologischem Gesichtspunkt durchaus gerechtfertigt ist, läßt sich z.B. durch folgendes Zitat bestätigen:

> Der Satz *ruht in* einer Technik. Und, wenn du willst, in den physikalischen und psychologischen Tatsachen, die diese Technik möglich machen. Aber darum ist sein Sinn nicht, diese Bedingungen auszusprechen ... Der Satz spielt die typische (damit aber nicht *einfache*) Rolle der Regel. (Wittgenstein 1974: 355)

---

17    In diesem Kapitel werden die Begriffe "Konvention" und "Übereinstimmung" jeweils auf das Wittgensteinsche Werk bezogen und als Synonyme verwendet. Dies steht in Enklang mit der hier ausgewerteten Literatur wie etwa Bloor (1983) oder Walker (1985). Eine Präzisierung von "Konvention" wird sich, im TM-modularen Rahmen, im Abschnitt 2.5 ergeben.

18    Vgl. z.B. Bloor (1982: 271); für ein typisches Zitat s. Abschnitt 2.5 Daß diese Interpretation, die vor allem Lukes und Laudan propagieren, auf einem Mißverständnis beruht, wird auch in Hesse (1982) explizit hervorgehoben.

Bei der Befolgung einer Regel sind also zwei Faktoren von Bedeutung: Die Technik und ihre dispositionelle Basis. Eine erste Differenzierung ergibt sich demnach daraus, daß Wittgenstein sich der biologisch-psychologisch-physiologischen Bedingungen der Regelbefolgung durchaus bewußt war, obwohl er natürlich immer wieder betonte, daß er diese im Hinblick auf seine Problemstellungen für unwichtig halte. Er bestreitet nicht, daß wir, um bestimmte Regeln befolgen zu können, über eine gewisse biologische Ausrüstung verfügen müssen, die uns gestattet, primitive Ähnlichkeitsbehauptungen und Verallgemeinerungen zu treffen. R. Bambrough hat in einem interessanten Beitrag über die Beschaffenheit von Familienähnlichkeiten betont, daß wir, um eine Liste aufgrund von Beispielen und Gegenbeispielen fortsetzen und somit einen einheitlichen Gebrauch von Wörtern, eine intersubjektiv geltende Klassifikation von Objekten erlernen zu können, über eine Disposition verfügen müssen, die uns befähigt, die Liste in analoger Weise weiterzuführen (Bambrough 1966). Obwohl dieselben Objekte sehr verschieden klassifiziert werden können, ist nicht jede im Prinzip mögliche Klassifikation erlernbar, nicht jede Liste von Beispielen kann intersubjektiv einheitlich fortgesetzt werden. Aus dieser Tatsache ergibt sich die Konsequenz, daß das Erlernen von gemeinsamen Klassifikationen genau durch diese Einschränkung bedingt ist: Könnte man jede Klassifikation erlernen, so könnte man jede Liste in Einklang mit unendlich vielen Klassifikationen fortsetzen, und es wäre nicht möglich, sie voneinander zu unterscheiden (vgl. dazu ausführlicher Savigny 1976, Grewendorf 1985). Daraus folgt, erstens, daß Wittgenstein zwar die Übereinstimmung als den Maßstab der Regelbefolgung betrachtete, aber den "Beitrag der Natur zur Konvention" (Savigny 1976: 158) nicht bestritt, wodurch die Willkürlichkeit der Übereinstimmung von seiten der "Natur", d.h. biologisch, physiologisch, psychologisch eingeschränkt wird; ohne diese Einschränkung könnte die Übereinstimmung überhaupt nicht funktionieren. Zweitens ergibt sich aus der oben betonten Auffassung Bloors über die Kooperation dispositioneller und sozialer Faktoren, daß seine Wittgenstein-Interpretation nur dann kohärent ist, wenn er Wittgensteins Konventionalismus in diesem Sinne deutet und die dispositionelle Bedingtheit der Konventionen anerkennt.

Es soll nun das erheblich schwierigere Problem aufgegriffen werden, inwieweit gesellschaftliche Faktoren die Willkürlichkeit von Konventionen abschwächen können. Zu diesem Zweck sei der zweite Aspekt der Regelbefolgung, die Technik eingehender betrachtet.

### 2.4.4 Eine wissenssoziologische Lösung des Paradoxons

Bloors zentraler Gedanke besteht darin, daß Wittgensteins Spätphilosophie im Grunde genommen eine wissenssoziologische Auffassung darstelle. Diese Annahme begründet er durch die Ermittlung der seiner Ansicht nach wichtigsten Komponenten des Wittgensteinschen Weltbildes. Eine dieser Komponenten ist der Finitismus, der die Auffassung Wittgensteins widerspiegelt, wonach eine Regel nur in ihrem aktuellen Gebrauch Gültigkeit hat und die Sprecher nicht dazu zwingen kann, von ihr auch in der nächsten Anwendung in unveränderter Weise Gebrauch zu machen. Zwar enthalten Bloors Ausführungen keinen expliziten Hinweis auf ein skeptisches Paradoxon, aber man kann darauf schließen, daß er das Problem der Befolgung einer Regel sehr ähnlich beurteilt wie Kripke:

> What is left unexplained... is not only where the rules come from, but what counts as following the rules in question. 'no course of action could be determined by a rule', said Wittgenstein, because every course of action could be made out to accord with the rule' [PI, I, 201]. This is the real significance of his doctrine of finitism and the non-verbal form of conventionalism that informs his work. The point is that obeying a rule is a practice (PI, I, 202). Bloor (1983: 183)

Aus Bloors Theorie aber — das werden wir in den nachfolgenden Überlegungen nachzuweisen versuchen — folgt eine andere Lösung des Problems, die die Grundgedanken der generativen Linguistik nicht in Frage stellt. Die Lösung wird notwendigerweise davon abhängen, was nach der wissenssoziologischen Interpretation unter "Praxis" verstanden werden soll.

Wittgensteins Finitismus ist mit seinem Antiplatonismus eng verknüpft: Denn existierte z.B. eine Regel bereits vor ihrem Gebrauch in einem Sprachspiel, so würde sich ihre Realität auch über die aktuelle Anwendung hinaus ausdehnen. Demnach hängt auch die Antwort auf die Frage, woher wir wissen, wie z.B. eine gegebene Zahlenreihe fortgesetzt werden soll oder ob wir in einer nächsten Anwendung eines Wortes uns derselben Regel bedienen wie in früheren Situationen, mit der Antwort zusammen, die Wittgenstein auf die Frage gibt, welche Betrachtungsweise den Platonismus ablösen soll. Schauen wir uns seine Lösung in wissenssoziologischer Sicht an.

Es läßt sich zunächst ein wichtiger Zusammenhang zwischen seiner Antwort und J.S. Mills antiplatonistischer Mathematikphilosophie beobachten. Mill versuchte, die mathematischen Operationen auf den manuellen Umgang mit einfachen physikalischen Objekten wie z.B. Kieselsteinen oder Äpfeln bzw. auf die Art, in der man diese Objekte im alltäglichen Leben handhaben kann, zurückzuführen. Sein Versuch galt jedoch als gescheitert: Die Gegenargumente Freges und Russels waren stark genug, um Mills Auffassung auf eine anscheinend einleuchtende Weise zu widerlegen. Wittgensteins Beispiele, die er zur Illustration seiner Gedanken anführt, lassen darauf schließen, daß seine

antiplatonistische Haltung mit dem psychologistisch geprägten Empirismus Mills eng
verwandt ist: Unsere mathematischen und sprachlichen Techniken, so deutet er an,
wachsen aus der unmittelbaren Erfahrung mit dem Verhalten von materiellen Objekten
hervor (vgl. z.B. Wittgenstein 1974: 51 ff.). Wittgenstein geht aber, wie von Bloor gezeigt
wird, einen entscheidenden Schritt weiter als Mill, und deshalb treffen Freges Argumente
auf seine Überlegungen nicht zu — er erweitert den psychologistisch-empiristischen
Ausgangspunkt Mills um eine soziologische Komponente. Dadurch läßt sich die Frage,
wie primitive Erfahrungen der oben geschilderten Art zur Herstellung neuer, komplexer
und der unmittelbaren Erfahrung nicht zugänglicher Strukturen beitragen können, eindeutig beantworten. Diese funktionieren nämlich, indem ihr Gebrauch konventionalisiert wird,
als Modelle oder Metaphern, die den Status von Paradigmen erhalten und durch Analogie
auf neue Situationen übertragen werden:

> Tatsächlich geht der Beweis schrittweise durch Analogie voran — mit Hilfe eines Paradigmas ... Die
> mathematische Überzeugung läßt sich in folgender Form ausdrücken: 'Ich erkenne dies als das
> Analogon von dem'... Damit deutet man an, daß man eine Konvention anerkennt. Wittgenstein (1978:
> 72)

Nun ergibt sich eine wichtige Konsequenz. Laut Wittgensteins finitistischer These
— und in Einklang mit dem skeptischen Paradoxon, das Kripke Wittgenstein
unterstellt — ist es zwar tatsächlich der Fall, daß eine Regel über ihren aktuellen Gebrauch
hinaus keine Gültigkeit hat; die Bedeutungen von Wörtern in einer bestimmten Verwendung oder bestehende Klassifikationen oder momentan geltende Wortfolgeregeln zwingen
die Sprecher in keinerlei Hinsicht dazu, diese auch in der Zukunft auf eine entsprechende
Weise zu verwenden. Aber einen Zwang gibt es doch, und dieser besteht darin, daß man
*ganz bestimmte* Modelle und Analogien verwendet, und nicht andere.[19] Wie werden aber
die Modelle und Analogien ausgewählt, die dann konventionalisiert werden und sich zu
einer "Technik" entfalten? Auch diese Frage bleibt von Wittgenstein nicht unbeantwortet,
denn an verschiedenen Stellen weist er darauf hin, daß die Veränderungen von Klassifikationen und Bezeichnungen u.a. davon abhängen, wie wichtig gewisse Ähnlichkeiten für
eine Gemeinschaft sind (vgl. z.B. Wittgenstein 1970a: 361, 365; 1982: 338-339). Ob nun
eine Ähnlichkeit, eine Klassifikation, die Verwendung eines Ausdrucks, ein Modell oder
eine Metapher wichtig ist oder nicht, wird von den jeweils aktuellen *Bedürfnissen* der
Gemeinschaft bestimmt (Wittgenstein 1970: 95). Was aber sind Bedürfnisse? Wittgenstein
beschäftigt sich nicht mit dieser Frage, doch der Wissenssoziologe hat eine Antwort: Mit
dem Begriff "Bedürfnis" soll Wittgenstein genau das gemeint haben, was in der modernen
Soziologie unter *gesellschaftlichen Interessen* verstanden wird (Bloor 1983 : 48).

---

19    Auch der Modellbegriff wird hier vorexplikativ verwendet. Eine Präzisierung wird im Kapitel 5
erfolgen.

Es sei nun daran erinnert, daß Kripkes Lösung des Wittgensteinschen Paradoxons auf einer Interpretation des Begriffs "Praxis" in den Paragraphen 201-202 der *Philosophischen Untersuchungen* beruht, die die Anwesenheit einer Gemeinschaft als Kriterium ansieht und Konventionen bzw. die Übereinstimmung als willkürlich auffaßt. Den Ausgangspunkt unserer obigen Überlegungen stellten, wie angedeutet, dieselben Paragraphen dar. Wenn aber die Übereinstimmung eine in ihrer Willkürlichkeit durch dispositionelle und gesellschaftliche Faktoren eingeschränkte Art von Konvention ist, läßt sich "Praxis" im wissenssoziologischen Rahmen ganz anders deuten: Sie bezieht sich auf eine Technik, die nicht auf einer willkürlichen Vereinbarung beruht, sondern einerseits durch die psychologisch-physiologische Ausrüstung des Menschen ermöglicht wird, andererseits aus der Erfahrung mit materiellen Objekten hervorgeht und durch gesellschaftliche Faktoren wie z.B. gesellschaftliche Interessen gesteuert wird. Es ergibt sich eine andere Lösung des Paradoxons und zugleich auch die Widerlegung der im Abschnitt 2.4.1 erwähnten latenten Prämissen des Kripkeschen Arguments: Es wird zwar weiterhin behauptet, daß ein Sprecher eine bestimmte Regel nur dann befolgen kann, wenn er in Übereinstimmung mit der Praxis einer Gemeinschaft handelt, aber daraus gehen die erwähnten destruktiven Konsequenzen für die generative Linguistik nicht hervor. Wenn nämlich "Praxis" im geschilderten Sinne interpretiert wird, so wird Wittgenstein die Annahme, daß der individuell-psychologische Aspekt der Regelbefolgung nicht existiere, nicht unterstellt. Demnach kann er nicht bestreiten, daß diesem Aspekt in einem entsprechenden Zusammenhang bei der Erklärung sprachlicher Regeln eine wichtige Rolle zukommen könne. Was aber die Eingeschränktheit der Willkürlichkeit von Konventionen durch gesellschaftliche Faktoren zweifellos impliziert, ist, daß die Untersuchung des psychologischen Aspekts allein nicht ausreicht: Das Befolgen von Regeln kann erst dann verstanden werden, wenn der Zusammenhang zwischen den dispositionellen und den soziologischen Aspekten geklärt wird. Diese wissenssoziologische Lösung des Wittgensteinschen Paradoxons weist demnach nicht auf die Unhaltbarkeit einer generativistischen Sprachbetrachtung hin; sie macht vielmehr auf ihre Ergänzungsbedürftigkeit aufmerksam.

Dieser Befund kann sich erst dann als wirklich fruchtbar erweisen, wenn die Auswirkungen des hier vorgeschlagenen Lösungsversuchs nicht auf die Widerlegung der Konsequenzen, die Kripke in Anlehnung an Wittgenstein im Hinblick auf die generative Linguistik formulierte, beschränkt bleiben, sondern positive Anhaltspunkte für die linguistische Forschung schaffen. Es muß daher in einem nächsten Schritt gezeigt werden, daß die Argumente, die sich in den vorangehenden Überlegungen lediglich *gegen* Kripkes Schlußfolgerungen richteten, *für* gewisse Entwicklungstendenzen in der theoretischen Linguistik sprechen.

### 2.4.5 Die wissenssoziologische Basis einer modularen theoretischen Linguistik

Wenn man einmal (im Sinne von V3) akzeptiert, daß das Grundmerkmal der gegenwärtigen Entwicklungstendenzen der theoretischen Linguistik die Modularitätsannahme ist, dann erscheint Bloors Vorschlag, in Anlehnung an seine wissenssoziologische Wittgenstein-Interpretation die Untersuchung der Regelbefolgung in drei Gebiete zu teilen, als durchaus plausibel. Das erste Gebiet umfaßt die psychologischen und physiologischen Bedingungen, die die Entwicklung von Modellen und Metaphern durch Kontakte mit den Objekten der materiellen Wirklichkeit ermöglichen. Das dritte Gebiet ist die Welt der Sprachspiele. Zwischen diesen beiden Bereichen vermittelt das zweite Gebiet, ein System von gesellschaftlichen Faktoren wie etwa Bedürfnisse bzw. Interessen. Zwar geht es Bloor vor allem darum, die Relevanz des zweiten Gebietes nachzuweisen, aber aus dieser Schlüsselrolle darf keinesfalls darauf geschlossen werden, daß die wissenssoziologische Wittgenstein-Interpretation die Eigentümlichkeiten der Regelbefolgung auf gesellschaftliche Vorgänge als absolute determinierende Faktoren reduzieren wolle. Gewisse Aspekte unseres Verhaltens, unserer Kenntnisse, unserer Intuitionen sind sozial determiniert, andere nicht oder nur in einem gewissen Maße (s. auch Hesse 1982).[20] Es ist umso wichtiger, dies hervorzuheben, denn nichts würde dem Geist Wittgensteins mehr widersprechen, als ihm zu unterstellen, er sei bereit gewesen, einen bestimmten Faktor als die Ursache für die von ihm beobachteten Erscheinungen auszuzeichnen. Die Analogie zwischen dieser Aufteilung und der Funktionsweise der S-Module des Sprachverhaltens ist nun einleuchtend. Der Gegenstand der generativen Linguistik läßt sich ohne Schwierigkeiten mit einem Teil des Gebiets 1 identifizieren — er entspricht dem grammatischen S-Modul sprachlichen Verhaltens. Wittgensteins Analysen betreffen das dritte Gebiet: Das ist der S-Modul, der je nach dem Standpunkt der Autoren als "pragmatische Kompetenz" (Grewendorf - Hamm - Sternefeld 1987), als "soziale Interaktion" (Bierwisch 1980, 1981) oder als "Pragmatik" schlechthin (Meibauer (Hrsg.) 1987, Abraham 1986, Rosengren (Hrsg.) 1987) bezeichnet wird. Daraus, daß der Gegenstand der Wissenssoziologie zwischen den beiden Bereichen vermittelt, folgt, daß die wissenssoziologische Deutung des Wittgensteinschen Werkes der subtilen und differenzierten Interaktion zwischen Grammatiktheorie und der Sprachbetrachtung Wittgensteins Rechnung tragen kann, und daß ihr scheinbarer Gegensatz durch die Mechanismen wissenssoziologischer Vorgänge aufzuheben ist. Somit ergibt sich eine mögliche *wissenssoziologische Basis der Modularitätsannahme (MH)* der theoretischen Linguistik.

---

20    Unter welchen Bedingungen Kenntnisse soziologisch zu erklären sind, hängt von dem jeweiligen Verhaltensbereich ab. Es ist beispielsweise in einer generativistisch geprägten TO-modularen theoretischen Linguistik anzunehmen, daß die Sprachfähigkeit als biologische Gegebenheit durch soziale Institutionen nicht erklärbar ist (Bierwisch 1989). In einer möglichen TM-modularen Wissenschaftstheorie erscheint hingegen die Hypothese als plausibel, daß wissenschaftliche Erkenntnis in einem bedeutenderen Maße durch soziale Institutionen bedingt ist, wenn auch nicht ausschließlich durch diese.

Aufgrund des Arguments, mit dessen Hilfe im Abschnitt 1.2 (WMH) aus (MH) hergeleitet wurde, dürfte auf eine ähnliche wissenssoziologische Fundierung von (WMH) zu folgern sein. Doch, bevor eine solche Schlußfolgerung akzeptiert werden kann, ist es angebracht, auf einige Einwände einzugehen.

### 2.4.6 Bloors Wittgenstein-Interpretation als metawissenschaftlicher Ansatz

Es bleibt noch zu klären, welche Konsequenzen sich daraus ergeben, daß Bloors Wittgenstein-Interpretation sich, methodologisch gesehen, von gewissen Intentionen Wittgensteins bewußt distanziert (vgl. Abschnitt 2.3, Punkt (ii)). Da der Anwendungsbereich von Bloors Ansatz sowohl die nicht-wissenschaftlichen als auch die wissenschaftlichen Kenntnisse umfaßt und seine Theorie demnach nicht nur als objekt-, sondern auch als metawissenschaftliche Theorie funktioneren kann, liegt es auf der Hand, diese Konsequenzen auf die beiden Ebenen getrennt zu beziehen.

Betrachtet man Bloors Wittgenstein-Deutung als objektwissenschaftliche Theorie, so scheint die Tatsache, daß er die Ansichten Wittgensteins zu einer systematischen Theorie der Sprachspiele ausbaut,[21] unserer im Abschnitt 2.4.2 — unabhängig von der wissenssoziologischen Deutung — ausgeführten These der Unvergleichbarkeit der Chomskyschen und der Wittgensteinschen Methode bzw. Begriffsverwendung zu widersprechen. Denn aus dieser methodologischen Modifikation folgt,[22] so könnte man argumentieren, daß Wittgensteins ursprünglich philosophisch geprägte Begriffsanalysen zwangsläufig in Begriffsexplikationen überführt werden, wodurch die von Wittgenstein verwendeten Begriffe ebenso einen theoretischen Status innerhalb einer abstrakten einzelwissenschaftlichen Theorie mit Erklärungsanspruch erhalten wie die Begriffe der generativen Grammatik. Dadurch befinden sich beide Ansätze auf der gleichen qualitativen Ebene, und man kann auch für die eine oder die andere Stellung nehmen.[23] Diese Bemerkung ist zwar richtig, aber sie deckt keinen Widerspruch in unserem Gedankengang auf, weil das andere Argument für die Verträglichkeit von Chomskys und Wittgensteins Auffassung davon nicht betroffen wird. Da nämlich infolge dieser methodologischen Umgestaltung eine

---

21    Die Enzelheiten der Systematisierung von Sprachspielen und ihre Konsequenzen für unser Modell werden im Kapitel 5 detailliert analysiert.

22    Vgl. das Bloor-Zitat unter Punkt (ii) im Abschnitt 2.3.

23    Ob sie sich miteinander tatsächlich vergleichen lassen, hängt allerdings davon ab, inwieweit man bereit ist, die Inkommensurabilität zweier einzelwissenschaftlicher Theorien anzuerkennen. Für unsere Zwecke ist eine generelle Stellungnahme in der Inkommensurabilitäts-Diskussion nicht erforderlich.

Theorie entsteht, in deren Mittelpunkt die behandelten gesellschaftlichen Aspekte gerückt werden, wodurch sie Kenntnisse auf soziologischer Basis erklärt, bleiben die Untersuchungsbereiche der Generativisten und der Wissenssoziologen zwar miteinander eng zusammenwirkende, aber getrennte Gebiete, und die Erklärungsmuster dieser schließen die Erklärungsschemata jener nicht aus. Wir müssen eine unserer früheren Thesen, die wir *unabhängig* von Bloors Interpretation aufgestellt haben, und die dafür argumentiert, daß Wittgensteins Auffassung die von Chomsky deshalb nicht ausschließt, weil sie sich qualitativ von ihr unterscheidet, *im Lichte der wissenssoziologischen Deutung* tatsächlich aufgeben. Aber *erst dadurch* wird ermöglicht, die in den Abschnitten 2.4.3 bis 2.4.5 ausgeführte wesentlich stärkere Behauptung zu begründen, daß beide Unternehmen sich in das gegenwärtige wissenschaftliche Weltbild über die Sprache konsistent integrieren lassen.[24]

Wie betont, besteht die Relevanz von Bloors Wittgenstein-Interpretation vor allem darin, daß sie ein wesentliches Element einer wissenschaftstheoretischen Auffassung darstellt, die als möglicher Ausgangspunkt zu einer leistungsstarken Metatheorie der Linguistik dienen kann. Um die Aufgaben einer so verstandenen wissenssoziologischen Forschung zu veranschaulichen, sei auf einen von Bloor mit großem Nachdruck erwähnten Gedanken Wittgensteins hingewiesen:

> Wenn ich die Wirklichkeit beschreibe, so beschreibe ich, was ich bei den Menschen vorfinde. Die Soziologie muß ebenso unsere Handlung und unsere Wertungen beschreiben wie die der Neger. Sie kann mir berichten, was geschieht. Aber nie darf in der Beschreibung des Soziologen der Satz vorkommen: 'Das und das bedeutet Fortschritt'. Was ich beschreiben kann, ist, daß vorgezogen wird: Nehmen Sie an, ich hätte durch Erfahrung gefunden, daß Sie immer von zwei Bildern dasjenige vorziehen, das mehr grün enthält, das eine grünliche Tönung enthält, etc. Dann habe ich nur *das* beschrieben, aber nicht, daß dieses Bild wertvoller ist. Guiness (Hrsg.)(1967: 116).

Bezieht man das Zitat auf die metawissenschaftliche Ebene, wonach objektwissenschaftliche Theorien, wie z.B. die generative Linguistik, den Untersuchungsgegenstand der wissenssoziologischen Forschung darstellen, ergibt sich, daß, selbst wenn die Linguistik und Wittgensteins Wissenssoziologie miteinander unverträglich wären, diese einen legitimen Rahmen für die Untersuchung der generativen Linguistik anbieten würde, denn der Wissenssoziologe soll ja den Gegenstand seiner Untersuchungen nicht bewerten: Für den wissenssoziologisch vorgehenden Wissenschaftstheoretiker spielt es keine Rolle, ob seine wissenschaftlichen Ansichten mit denen der von ihm untersuchten Theorie vereinbar sind oder nicht.

---

24    Dieses Resultat ist zugleich eine implizite Kritik der im Abschnitt 2.3.2 mehrmals erwähnten Schlußfolgerungen von Grewendorf (1985) und Grewendorf - Hamm - Sternefeld (1987), weil der Kontrast zwischen der Galileischen und der analytischen Methode nicht vereinbar ist mit der Integration der durch diese erzielten Ergebnisse innerhalb einer modularen theoretischen Linguistik.

Dieser Befund gibt jedoch zu einem weiteren Einwand Anlaß. Man könnte nämlich darauf schließen, daß die zentrale Problemstellung der vorliegenden Überlegungen grundsätzlich falsch sei, weil die Versöhnung von Chomskys und Wittgensteins Ansichten keine Vorbedingung für die Erarbeitung einer wissenssoziologischen Metatheorie der Linguistik darstelle. Dieser Einwand wäre sicherlich stichhaltig, wenn die Neutralität des Wissenssoziologen uneingeschränkt gelten würde. Dies ist aber nicht der Fall: Sie muß zumindest dann eingeschränkt werden, wenn zwischen der Objekt- und der Metatheorie ein *reflexives Verhältnis* besteht. Die Spezifik der wissenssoziologischen Untersuchung der Linguistik aufgrund einer bestimmten Interpretation von Wittgensteins Sprachphilosophie besteht darin, daß das objektwissenschaftliche Wissen über die Sprache metawissenschaftlich *mit Hilfe des wissenschaftlichen Wissens über die Sprache selbst beschrieben und erklärt wird.*[25] Doch das wäre nicht möglich, wenn der Wissenschaftstheoretiker nicht in wenigstens einer Hinsicht mit dem Objektwissenschaftler einverstanden wäre: Nämlich, daß die Sprache — unter welchen Voraussetzungen und mit welchen Methoden auch immer — wissenschaftlich erforscht werden kann und die so erworbenen Kenntnisse sich wissenschaftlich (d.h. nicht nur objekt-, sondern auch *metawissenschaftlich*) verwerten lassen. Der Metatheoretiker der generativen Linguistik wird deshalb trotz seiner ablehnenden Haltung gegenüber Bewertungen dazu gezwungen, das Objekt seiner Forschungen— wenngleich in einem eingeschränkten Sinne—zu bewerten. Aus der spezifischen Situation der Linguistik folgt deshalb, daß die Verträglichkeit von Chomskys und Wittgensteins Ansichten eine unverzichtbare Vorbedingung für die metawissenschaftliche Untersuchung der generativen Grammatik im Sinne des Starken Programms der Wissenssoziologie ist.

### 2.4.7 Schlußfolgerungen

Die Argumentation für die Hypothese (T2) efolgte in drei Schritten. In einem ersten Schritt wurde das Verhältnis zwischen Chomskys Mentalismus und Wittgensteins Antimentalismus unter philologischem Aspekt untersucht; in einem zweiten das objektwissenschaftliche Verhältnis zwischen den Ansichten Chomskys und der Wittgenstein-Interpretation Bloors; und in einem dritten die Konsistenz des Verhältnisses zwischen Bloors Wittgenstein-Interperation als eine Meta- und der generativen Linguistik als eine Objekttheorie.

---

25    Das folgt natürlich aus Bloors im Abschnitt 2.3 angeführter These der Reflexivität, die im Lichte der Relevanz, die Bloor Wittgensteins Philosophie im Hinblick auf das Starke Programm zuschreibt, trivialerweise nicht nur die Soziologie, sondern auch die Linguistik betrifft. S. auch Abschnitt 2.5

Entsprechend lief die vorangehende Argumentation auf den Nachweis folgender drei Thesen hinaus:[26]

(T3)(a)    Die Grundannahmen der generativen Linguistik und die des späten Wittgenstein schließen einander nicht aus (Abschnitt 2.4.2).

(b)    In Bloors Wittgenstein-Interpretation, die dem Starken Programm zugrunde liegt, setzt der Wittgensteinsche Regelbegriff die Chomskyschen Grundannahmen voraus (2.4.3 bis 2.4.5).

(c)    Bloors Wittgenstein-Interpretation, die ein konstitutives Element des Starken Programms darstellt, läßt sich als Metatheorie zur Untersuchung der objektwissenschaftlichen Erscheinung "generative Linguistik" konsistent anwenden (2.4.6).

Es ist leicht einzusehen, daß diese Thesen unmittelbar (T2) ergeben; damit haben wir letztere nachgewiesen.

Ausgehend von dieser Konzipierung des Verhältnisses zwischen einer wissenssoziologischen Wissenschaftstheorie und der generativen Linguistik sind wir nun imstande, die im Abschnitt 2.1 angeführte *Teilfrage (d)* zu beantworten: Es zeichnen sich die wesentlichsten Merkmale des wissenschaftstheoretischen Untersuchungsrahmens ab, von dem die Lösung des im Abschnitt 0.3 erläuterten Grundproblems (A) der vorliegenden Untersuchungen zu erwarten ist. Diese Merkmale seien jetzt stichwortartig zusammengefaßt.

---

26    Unser Ergebnis besagt nur soviel, daß — wenn man einmal Bloors Grundthesen akzeptiert — in einem wissenssoziologischen Rahmen die generativistisch geprägte TO-modulare theoretische Linguistik durch Wittgensteins Ansichten über das Regelbefolgen nicht angefochten wird. Es stellt aber kein hinreichendes Argument für Bloors Gesamtinterpretation der Wittgensteinschen Philosophie dar. Mit Hilfe von herausgegriffenen Zitaten aus Wittgensteins Schriften läßt sich ja jede beliebige These begründen. Bei der Entscheidung der Frage, ob eine bestimmte Interpretation legitim ist oder nicht, stellen philologische Analysen nur einen der möglichen Gesichtspunkte dar. Philologische Überlegungen würden sicherlich nachweisen, daß sowohl Kripkes als auch Bloors Interpretation äußerst anfechtbar ist. Aus erkenntnistheoretischer und sprachphilosophischer Sicht ist ein zweiter Gesichtspunkt ausschlaggebend: In beiden Deutungen zeichnen sich einerseits zwar verschiedene, aber in sich gleichermaßen kohärente und originelle Lösungen für die von Wittgenstein aufgeworfenen Probleme ab, denen keine rein philologisch ausgerichtete Untersuchung Rechnung tragen kann; andererseits werden dadurch systematische Antworten auf zentrale Fragen der Epistemologie, der Sprachphilosophie und der Wissenschaftstheorie gegeben. Die Relevanz beider Deutungen besteht darin, daß sie jeweils ein solches umfassendes erkenntnistheoretisches System anbieten.

Ähnliches läßt sich übrigens auch von unserer Beweisführung sagen. Sicherlich ließen sich in Bloors Buch über Wittgenstein zahlreiche Stellen finden, die scheinbar gegen unsere Schlußfolgerungen sprechen. Doch wenn unsere Argumentation die Grundidee der Bloorschen Wissenssoziologie beibehält und versucht, auf dieser Grundlage ein effektives wissenschaftstheoretisches Forschungsprogramm zu umreißen, das den Eigentümlichkeiten der theoretischen Linguistik gerecht wird, spielen philologische Details eine untergeordnete Rolle.

## 2.5 Ansatz zu einer modularen Wissenschaftstheorie

Um den Untersuchungsrahmen in seinen Grundzügen festzulegen, ohne dabei Annahmen über das *wissenschaftliche* Verhalten zu postulieren, die durch eine *empirische* Analyse derselben nicht hinreichend begründet sind und die den eigentlichen Gegenstand der nachfolgenden Überlegungen bilden sollen, werden hier nur diejenigen Konsequenzen in aller Kürze erörtert, die *ausschließlich* aus der Ausdehnung des Modulbegriffs auf wissenschaftliches Verhalten im Sinne von (WMH) sowie den in diesem Kapitel diskutierten Problemen der Haupttendenzen der Wissenschaftstheorie herzuleiten sind. Alles andere soll sich als Ergebnis *empirischer Untersuchungen* über die Strukturiertheit wissenschaftlichen Verhaltens, in unserem Falle spezifisch über die der linguistischen Erkenntnis, so, wie diese im Rahmen der generativen Syntax erzielt wird, ergeben. Es kristallisieren sich demnach folgende Hauptmerkmale einer *TM-modularen Wissenschaftstheorie* heraus.

**(i) Die T-Module wissenschaftlicher Erkenntnis.** Im Sinne von (WMH) sei angenommen, daß wissenschaftliche Erkenntnis wie jede Art menschlicher Verhaltensabläufe durch die Interaktion relativ autonomer Systeme, die sich auf der Ebene wissenschaftlichen Verhaltens als TO-Module manifestieren, determiniert ist. Es gibt keine Evidenz für eine hinreichend spezifizierte Liste solcher V-Module.[27] Eine provisorische Liste der TO-Module, die mit Hilfe von (WMH) aufgrund der in der jüngeren Literatur diskutierten S-Module zusammengestellt wurde, könnte etwa folgende Elemente enthalten:[28]

(a) den motorischen TO-Modul $M_{mo}$, der die Funktionsweise einer Gruppe menschlicher Organe wie z.B. die der Artikulation, der Mimik, der Gestik steuert;

(b) den perzeptiven TO-Modul $M_p$, der die Vorgänge der Wahrnehmung steuert und solche Submodule wie den visuellen, den taktilen, den auditiven usw. umfaßt;

(c) den konzeptuellen TO-Modul $M_c$, der Umwelterfahrung begrifflich strukturiert;

(d) den soziologisch beschreibbaren TO-Modul $M_{so}$ mit mindestens zwei TO-Submodulen:

-mit dem TO-Submodul sozialer Interaktionen $M_{in}$;

-mit dem motivationalen TO-Submodul $M_m$, der Handlungen durch die Ziele, Intentionen, Bedürfnisse, Interessen von Individuen oder Gemeinschaften organisiert;

(e) den affektiven TO-Modul $M_a$, der den emotionalen Bedingungen des Verhaltens zugrunde liegt.

---

27    Natürlich lassen sich weder über die physiologische noch über die genetische Repräsentanz von sprachlichen, konzeptuellen oder Interaktions-Universalien zur Zeit irgendwelche konkreten Vermutungen anstellen. Bierwisch (1981: 73)

28    Vgl. etwa Bierwisch (1981), Fodor (1983), Jackendoff (1983), Pylyshin (1984), Garfield (Hrsg.) (1987), Berwick - Weinberg (1984), Marr (1982), Müller (1987), Lang (1985, 1987), Grewendorf - Hamm - Sternefeld (1987), Fanselow - Felix (1987) usw.

(f) den grammatischen TO-Modul $M_g$, der den morphosyntaktischen Aspekt wissenschaftlicher Kommunikation umfaßt.

Diese Aufzählung ließe sich durch eine Reihe von weiteren Kandidaten für TO-Module des wissenschaftlichen Verhaltens modifizieren bzw. ergänzen. Zunächst soll sie aber ausreichen, um weitere Bemerkungen zu motivieren. Diese TO-Module können sehr unterschiedlichen Charakters sein, wobei aber die Möglichkeit besteht, sie alle als mentale Strukturen, d.h. als *Kenntnissysteme* aufzufassen (Bierwisch 1983), die, wie dies in der Literatur üblich ist, mit Hilfe mengentheoretischer Operationen beschreibbar sind. Dies bezieht sich natürlicherweise auch auf die V- Module des sozialen Bereichs wie etwa das motivationale System oder das System sozialer Interaktionen, die demnach nicht die realen Gegebenheiten umfassen, auf die sie sich beziehen, sondern als die (durchaus unbewußte) mentale Vermittlung der letzteren in Form von mentalen Repräsentationen aufzufassen sind.

**(ii) Intermodulare Relationen.** Trotz der grundsätzlichen Verschiedenheit der TO-Module und der unter ihnen bestehenden Relationen sind einige Grundbegriffe geläufig, die die allgemeinen Züge eines jeden relativ autonomen Systems erfassen sollen. Die nachfolgenden Definitionen zielen weder auf formale Präzison, noch auf Vollständigkeit ab, sie dienen lediglich der Formulierung der Grundideen wie sie etwa in Chomsky (1980, 1986, 1988, 1988a), Bierwisch (1981), Lang (1985, 1987), Jaeggli - Safir (Hrsg.) (1988), Roeper - Williams (Hrsg.) (1988) usw. in bezug auf S-Module ausformuliert sind. Die zu besprechenden Begriffe werden nicht auf eine bestimmte Ebene spezifiziert. Allerdings wird ihre Relevanz jeweils durch zwei Hinweise erläutert: Durch ihre — aus (WMH) unmittelbar herleitbare — mögliche heuristische Interpretation auf der TO-Ebene (deren Stichhaltigkeit allerdings erst im restlichen Teil dieser Arbeit nachgewiesen werden soll, da gegenwärtig keine Untersuchungen zu einer TM-modularen Wissenschaftstheorie vorliegen) und durch bekannte Beispiele der S-Ebene, die der Rektions- und Bindungstheorie entnommen worden sind.

Es sei zunächst der im Abschnitt 1.2 eingeführten Ebenenrelativität der V-Module Rechnung getragen:

(d1)         Wenn $E = (X, Y, ...)$ eine Menge von Ebenen und $M$ ein V-Modul ist, dann gibt es eine Funktion $f$, die $M$ einem Element aus $E$ zuordnet. Wir sprechen dann von X-Modulen, Y-Modulen usw.


Wenn wir, wie im Abschnitt 1.2 bereits gesagt, im folgenden mit den drei Ebenen der S-, TO- und der TM-Relativität von V-Modulen zu tun haben, so werden Explikationen, Erklärungen, Begriffe, Explananda, Explanantia, Explikate, Explikanda usw. immer auf diejenige Ebene relativiert, auf der sie sich manifestieren. Eine TO-Erklärung z.B. ist eine, die in der generativen Theorie formuliert wird, um den Erscheinungen des Sprachverhaltens Rechnung zu tragen; eine TM-Erklärung ist eine, die Phänomene der generativen Theoriebildung mit Hilfe metawissenschaftlicher Mittel zu erklären trachtet.

Ein jeder Modul des menschlichen Verhaltens besteht bekannterweise aus drei Arten von Entitäten: Repräsentationen, Regeln und Prinzipien. Die geläufige heuristische Bestimmung mag etwa folgendes besagen:

(d2)(a)          Ein Modul $M_i$ manifestiert sich strukturell in *Repräsentationen* $R_i$, wobei $i$ die Menge *($M_p$,....$M_a$,...)* usw. umfaßt.

(b)          Die *Regeln* $S_i$ konstituieren einen Modul $M_i$ und determinieren die durch diesen Modul erzeugbaren Repräsentationen $R_i$.

(c)          Die *Prinzipien* $P_i$ determinieren die Regeln $S_i$ eines Moduls $M_i$.

Zur Kennzeichnung der Repräsentationen sei hier soviel hervorgehoben, daß sie solche strukturierte Mengen von Eigenschaften darstellen, die für die jeweiligen *Einzelerscheinungen* eines Verhaltensbereichs distinktiv sind. Außerdem werden den jeweiligen Instanzen konkreter Verhaltensabläufe mehrere, unterschiedlichen Modulen angehörende Repräsentationen zugewiesen, die sich überlagern und die die verschiedenen Aspekte der Instanz ergeben. Im Sinne von (WMH) ist anzunehmen, daß es universelle TO-Prinzipien wissenschaftlichen Verhaltens gibt, die gewisse TO-Regeln — wie etwa die disziplin- oder theoriespezifischen TO-Regeln der Forschung — bestimmen, und diese determinieren ihrerseits die TO-Repräsentation wie etwa gewisse Aspekte von wissenschaftlichen Erklärungen, Argumenten usw. (Ein Beispiel der S-Ebene: Die D-Struktur-, S-Strukur-, die semantische, die logische, die phonetische Repräsentation desselben Satzes.)

Im Hinblick auf die Verhältnisse zwischen verschiedenen Repräsentationen für die gleiche Verhaltensinstanz sind zwei Typen von Relationen von Bedeutung, die sich informell etwa folgendermaßen kennzeichnen lassen:

(d3)(a)          Sind $R_1$ und $R_2$ zwei verschiedene Repräsentationen der gleichen Verhaltensinstanz, dann steht $R_1$ in *inhärenter (interner)* Beziehung zu $R_2$, wenn $R_1$ Variablen enthält, die durch Eigenschaften aus $R_2$ belegt werden.

(b)          Sonst ist die Beziehung zwischen $R_1$ und $R_2$ *exhärent (extern)*.

Regelsysteme sind die Gesamtheiten der Bedingungen, die die Erzeugung und Strukturierung von Repräsentationen bestimmen (beispielsweise die S-Regeln einer einzelsprachlichen Grammatik oder die TO-Regeln der Forschung innerhalb einer Disziplin oder Theorie). Ferner wird die Beziehung zwischen den Regelsystemen durch die von ihnen determinierten Repräsentationen festgelegt, die sich auf die gleichen Instanzen beziehen können; dies bedeutet u.a., daß gewisse Elemente der Regelsysteme *Parameter* enthalten müssen, die dadurch fixiert werden, daß die erzeugten Repräsentationen auf andere Strukturen bezogen werden. Es gilt demnach:

(d4)  $S_1$ und $S_2$ seien zwei Regeln, die jeweils den Modulen $M_1$ und $M_2$ angehören. *$S_1$ ist in bezug auf $S_2$ parametrisiert (oder $S_1$ ist eine Parametrisierung von $S_2$)* genau dann, wenn $S_1$ Repräsentationen $R_1$ erzeugt, die zu den von $S_2$ erzeugten Repräsentationen $R_2$ in inhärenter Beziehung stehen.

Die Prinzipien geben das allgemeine Schema für die in einem Bereich wirksamen Regelsysteme an (z.B. die Universalgrammatik auf der S-Ebene und die universellen Prinzipien der Erkenntnis auf der TO-Ebene). Sie erscheinen als allgemeine Schemata, aus denen die verschiedenen möglichen Regelsysteme durch die Fixierung der freien Parameter hervorgehen; die Fixierung der Parameter kann allerdings auch unmittelbar (d.h. ohne die Vermittlung der Regeln) zur Erzeugung von Repräsentationen führen. Wenn nun Prinzipen den Regelsystemen in der angedeuteten Weise zugrundeliegen, so ergibt sich folgendes:

(d5)  Sind $P_1$ und $P_2$ zwei Prinzipien verschiedener Module, so ist *$P_1$ parametrisiert in bezug auf $P_2$ (oder $P_1$ ist eine Parametrisierung von $P_2$)* genau dann, wenn eine Regel $S_1$ in bezug auf eine Regel $S_2$ parametrisiert ist, wobei $S_1$ durch $P_1$ und $S_2$ durch $P_2$ determiniert ist.

Das heißt:

(d6)  Sind $P_1$ und $P_2$ zwei Prinzipien, die jeweils den Modulen $M_1$ und $M_2$ angehören, sowie $R_1$ und $R_2$ zwei Repräsentationen der gleichen Verhaltensinstanz, denen jeweils $M_1$ und $M_2$ zugrunde liegen, so ist *$P_1$ parametrisiert in bezug auf $P_2$ (oder $P_1$ ist eine Parametrisierung von $P_2$)*, genau dann, wenn $R_1$ in inhärenter Beziehung zu $R_2$ steht.

Ein klassisches Beispiel für Parametrisierungsverhältnisse dieser Art auf der S-Ebene ist der AG/PRO-Parameter. Auf der TO-Ebene läßt sich im Sinne von (WMH) annehmen (aber an dieser Stelle noch nicht beweisen), daß die universellen TO-Prinzipien wissenschaftlicher Erkenntnis ebenfalls freie TO-Parameter enthalten, deren Fixierung entweder

disziplin- bzw. theorienspezifische TO-Regeln oder unmittelbar die Spezifikation von
TO-Repräsentationen gegebener wissenschaftlicher Verhaltensmuster ergibt.

Wie erwähnt, sind auch die hierarchischen Beziehungen unter den Modulen von
Belang:

(d7)  Ein Modul $M_1$ mit der Menge von Prinzipien $(P)_1$ ist ein echter (unech-
ter) *Submodul* des Moduls $M_2$ mit der Menge von Prinzipien $(P)_2$ genau
dann, wenn die Menge der Regeln $(S)_1$, der $(P)_1$ zugrundeliegt, eine
Menge von Repräsentationen $(R)_1$ erzeugt, die eine echte (unechte)
Teilmenge der von den Regeln $(S)_2$ erzeugten Menge von Repräsentationen $(R)_2$ darstellen, denen $(P)_2$ zugrunde liegt.

Auf der S-Ebene sind etwa das semantische und das morpho-syntaktische System
Submodule eines grammatischen Moduls. Analog ergibt sich aufgrund von (WMH), daß
im Hinblick auf das wissenschaftliche Verhalten der grammatische TO-Modul "der Wissenschaftssprache" einen morphosyntaktischen und einen semantischen TO-Submodul
enthält. Geklärt werden muß noch, in welchem Sinne Module, die aus Prinzipen, Regeln
und Repräsentationen der genannten Art bestehen, relativ autonom sind.

(d8)  Ein Modul $M_i$ ist *autonom*, wenn er von Prinzipen bestimmt wird, die
sich nicht auf andere Prinzipien zurückführen lassen und nicht die Regeln
bzw. Repräsentationen anderer Module determinieren.

(d9)  Ein Modul $M_1$ ist *relativ autonom* in bezug auf einen Modul $M_2$, wenn
entweder
(a) mindestens ein Prinzip $P_1$ von $M_1$ auch $M_2$ zugrunde liegt, oder
(b) wenn mindestens ein Prinzip $P_1$ von $M_1$ parametrisiert ist bezüglich
mindestens eines Prinzips $P_2$ von $M_2$.

Nach der Annahme der Rektions- und Bindungstheorie sind alle Submodule des
syntaktischen S-Moduls relativ autonom im Sinne von (d9)(a), weil sie einem gemeinsamen Prinzip, nämlich dem Projektionsprinzip unterliegen. Das unter (d9)(b) genannte
Verhältnis besteht etwa zwischen Kasus und Rektion im Hinblick auf die Kasusmarkierung
von Substantiven. Laut (WMH) ist auch anzunehmen, daß die unter (i) aufgezählten
möglichen TO-Module des wissenschaftlichen Verhaltens im Sinne von (d8) und (d9)
relativ autonom sind. Die Frage jedoch, welchen Typ der relativen Autonomie sie verkör-
pern, läßt sich nicht beantworten, solange keine empirischen Untersuchungen über die

Interaktion dieser TO-Module bei der Determination bestimmter TO-Verhaltensinstanzen wie etwa grammatische Erklärungen vorliegen.

**(iii) Die TM-Submodule des Untersuchungsrahmens.** Aus der im Abschnitt 2.4 vorgenommenen Analyse des Bloorschen Ansatzes geht auch hervor, welchen TO-Modulen wissenschaftlicher Erkenntnis dabei eine bestimmende Rolle zukommt. Wir haben gezeigt, daß die Wittgenstein-Interpretation des Starken Programms nur dann stichhaltig ist, wenn neben der soziologischen Bestimmtheit der Erkenntnis auch ihre biologische, psychologische, dispositionelle Basis anerkannt wird (Abschnitt 2.4.3). Bloor selbst weist an mehreren Stellen auf die Notwendigkeit der Berücksichtigung dieser Aspekte hin:

> ...It is clear that the model depends at every point on the co-operation of a psychological (dispositional) factor and a sociological (conventional) factor; and that their joint operation only makes sense if we think of knowledge as a working relationship with our surroundings. Nothing in the subsequent development of the model will compromise this materialistic stance. Bloor (1982: 271)

Auf der einen Seite ist deshalb klar, daß die Einwendungen gegen Bloors Ansatz, die ihm eine absolute Emphase auf den soziologischen Aspekten der Erkenntnis unterstellen, unberechtigt sind (siehe auch Abschnitt 2.4.3).[29] Wenn auch Bloor die Notwendigkeit des Einbeziehens verschiedenartiger Aspekte anerkennt, so läßt er die Frage doch offen, was für ein Verhältnis zwischen diesen bestehen soll. Einen Anhaltspunkt zur Klärung dieses Problems gibt M. Hesse:

> Given the *possibility* that two-way interactions may be historically demonstrable between social context and scientific theory, in both old and new science, questions still remain about the detailed character of such interactions. Here again it would be foolish to dogmatize — to assert either the primacy of 'ideas', or of economic substructure, or of social control, or of clan divisions, or whatever.

---

29　　Typisch in dieser Hinsicht ist etwa Laudans Vorwurf:

> Typically, the argument runs like this: 'Science is a social activity, therefore it is best understood and explained in sociological terms.' ... The fact that science is a social phenomenon, the fact that scientists are trained by a society, manifestly does *not* warrant the claim that all or most parts of science are best understood using the tools of sociology. Only if science were exclusively a social phenomenon would the social character of science support the claim that sociology is the best tool for its study. The fact of the matter is that science is a multifaced process. One could as well say that science is a psychological phenomenon (considering, for instance, the role of cognition and perception in it) and thus should be studied primarily by psychologists. Equally it is an economic and political activity. Alternatively, science is a goal-directed activity and is thus legitimately in the sphere of decision theory and operations research. Insofar as science is carried out by human animals it is presumably a biological activity. The point is that science can be legitimately studied in a variety of ways. We come closer to its essence if we say that science is a human rather than a social activity and that in its turn means that all the various sciences of man are potentially relevant. Laudan (1984: 66-67)

Some factors will be found more important in some context and others in others. At least we have as yet nothing like enough evidence from different sorts of cases to suggest any interesting generalizations across time or across culture-types.
Nor is it clear that Bloor wishes to argue for any such global generalizations. He is concerned only to explain the relative consensus regarding scientific beliefs at a given period of time, and their relative stability. His own examples illustrate a variety of types of constraints on theories, not all of which involve extra-scientific factors. Hesse (1982: 329)

Wenn nun diese Stellungnahmen sowie die Ergebnisse des Abschnitts 2.4 einmal gegeben sind, so erwächst daraus die Notwendigkeit, die Aspekte, die in Bloors Theorie zur Erklärung wissenschaftlicher Erkenntnis herangezogen werden sollen, mit der üblichen Relation zwischen relativ autonomen (Sub-)Modulen menschlichen Verhaltens zu identifizieren. Das bedeutet, daß — im Sinne von (WMH)(a) — dem wissenschaftlichen Verhalten prinzipiell *alle* Module zugrundeliegen, die auch andere Bereiche des Verhaltens determinieren. Welchen Anteil — um Bloors Terminologie zu verwenden — "psychologische" und "soziale" Gesetzmäßigkeiten an der Bestimmung von wissenschaftlichen Verhaltensinstanzen wie etwa grammatische TO-Erklärungen haben, kann nicht generell beantwortet werden, weil dies *eine rein empirische Frage* ist, die sich nur im Hinblick auf spezifische Erscheinungen untersuchen läßt.

Auf diesem Hintergrund bedarf es also der Klärung, welche der im Punkt (i) hypothetisch angenommenen Module menschlichen Verhaltens in einer solchen wissenssoziologisch basierten modularen Wissenschaftstheorie als miteinander interagierende TO-Module wissenschaftlicher Erkenntnis relevant sein könnten. Da das zentrale Problem sowohl unserer Untersuchung als auch Bloors Wittgenstein-Interpretation die Begriffsbildung ist, manifestieren sich deren "psychologische" Aspekte aller Wahrscheinlichkeit nach im konzeptuellen TO-Modul wissenschaftlicher Erkenntnis.[30] Auf der anderen Seite weisen die Faktoren — Interessen, Bedürfnisse, Ziele —, die Bloor für gewisse Eigentümlichkeiten der Begriffsbildung, der Klassifikationen, der Regelbefolgung usw. verantwortlich macht, eindeutig auf den motivationalen Modul hin. Wir nehmen deshalb im weiteren an, daß unser TM-modularer Untersuchungsrahmen u. a. den *konzeptuellen* und den *motivationalen* TO-Modul erforscht.[31] Unsere Aufgabe besteht dann im Sinne von (A)

(a) in der Aufdeckung der den grammatischen TO-Explikations- und TO-Erklärungsinstanzen zugrundeliegenden Parametrisierungsverhältnisse zwischen den TO-Prinzipien der motivationalen und konzeptuellen TO-Modulen wissenschaftlicher Erkenntnis;

(b) in der Formulierung von TM-Erklärungen für die TO-Verhaltensinstanzen

---

30    Dies ist kein Postulat, sondern eine empirische Hypothese, die durch die weiteren Überlegungen bestätigt werden soll.

31    Was ihre Interaktion mit anderen TM-Submodulen natürlich nicht ausschließt. Dies ist eine empirische Frage, genauso wie etwa das Problem, ob Konventionen dem motivationalen Submodul zuzurechnen sind oder einem anderen, oder ob sie modulübergreifenden Gesetzmäßigkeiten unterliegen.

"grammatische TO-Erklärung" bzw. "grammatische TO-Expikation" in Kenntnis der unter (a) genannten Fakten;

(c) in der Auflösung der Dichotomien (D1)-(D6) aufgrund der unter (b) genannten TM-modularen Erklärungen, wodurch die Beantwortung der Frage, was für eine Wissenschaft die generative Linguistik ist, ermöglicht wird.

Eine solche TM-modulare Organisation der Wissenschaftstheorie läßt allerdings darauf schließen, daß es sich bei unserem Untersuchungsrahmen *nicht um eine einfache Anwendung des Starken Programms handeln kann*, weil eine seiner Grundannahmen, daß nämlich soziologische Faktoren die konzeptuelle Struktur wissenschaftlicher Kenntnisse wesentlich bestimmen, nicht von vornherein akzeptiert, sondern durch die Annahme einer Parametrisierungsrelation zwischen konzeptuellen und sozialen Prinzipien ersetzt wird und diese erst im Laufe der oben unter (a)-(c) angedeuteten Untersuchungen empirisch nachzuweisen oder zu widerlegen ist. Was dadurch entsteht, ist *etwas anderes* als das Starke Programm, obwohl einige seiner Elemente in der Tat adaptiert werden: Es ist eine *wissenssoziologisch fundierte modulare Wissenschaftstheorie*, deren Grundhypothese sich wie folgt zusammenfassen läßt:

(HSP)     Die der wissenschaftlichen Erkenntnis zugrundeliegenden TO-Prinzipien des konzeptuellen TO-Moduls sind parametrisiert bezüglich der TO-Prinzipien des motivationalen TO-Moduls.

Es geht auch *nicht um die Vereinigung zweier oder mehrerer metawissenschaftlicher Theorien,* denn dies würde inkonsistente Resultate nach sich ziehen. Bei der Erarbeitung der Details auf der TM-Ebene gehen wir analog zu den gegenwärtigen — durch die Idee der Modularität gerechtfertigten — Entwicklungstendenzen der theoretischen Linguistik vor: Genauso wie dort Ergebnisse beispielsweise der generativen Syntax, der modelltheoretischen Semantik und der Sprechakttheorie in Form von relativ autonomen Theorien über das Sprachverhalten integriert werden, sollen hier die Ergebnisse der kognitiven Psychologie und der Wissenssoziologie miteinander interagieren.

**(iv) Reflexivität.** Ein weiterer möglicher Einwand gegen den wissenssoziologischen Ansatz besagt, daß die Untersuchung spezifischer Erscheinungen wie etwa der Begriffsbildung in der generativen Linguistik und ihres Verhältnisses zu Erklärungen das Vorhandensein von konkreten Untersuchungstechniken voraussetze; aber dadurch, daß Bloor den motivationalen Faktoren das Primat schenkt, gäbe seine Theorie keine Anhaltspunkte zur Entwicklung solcher Mittel, die der konzeptuelle TM-Submodul erfordert. Demnach sei es nicht möglich, eine unserer Aufgaben, nämlich die Untersuchung der Begriffsbildung in der generativen Linguistik unter konzeptuellem Aspekt, zu erfüllen. Dieses Problem ist aber nur ein scheinbares, weil seine Auflösung aus zwei bereits angenommenen Thesen hervorgeht. Die erste ist Bloors These der Reflexivität (Abschnitt 4.3 (i)) einer wissenssoziologischen Wissenschaftstheorie, die andere ist die eben ermittelte Annahme, wonach unser Ansatz mindestens auf einen konzeptuellen und einen motivationalen TM-Submodul Bezug nehmen muß. Wenn der Gesamtansatz reflexiv ist und die genannten zwei Module relevant enthält, dann muß er im Hinblick auf *diese* Module reflexiv sein. Wenn nämlich die generative Syntax einen Bestandteil der theoretischen Linguistik darstellt und gewisse semantische Probleme der Begriffsbildung ebenfalls in den Bereich der theoretischen Linguistik fallen, so folgt, daß die Mittel der theoretischen Linguistik auf der metawissenschaftlichen Ebene zur wissenschaftstheoretischen Untersuchung eines Teils der theoretischen Linguistik selbst angewendet werden müssen (vgl. dazu auch das im Abschnitt 2.4.6 Gesagte). Die konzeptuellen Aspekte des Verhältnisses zwischen TO-Begriffsexplikation und TO-Tatsachenerklärung in der generativen Syntax lassen sich *mit den handfesten Analyseverfahren der generativistisch geprägten theoretischen Linguistik selbst untersuchen.*

(v) **Konventionen.** Da Konventionen den Schlüssel zur Lösung der im Abschnitt 2.4 diskutierten Probleme lieferten, ist es unumgänglich, an dieser Stelle auf sie näher einzugehen. Dort wurde folgendes gezeigt:

(1)(a)         Konventionen sind nicht willkürlich, sondern durch biologisch-physiologische und soziale Vorgänge bedingt.

(b)         Dabei stellen angeborene Prinzipien eine notwendige Bedingung für die Regelbefolgung dar: Sie lassen zwar die Wahl unter den Alternativen offen, aber erst die angeborenen Prinzipien ermöglichen die Effizienz und Stabilität der Regelbefolgung.

(c)         Angeborene Prinzipien stehen nicht im Gegensatz zu der grundsätzlich gesellschaftlichen Natur der Verhaltensmuster wie etwa das Regelbefolgen, sondern sie begünstigen vielmehr die gesellschaftliche Bestimmtheit menschlichen Verhaltens.

Im Lichte von (MH) lassen sich diese Feststellungen wie folgt weiterführen. Eine Konvention $t_i$ in einer Gemeinschaft $g$ determiniert eine Menge $M(t_i)$ von Verhaltensinstanzen und sie verfügt über zwei wesentliche Eigenschaften:[32]

(2)(a)         Eine Konvention $t_i$ wird von den Mitgliedern von $g$ tendenziell gleichwertig erworben.

---

32     (2)(a) und (b) werden in Bierwisch (1981) als definitorische Eigenschaften von "Traditionszuständen" betrachtet. Der dort ausgeführte Gedankengang steht mit unserem — teilweise anders motivierten — Ergebnis insofern in Einklang, als Bierwisch den Begriff der Konvention letzten Endes auf den des Traditionszustandes reduziert.

(b)        Eine Konvention $t_i$ ist aus einem Zustand $t_{i-1}$ auf nicht angeborene Weise (aber aufgrund angeborener Bedingungen) hervorgegangen.

Konventionen sind zwar Systeme von Prinzipien und Regeln, sie können aber mit keinem der relativ autonomen Module des Verhaltens identifiziert werden. Wenn $t_i$ eine in einer Gemeinschaft *g* gültige Konvention und $M(t_i)$ die durch $t_i$ determinierte Menge von Verhaltensinstanzen ist, dann folgt aus der bereits mehrmals hervorgehobenen Annahme, wonach (a) bei einer Instanz sich Repräsentationen mehrerer Module überlagern und (b) $t_i$ die Menge $M(t_i)$ von Instanzen determiniert, die Konsequenz, daß $t_i$ mehrere Module umfaßt, deren Zusammenspiel dann die Elemente von $M(t_i)$ bestimmt. Eine Konvention geht demnach aus der Interaktion von Modulen hervor, unter denen sich *sowohl* die Systeme befinden, die die angeborene Basis des Verhaltens enthalten, *als auch* die auf nicht angeborene Weise organisierten Module, die etwa Zielgerichtetheit, Interessen, gesellschaftliche Bedürfnisse, Vereinbarungen in der Gemeinschaft usw. aufweisen. Wichtig ist dabei zu betonen, daß die spezifische Art der Wechselwirkung unter den Modulen *für jeden Bereich anders* aussieht.

Wendet man jetzt (WMH) auf diese Zusammenhänge an, so ergibt sich unmittelbar, daß alles, was sich über Konventionen sagen läßt, auch *auf die wissenschaftliche Erkenntnis* und auf eines ihrer Teilgebiete, die generative Linguistik uneingeschränkt zutrifft. Es muß daher gelten:

(3)        Die generative Linguistik ist eine Konvention.

Dementsprechend besteht *die Aufgabe der Wissenschaftstheorie* in erster Linie in der TM-Beschreibung und TM-Erklärung von als Konventionen aufgefaßten spezifischen (d.h. wissenschaftlichen, und innerhalb diesen, generativ-grammatischen) TO-Verhaltensformen durch die Aufdeckung der für diesen Bereich spezifischen Art der Interaktion des an diesen Konventionen beteiligten konzeptuellen und motivationalen TO-Moduls.[33]

Zwar werden wir weiterhin keine Definition des TO-Begriffs "Theorie" anstreben, doch an dieser Stelle ergibt sich die Möglichkeit einer qualitativen Umgrenzung der damit bezeichneten Entitäten. Aus der im 1. Kapitel genannten These, wonach Theorien Verhaltensinstanzen darstellen sowie aus der in diesem Abschnitt angegebenen Bestimmung von Konventionen geht hervor, daß Theorien als eine Untermenge der durch eine Konvention

---

33    Ist die generative Grammatik eine TO-Konvention, so läßt sich nun auf diesem Hintergrund das Problem der vorliegenden Arbeit auf eine eindeutige Weise aufwerfen: Wenn (i) die generative Linguistik eine spezifische Art von TO-Konvention darstellt, (ii) diese TO-Konvention u.a. aus der Interaktion eines konzeptuellen und eines motivationalen TO-Moduls hervorgeht, und (iii) die Art und Weise einer solchen Interaktion für jeden Bereich menschlichen Verhaltens spezifisch bestimmt wird, wie kann dann die Schnittstelle zwischen dem motivationalen und dem konzeptuellen TO-Modul des spezifischen Verhaltensbereichs "generative Linguistik" charakterisiert werden?

bestimmten Menge von Verhaltensinstanzen $M(t_i)$ zu konzipieren sind. Obwohl Theorien als äußerst komplexe Entitäten sowohl über konzeptuelle als auch über motivationale, interaktionale, affektive usw. Aspekte verfügen, werden sie herkömmlicherweise in erster Linie als konzeptuelle Strukturen betrachtet. Somit werden wir — wenn nicht anders angegeben — unter "generativer Linguistik" (bzw. unter den synonymen Ausdrücken "generative Grammatik", "generative Syntax") immer eine Konvention mit verschiedenen Etwicklungsstadien verstehen; eine Theorie ist dann die konzeptuelle TO-Repräsentation einer Untermenge der durch diese Konvention determinierten Verhaltensinstanzen.

## 2.6 Zusammenfassung

Im Kapitel 1 sind wir bei der Ermittlung des Untersuchungsrahmens von den Vorentscheidungen (V2) und (V3) ausgegangen, die unmittelbar zu der wissenschaftstheoretischen Modularitätshypothese (WMH) und als eine Folge davon zum Nachweis der These (T1) führten. Es ergab sich das Problem, wie die unter (T1)(a)-(d) angegebenen allgemeinen Merkmale weiter spezifiziert werden können, damit ein brauchbarer wissenschaftstheoretischer Untersuchungsrahmen entsteht. Da die weitere Spezifizierung des Untersuchungsrahmens aus (T1) selbst nicht hervorging, erschien es als notwendig, durch die Berücksichtigung gegenwärtiger Entwicklungstendenzen der Wissenschaftstheorie einen weiteren Anhaltspunkt festzulegen (Teilproblem (a) im Abschnitt 2.1). In dieser Hinsicht erwies sich die Auseinandersetzung mit Bloors Starkem Programm als fruchtbar (Teilproblem (b)). Nachdem im Abschnitt 2.4 die unmittelbar auftauchenden Probleme einer möglichen Anwendung des Starken Programms auf die generative Linguistik gelöst worden waren (Teilproblem (c)), konnten in Anlehnung an diese Lösung die Richtlinien des gesuchten TM-modularen Untersuchungsrahmens festgelegt werden (Teilproblem (d)), die wir im Abschnitt 2.5 unter (i)-(v) angeführt haben.

Aus der recht einfach motivierten wissenschaftstheoretischen Modularitätshypothese (WMH) wurden die unter (T1) angeführten allgemeinen Merkmale "Einzelwissenschaftlichkeit", "Konstruktivität", "Intradisziplinarität" und "relativer Pluralismus" einer *möglichen* Wissenschaftstheorie der Linguistik ermittelt. Darüber hinaus haben wir, teilweise als Resultate unabhängiger Argumente, die aus der gegenwärtigen Forschungslage der allgemeinen Wissenschaftstheorie hervorgingen, die unter (i)-(v) aufgezählten *spezifischen* Eigenschaften unseres Untersuchungsrahmens erarbeitet. Den durch all diese Merkmale charakterisierten Rahmen werden wir im weiteren als *die heuristische Basis einer modularen Wissenschaftstheorie* der generativen Linguistik betrachten, *von deren Anwen-*

*dung bzw. Weiterentwicklung die Lösung des Grundproblems (A) der vorliegenden Untersuchungen zu erwarten ist.*

Nachdem der Untersuchungsrahmen in dieser Weise festgelegt und die unter (V1)(b) genannte Aufgabe durchgeführt worden ist, können wir die eigentlichen Untersuchungen im Sinne der im Abschnitt 0.3 angeführten Problemstellung (A), die eine Spezifizierung der Vorentscheidung (V1)(a) ist, beginnen. Der erste Schritt dabei ist die Analyse des konzeptuellen TO-Moduls von generativ-grammatischen TO-Begriffsexplikationen.

# 3 Der konzeptuelle Aspekt I: Explikation

## 3.1 Problemstellung

Das *Grundproblem der Begriffsbildung*[1] besteht darin, daß man den kontingenten Schritt erklären muß, der von einer akzeptierten Bedeutung[2] eines Ausdrucks zur nächsten überführt. Da es dabei grundsätzlich um die Frage geht, auf welcher Grundlage Objekte klassifiziert werden, erscheinen im Lichte dieses Grundproblems wissenschaftliche Theorien als spezifische Klassifikationssysteme, die mit Hilfe theoretischer Begriffe — was darunter auch immer zu verstehen sei — u.a. auch "nicht beobachtbare" Objekte zu klassifizieren trachten. Im vorliegenden Kapitel soll dieses Grundproblem der Begriffsbildung auf die spezifische Erscheinung der TO-Begriffsexplikationen in der generativen Syntax relativiert und, ausgehend von den bisher vorliegenden Anhaltspunkten, gelöst werden. Obwohl im Prinzip zahlreiche Lösungsmöglichkeiten zur Verfügung stehen — sie können z.B. auf der Ermittlung von Universalien oder auf der Annahme von invarianten Teilen der Bedeutung oder auf der Gemeinsamkeit der Referenzen usw. beruhen —, gibt die im Kapitel 2.4 erläuterte Problematik von Bloors Wittgenstein-Interpretation Richtlinien an, die sowohl den weiteren Gang der Argumentation als auch die technischen Mittel der Analyse genau festlegen. Es wurde nämlich folgendes gezeigt:

(i) Das Kategoriensystem eines wissenschaftlichen Kenntnissystems wie die generative Grammmatik beruht nicht auf den "objektiv" gegebenen Eigenschaften der Gegenstände.

(ii) Ein TO-Begriffs- bzw. Kategoriensystem ist semantisch unterdeterminiert, weil

---

1      Bis zu seiner näheren Bestimmung im Abschnitt 3.3 wird "Begriff" im vorexplikativen Sinne verwendet, so wie er im wissenschaftstheoretischen Kontext etwa in Carnap - Stegmüller (1959) als Bestandteil des Kompositums "Begriffsexplikation" oder in den herkömmlichen Verwendungen des Ausdrucks "theoretischer Begriff" usw. erscheint; rein logisch mag man darunter, in erster Näherung, Prädikate verstehen. Ähnlich wird auch "Begriffsfamilie" erst im Abschnitt 3.3 näher erläutert — bis zu jenem Punkt sei sie im Wittgensteinschen Sinne verstanden.

2      Auch "Bedeutung" wird vorläufig vorexplikativ verstanden — die Präzisierung befindet sich ebenfalls im Abschnmitt 3.3.

eine gegebene, zu einer bestimmten Zeit geltende Bedeutung eines Ausdrucks seine späteren Anwendungen nicht bestimmt.

(iii) Dessenungeachtet sind Klassifizierungen nicht willkürlich, weil die im Prinzip bestehenden Kombinationsmöglichkeiten biologisch und sozial eingeschränkt werden, wodurch die relative Stabilität von TO-Begriffssystemen trotz der semantischen Unterdeterminiertheit gesichert wird.

Folglich muß, auf dem Hintergrund des im Abschnitt 2.4 ausgeführten Wittgensteinschen Rahmens, davon ausgegangen werden, daß wissenschaftliche Klassifizierungen als *Familienähnlichkeitsbegriffe* zu repräsentieren sind.[3] Wenn nun, wie im Abschnitt 0.1 angenommen wurde, neue TO-Begriffe in eine Theorie durch TO-Explikation eingeführt werden, dann müssen wir *die grammatischen TO-Begriffsexplikationen als spezifische Erscheinungsformen von TO-Begriffsfamilien* untersuchen. Das Grundproblem der Begriffsbildung läßt sich im Hinblick auf die grammatischen TO-Explikationen unter den Aspekten des konzeptuellen TO-Moduls wissenschaftlicher Erkenntnis wie folgt präzisieren: *Welche konzeptuellen TO-Regularitäten liegen den TO-Begriffsexplikationen der generativen Syntax zugrunde, wenn grammatische TO-Begriffe wie unter (i)-(iii) charakterisiert sind?*

Wenn wir, im Sinne der im Abschnitt 2.5 genannten These der Reflexivität, auf der TM-Ebene die Ergebnisse und Methoden der TO-modularen kognitiven Linguistik zur Lösung dieses Problems heranziehen wollen, so bestehen im Prinzip mehrere Möglichkeiten zur Auswahl des Analyseverfahrens: Vor allem Jackendoffs kognitives Sprachmodell (Jackendoff 1983), Nunbergs Ansatz zur Wortsemantik (Nunberg 1979), und Bierwischs Modell der kognitiven Linguistik (Bierwisch 1983). Aus (i)-(iii) ergibt sich aber eindeutig die Entscheidung für den Ansatz Bierwischs. Der Grund ist einfach. Es geht nämlich nicht um die schlichte Frage, was die Bedeutung eines Ausdrucks ist, sondern vielmehr um zwei miteinander eng zusammenhängende Fragestellungen: (a) welches *Verhältnis* besteht zwischen den Elementen einer Begriffsfamilie, und (b) wie wird trotz der semantischen Unterdeterminiertheit der Ausdrücke die *Stabilität* ihrer Bedeutungen und dadurch die Möglichkeit der Erkenntnis bzw. der Kommunikation gesichert? Auf Frage (a) läßt sich im Rahmen aller drei Ansätze eine Antwort finden: Alle sind imstande (zwar mit unterschiedlichen formalen Mitteln und unter teilweise unterschiedlichen Voraussetzungen, aber unter Beibehaltung der Richtlinien der TO-modularen kognitiven Linguistik) solche "Ähnlichkeitsverhältnisse" systematisch aufzudecken, die etwa, in traditioneller Terminologie, die Erscheinungen der Synonymie, die Teil-Ganzes-Relation, Kontrast, Unter- bzw. Überordnung, Paraphrase, Metonymie usw. umfassen. Anders steht es aber mit Frage (b).

---

3   Inwieweit die globale Annahme berechtigt ist, wonach wissenschaftliche TO-Begriffe grundsätzlich Familienähnlichkeitsbegriffe sind, ist allerdings fraglich. In dieser Hinsicht wird eine Differenzierung in Kertész (1990d) vorgenommen.

Während z.B. Jackendoff einen direkten Anschluß zwischen dem konzeptuellen und dem grammatischen Modul annimmt und Nunberg Operationen definiert, die die einzelnen Mitglieder einer Begriffsfamilie direkt verbinden, geht Bierwisch von der Hypothese der Existenz eines autonomen Bereichs der *semantischen Repräsentation* aus, wobei die einzelnen Elemente der Begriffsfamilie nur durch die Vermittlung dieser Ebene miteinander in Beziehung gesetzt werden. Im Gegensatz zu den Versuchen Jackendoffs und Nunbergs wird dadurch der Tatsache, daß Bedeutungen — trotz ihrer Variabilität — in irgendeinem Sinne relativ stabil sind, Rechnung getragen.[4] In Einklang damit wollen wir im Rahmen des konzeptuellen TM-Moduls das genannte Grundproblem der TO-Begriffsexplikationen mit den Mitteln der Bierwischschen Theorie zu lösen versuchen.

In den bisher vorliegenden Ansätzen zur Erfassung der Natur von TO-Begriffsexplikationen besteht Einhelligkeit über die intuitive Charakterisierung des TO-Explikandums und des TO-Explikats: Ersteres wird nach allen Auffassungen als ein *vager*, letzteres als ein *exakter* TO-Begriff bestimmt, wobei das TO-Explikat das TO-Explikandum ersetzen soll.

Worin sich die gängigen Ansätze hingegen beträchtlich unterscheiden, ist die Charakterisierung des Verhältnisses zwischen TO-Explikandum und TO-Explikat. Die erste Auffassung, die hier kurz erwähnt werden soll, wird vor allem von Carnap, Quine und Reichenbach vertreten und läßt sich in Form der Behauptung anführen, daß TO-Explikandum und TO-Explikat voneinander in semantischer Hinsicht unabhängig sind:

> Sehr häufig sieht sich ein Forscher veranlaßt, einen Begriff als Explikat vorzuschlagen, der vom alltäglichen Begriff ziemlich stark abweicht. Carnap - Stegmüller (1959: 14).

Die zweite Auffassung, die vor allem Tarski und Goodman formuliert haben, fordert dagegen, daß TO-Explikandum und TO-Explikat synonym sein müssen:

> The desired definition does not aim to specify the meaning of a familiar word used to denote a novel notion; on the contrary, it aims to catch hold of the actual meaning of an old notion. Zit. nach Hanna (1968: 28)

J. F. Hanna versucht schließlich, indem er auf die Unzulänglichkeit beider Auffassungen hinweist, die Annahme zu begründen, daß zwischen der Bedeutung des TO-Explikandums und der des TO-Explikats eine Art Ähnlichkeit bestehe, die zwar von Carnap angedeutet, aber durch die Annahme ihrer Unabhängigkeit wesentlich abgeschwächt wurde. Trotz der Unterschiede verfügen diese drei Stellungnahmen aber über die gemein-

---

4    Allerdings reichen diese Bemerkung natürlich nicht aus, um die Gemeinsamkeiten und Unterschiede zwischen dem Ansatz von Bierwisch und den Ansätzen von Jackendoff und Nunberg darzustellen. Auf eine präzisere Analyse kann hier nicht eingegangen werden. Siehe dazu z.B. Reis (1985).

same Basis, wonach das Verhältnis zwischen TO-Explikandum und TO-Explikat ein *semantisches* ist. Die *Standardauffassung* über die TO-Begriffsexplikationen besagt also folgendes:

(ST3)(a)     Das TO-Explikat is ein *exakter* Ausdruck.

  (b)     Das TO-Explikandum ist ein *vager* Ausdruck.

  (c)     Zwischen dem TO-Explikandum und dem TO-Explikat besteht ein *semantisches* Verhältnis.

Wir werden hingegen für folgende Hypothese argumentieren:[5]

(T4)(a)     Exaktheit ist *kein konstitutives* Merkmal des TO-Explikats in der generativen Syntax.

  (b)     Das Grundmerkmal des TO-Explikandums ist nicht seine Vagheit, sondern seine *semantische Unterdeterminiertheit*.

  (c)     TO-Explikation in der generativen Syntax ist die Spezifikation von *konzeptuellen* TO-Prinzipien, die verschiedene Mitglieder einer TO-Begriffsfamilie angeben.

Durch den Nachweis von (T4) soll das Grundproblem der Begriffsbildung im Hinblick auf die TO-Explikationen der generativen Syntax gelöst werden.[6]

---

5     Unter "Exaktheit" werden wir im folgenden, in Einklang mit der gewöhnlichen Deutung dieses Terminus, die Kalkülisierbarkeit eines TO-Begriffs verstehen. "Vagheit" soll die Unschärfe von TO-Begriffen bezeichnen, d. h. solche Fälle, wo ein bestimmtes Objekt weder in die Extension eines Prädikats gehört, noch davon ausgeschlossen wird. Mit "semantischer Unterdeterminiertheit" soll — wie auch aus den Ausführungen im Abschnitt 2.4 über das Problem der Regelbefolgung hervorgeht — die Erscheinung bezeichnet werden, daß die Kenntnis der semantischen Eigenschaften eines Ausdrucks zur Erschließung seiner möglichen Interpretationen nicht ausreicht. Unter "Mehrdeutigkeit" wird schließlich eine Reihe von alternativen Interpretationsmöglichkeiten auf der semantischen Ebene verstanden. Die Annahme, daß Explikanda weder durch "Vagheit" noch durch "Mehrdeutigkeit", sondern durch "semantische Unterdeterminiertheit" gekennzeichnet sind, soll nicht implizieren, daß in eine wissenschaftliche Theorie keine vagen oder mehrdeutigen Prädikate Eingang finden können. Wir nehmen aber aufgrund des Abschnitts 2.4 an, daß — da Regelbefolgen durch rein sprachliche Gegebenheiten grundsätzlich unterdeterminiert ist — Unterdeterminiertheit auch bei den fruchtbaren TO-Explikationen der generativen Grammatik eher die Regel als die Ausnahme darstellt. Dies ist übrigens keine theoretische Schlußfolgerung, sondern eine empirische Annahme, die durch Fallstudien untermauert werden kann.

6     Auf der einen Seite versteht sich von selbst, daß (T4)(a)-(c) mit den oben zusammenfassend angeführten Annahmen (i)-(iii), die durch die Überlegungen in den Kapiteln 1 und 2 nahegelegt wurden, konsistent sind. Auf der anderen Seite läßt sich die Frage, inwiefern sie stichhaltig sind, nur empirisch entscheiden. Daher werden die Argumente für (T4)(a)-(c) durch detaillierte Fallstudien, die im Anhang angeführt sind, unterstützt.

## 3.2 Explikation und Exaktheit

Bezieht man (T4)(a) auf die herkömmliche wissenschaftstheoretische Auffassung, wonach die Aufgabe der Wissenschaftstheorie die Ermittlung von Adäquatheitskriterien, d.h. von notwendigen und/oder hinreichenden Bedingungen für korrekte TO-Explikationen ist, dann erweist sie sich eindeutig als unhaltbar. Denn die konstitutive Eigenschaft von TO-Explikaten ist nach Auffassung der Analytischen Wissenschaftstheorie und auch nach Auffassung der Hermeneutik *per definitionem* die Exaktheit; streitet man dem TO-Explikat diese Eigenschaft ab, so hat man nicht mit einer TO-Explikation, sondern mit einer anderen Erscheinung zu tun.[7] Wenn man aber Wissenschaftstheorie als eine empirische Einzelwissenschaft auffaßt, spielen Annahmen über die Kriterien für korrekte TO-Explikationen keine Rolle; es geht ausschließlich darum, wie die Erscheinungen, die in einer bestimmten Gemeinschaft zu einer bestimmten Zeit als TO-Explikationen gelten, zu beschreiben und zu erklären sind. Sollte sich dabei herausstellen, daß Exaktheit keine konstitutive Eigenschaft von TO-Explikationen ist, so würde dies nicht die Konsequenz nach sich ziehen, daß es sich hier um eine andere Erscheinung handelt.

Selbst in diesem Fall bleibt aber die Frage nach der Identifikation des Untersuchungsobjekts offen.[8] Um die Frage beantworten zu können, woher der empirisch verfahrende Wissenschaftstheoretiker weiß, ob die Erscheinung, deren Struktur er aufdecken will, eine Explikation ist oder nicht, soll kurz Carnaps Charakterisierung von TO-Explikationen herangezogen werden:

> 1. Das Explikat muß dem Explikandum so weit ähnlich sein, daß in den meisten Fällen, in denen bisher das Explikandum benutzt wurde, statt dessen das Explikat verwendet werden kann. Eine vollständige Ähnlichkeit wird jedoch nicht gefordert; es werden sogar beträchtliche Unterschiede zugelassen.
> 2. Die Regeln für den Gebrauch des Explikates müssen in exakter Weise gegeben werden, so daß das Explikat in ein wohlfundiertes System wissenschaftlicher Begriffe eingebaut wird.
> 3. Das Explikat soll fruchtbar sein, d.h. die Formulierung möglichst vieler genereller Aussagen gestatten. ...
> 4. Das Explikat soll so einfach als möglich sein... Carnap - Stegmüller (1959: 15)

Die strukturellen Eigenschaften 1 und 2 können, wie oben gezeigt wurde, nicht als

---

7    Daß Exaktheit nicht nur im Sinne der Analytischen Wissenschaftstheorie, sondern auch der Hermeneutik konstitutiv für TO-Explikationen ist, bezeugt etwa Itkonens Ansatz zu diesem Problem, vgl. Itkonen (1978: 301 ff.).

8    Die Antwort, wonach dies aufgrund von paradigmatischen Beispielen und einer Ähnlichkeitsrelation im Sinne Wittgensteins geschehen soll, ist zwar natürlich in Einklang mit unseren Annahmen, sie ist aber, auf diesen Hintergrund bezogen, trivial und gibt deshalb keinen brauchbaren Anhaltspunkt zur praktischen Analyse von TO-Explikationen in der Rektions- und Bindungstheorie.

Anhaltspunkt dienen: Eigenschaft 1 wurde bereits im Rahmen der herkömmlichen Wissenschaftstheorie als problematisch bzw. umstritten angesehen, und Eigenschaft 2 widerspricht der Annahme (T4)(a), für die wir im späteren plädieren wollen. Eigenschaft 4 ist nicht spezifisch für TO-Explikationen, sie stellt vielmehr die Manifestation eines allgemeinen Kohärenzprinzips dar und wird von Carnap selbst als unwesentlich bewertet:

> Die Eigenschaft der Einfachheit ist jedoch nicht von ausschlaggebender Bedeutung; auch sehr komplizierte Begriffe erweisen sich oft als äußerst fruchtbar. Carnap - Stegmüller (1957: 15)

Was übrig bleibt, ist die Eigenschaft der *Fruchtbarkeit*.[9] Daß diese Art der Fruchtbarkeit ein heuristischer Indikator des Vorhandenseins von Explikationen in der generativen Syntax ist und tatsächlich als das primäre Identifikationskriterium von TO-Begriffsexplikationen dient, wird in zahlreichen Beiträgen bezeugt: Stellvertretend soll etwa auf Höhle (1982) sowie auf die Diskussion zwischen M. Reis und W. Sternefeld über den Subjektbegriff (Reis 1982, Sternefeld 1985) als plausible Beispiele hingewiesen werden.

Das Untersuchungsmaterial der nachfolgenden Überlegungen bilden die lexikalischen TO-Einheiten, die in der Rektions- und Bindungstheorie auftreten und — im Sinne des Kriteriums der Fruchtbarkeit — zu Erklärungszwecken verwertet werden. Es wurden etwa folgende lexikalische TO-Einheiten der generativ-grammatischen Wissenschaftssprache ausgewertet (wobei allerdings, um die späteren Erwägungen im Abschnitt 5.3 vorzubereiten, auch eine kurze Aufzählung einiger TO-Lexeme der Standardtheorie angegeben wird):

*Das TO-Lexikon der Standardtheorie:*
> Tochter, Schwester, Oberfläche, tief, Baum, generativ, zugrundeliegend, Anhebung, zyklisch, Kopf, Kern, Knoten usw.;

*Das TO-Lexikon der Rektions- und Bindungstheorie:*
> Spur, Filter, konfigurational, kommandieren, kontrollieren, regieren, Barriere, binden, Bedingung, Restriktion, Koreferenz, (S-)Modul, (S-)Prinzip usw.

Alle Elemente dieser zwei Gruppen sind dadurch gekennzeichnet, daß sie sowohl über nicht-wissenschaftliche als auch über wissenschaftliche Interpretationen verfügen.[10]

---

9    Die Annahme, daß TO-Begriffsexplikationen dem Zweck der Formulierung von Verallgemeinerungen, der Lösung von Problemen oder der Ermittlung von Erklärungen dienen, ist bereits bei der Problemstellung im Abschnitt 0.1 als eine intuitive Vorentscheidung betrachtet worden und liegt der Gesamtproblematik der vorliegenden Arbeit zugrunde. Daß dieses Problem an dieser Stelle wieder aufgegriffen wurde, zieht die Zirkularität der Argumentation nicht nach sich.

10    Dabei ist allerdings zu bemerken, daß es zwischen den beiden Begriffsapparaten zahlreiche Überlappungen gibt: TO-Begriffe wie "Kopf", "Schwester", "Anhebung (raising)" usw. gehören beiden Gruppen an.

Wie K. Riley nachgewiesen hat, besteht ein wesentlicher Unterschied zwischen dem TO-Begriffsapparat der Standardtheorie und der Rektions- und Bindungstheorie darin, daß ihre nicht-wissenschaftlichen Bedeutungen unterschiedlichen Bereichen angehören (Riley 1987). Während die TO-Begriffe der Standardtheorie dem Gebiet des durch Kreativität, Dynamismus und Freiheit gekennzeichneten beobachtbaren Verhaltens des Menschen sowie physikalischen Objekten zugewisen werden können, beziehen sich die nicht-wissenschaftlichen Verwendungsweisen der TO-Begriffe der Rektions- und Bindungstheorie auf abstrakte gesellschaftliche Verhältnisse, denen Einschränkungen bzw. Restriktionen des Verhaltens zugrundeliegen. Nach der herkömmlichen Auffassung von TO-Explikationen wären die in dieser Weise charakterisierten nicht-wissenschaftlichen Verwendungen der oben aufgezählten TO-Ausdrücke die TO-Explikanda und ihre — im Rahmen des jeweiligen theoretischen Ansatzes — exakt festgelegten generativ-grammatischen Deutungen die TO-Explikate. Inwiefern dem zuzustimmen sei, wenn man den *tatsächlichen* Gebrauch von TO-Lexemen in der generativen Grammatik untersucht, ist allerdings fraglich. Man kann nämlich unzählige Beispiele dafür finden, daß ein gewisses TO-Lexem zwar fruchtbar ist, indem es in TO-Erklärungen Eingang findet, aber nicht kalkülisiert werden kann und daher nicht als exakt angesehen werden darf.

Ein herausgegriffenes paradigmatisches Beispiel könnte etwa "c-Kommando" in Reinhart (1983, 1983a) sein. Die Autorin führt dieses TO-Lexem in einem bestimmten Sinne — also in Form eines bestimmten TO-Explikats — in gewisse Verallgemeinerungen ein, um der Anapherproblematik Rechnung zu tragen. Dabei stellt sie fest, daß die "gebundene Anapher" Parallelitäten mit einer Reihe von anderen Strukturen aufweist. Diese Erkenntnis, die der von ihr eingeführten Interpretation von "c- Kommando" zu verdanken ist, führt auf der einen Seite zu der gewünschten TO-Erklärung. Doch auf der anderen Seite kann sie mit Hilfe der Festlegung dieser Interpretation die *S-Regel*, die der Parallelität zugrunde liegt, nicht konsistent ausformulieren — alles was sie tun kann, ist das Aneinanderreihen von parallelen Beispielsätzen. Da man dementsprechend nicht von Kalkülisierbarkeit sprechen kann, ist das TO-Explikat zwar fruchtbar, aber nicht exakt.[11] Linguisten, die im Rahmen der Rektions- und Bindungstheorie arbeiten, werden wohl der Annahme uneingeschränkt zustimmen, daß die an Hand dieses Beispiels illustrierte Situation eher die Regel als die Ausnahme sein dürfte. Es gibt mehrere Dutzend TO-Explikate der zentralsten TO-Lexeme der Rektions- und Bindungstheorie — wie etwa "c-Kommando", "Rektion", "Bindung" usw. —, die nur in bestimmten Kontexten und nur auf

---

11    Dieses oberflächliche Beispiel dient lediglich dem Zweck der Illustration. Im Anhang werden allerdings zwei verhältnismäßig detaillierte Fallstudien angegeben ("Gebundene Anapher und c-Kommando" bzw. "Ist das Deutsche konfigurational?", Abschnitt 7.2), die dafür sprechen, daß Exaktheit weder eine notwendige, noch eine hinreichende Bedingung für TO-Explikate ist. Nicht dieses Beispiel, sondern die beiden Fallstudien sind als empirische Argumente für die These (T4)(a) zu interpretieren — allerdings mit den Vorbehalten, die dort genannt werden.

bestimmte Erscheinungen anwendbar sind, wobei es immer wieder der Fall ist, daß gewisse mit dem gegebenen TO-Explikat nicht verträgliche Annahmen eine Kalkülisierbarkeit von vornherein verhindern. Trotzdem lassen sich diese TO-Explikate zu TO-Erklärungszwekken auf eine fruchtbare Weise verwerten. Wenn also das Identifikationskriterium für TO-Explikationen die Fruchtbarkeit ist, spricht die wissenschaftliche Praxis dafür, daß Exaktheit kein konstitutives Merkmal von TO-Explikaten sein kann.

Dieselben Fakten scheinen auch die Annahme nahezulegen, daß es sich beim TO-Explikandum nicht um Vagheit handelt. Wenn man, sagen wir, mit einer TO-Behauptung wie "X c-kommandiert Y" zu tun hat, in der "c-Kommando" zwei verschiedenen TO-Explikationen zugänglich ist, kann man nicht behaupten, daß dieses TO-Lexem in seinem vorexplikativen Sinn vage ist, denn es kann nicht gesagt werden, daß der Übergang zwischen zwei möglichen Interpretationen stufenlos stattfindet. Es ist auch nicht mehrdeutig, denn es handelt sich nicht um die Wahl zwischen den *in der Semantik* dieses TO-Lexems bereits vorhandenen Alternativen. Vielmehr geht es darum, daß ein TO-Lexem, das einen Freiraum für die relativ zum TO-Kontext anzugebenden Varianten offen läßt, durch die Auswahl einer möglichen Variante spezifiziert wird: Diese Variante ist etwa im Falle von Chomsky (1981) eine Relation zwischen zwei Knoten in einem Strukturbaum, im Falle von Williams (1987, 1987a) eine Relation zwischen zwei Thetarollen. (Siehe die Fallstudie "Die Begriffsfamilie 'c-Kommando'" im Anhang.) Da die Quelle für die Variabilität der Interpretationen offenbar nicht in der Semantik des TO-Lexems liegt, ist anzunehmen, daß das TO-Explikandum *semantisch unterdeterminiert* ist. Damit sind wir beim nächsten Problem angelangt: Wie lassen sich die in die generative Syntax eingeführten TO-Explikanda bzw. TO-Explikate positiv charakterisieren, wenn erstere weder vage noch ambig sind, und beim letzteren Exaktheit kein konstitutives Merkmal ist? Die Antwort soll, wie im Abschnitt 3.1 angekündigt, aus ihrer Analyse mit den Mitteln der modularen theoretischen Linguistik hervorgehen.

## 3.3 Zur Struktur von Begriffsexplikationen

Es seien nun einige Grundannahmen zur konzeptuellen Struktur von TO-Lexemen angeführt. Richtunggebend dabei sind die Konsequenzen, die aus der Anwendung von (WMH) auf Bierwisch (1983) und (1983a) resultieren. Wir beschränken uns lediglich auf diejenigen Aspekte, die zur Klärung des Problems der konzeptuellen TO-Repräsentation von TO-Explikationen in der generativen Syntax unbedingt notwendig sind — auf eine umfassende Darstellung der konzeptuellen Struktur generativer TO-Theorien wird verzichtet.

Die TO-Repräsentationen von Instanzen wissenschaftlicher Begriffsbildung werden in erster Näherung, die in den nachfolgenden Kapiteln weiter zu ergänzen sein wird, durch die Interaktion zweier TO-Module wesentlich bestimmt.[12] Der erste ist die Grammatik, der seinerseits aus den TO-Submodulen des phonologischen, morphosyntaktischen und semantischen Systems besteht. Wenn $M_g$ das System der TO-Elemente und der TO-Regeln einer Wissenschaftssprache ist, dann existiert eine Menge $L(M_g)$ der durch $M_g$ determinierten TO-Repräsentationen, wobei $M_g$ auf den TO-Prinzipien einer "Universalgrammatik" *UG* beruht. Der zweite TO-Modul ist das System $M_c$ von konzeptuellen TO-Einheiten und TO-Regeln, das die begrifflich strukturierte Umwelterfahrung in Form von mentalen Modellen (etwa im Sinne von Bierwisch 1987, Johnson-Laird 1980, 1983) der Umwelt umfaßt.[13] Dabei determiniert $M_c$ eine Menge $M(M_c)$ von möglichen konzeptuellen TO-Repräsentationen. $M_c$ beruht weiterhin auf einem System *UC* von allgemeinen TO-Prinzipien. Im allgemeinen bestimmt $M_g$ im Falle einer jeden Art sprachlicher Instanz ihre phonetischen ($P$), morpho-syntaktischen ($S$) und semantischen ($B$) TO-Repräsentationen, die auf eine kontextabhängige Weise ($KO$) die konzeptuellen TO-Repräsentationen ($K$) angeben:

$$(1) \qquad \underbrace{((P,\ S,\ B)}_{M_g}\ \underbrace{KO,\ K)}_{M_c}$$

Sind die ins Auge gefaßten Instanzen Äußerungen, so geht es um ein analoges Verhältnis zwischen den durch $M_g$ bestimmten phonologischen (*phon*), morphosyntaktischen (*syn*) und semantischen (*sem*) TO-Repräsentationen einerseits und dem von $M_c$ determinierten TO-Kontext ($c_t$) und der Äußerungsbedeutung ($m$) andererseits:

$$(2) \qquad \underbrace{((phon,\ syn,\ sem)}_{M_g}\ \underbrace{ct,\ m)}_{M_c}$$

---

12    Da Begriffsfamilien sowohl unter konzeptuellem als auch unter soziologischem Aspekt untersucht werden können, beschränken wir uns hier, in Einklang mit der im Abschnitt 2.5 formulierten Strategie, auf den erstgenannten Gesichtspunkt (wobei die Frage, inwieweit soziologische Faktoren die Resultate dieser Untersuchungen modifizieren, stets vor Augen gehalten werden muß); deshalb werden wir hier den TO-Modul der sozialen Interaktionen nicht behandeln, obwohl dieser in Bierwischs Theorie das dritte, den angeführten Strukturen wesentlich zugrunde liegende System ist. Ferner ist darauf aufmerksam zu machen, daß zwischen dem soziologischen Ausgangspunkt Wittgensteins und der psycholinguistisch ausgerichteten kognitiven Linguistik im Hinblick auf die lexikalische Bedeutung ein wesentlicher Berührungspunkt zu beobachten ist: Auch die Theorie Manfred Bierwischs geht von der prinzipiellen Unterdeterminiertheit der Bedeutung aus, wobei die Existenz von Grundbedeutungen oder zentralen semantischen Komponenten unter den Mitgliedern einer Begriffsfamilie nicht anerkannt wird. Der Apparat der kognitiven Linguistik ist deshalb als ein Mittel zur Darstellung der konzeptuellen Aspekte von Familienähnlichkeitsbegriffen zu deuten.

13    Der Ausdruck "mentales Modell" wird im Abschnitt 5.3 als TM-Lexem näher erläutert.

Geht es um das lexikalische Teilsystem einer Wissenschaftssprache, so wird angenommen, daß die grammatisch determinierten *TO-Lexikoneinträge* Informationen über die phonologischen (*PHON*), morphosyntaktischen (*SYN*), und semantischen (*SEM*) TO-Repräsentationen von lexikalischen TO-Einheiten enthalten:

(3)       $LE = (\underbrace{(PHON,\ SYN,\ SEM)}_{Mg}\ \underbrace{ct,\ CON}_{Mc})$

Diese Informationen stehen in einem systematischen Zusammenhang mit dem Interpretationskontext *ct* und den TO-Repräsentationen konzeptueller TO-Einheiten *CON*. Wenn wir unter *[CON]* all die konzeptuellen Strukturen verstehen, die — im idealen Fall — einer Person zugänglich sind, und *[CONL]* die Untermenge bezeichnet, deren Elemente *CONL* lexikalisiert sind, d.h. in systematischer Weise an die TO-Repräsentationen von lexikalischen TO-Einheiten gebunden sind, dann ist im weiteren mit TO-Begriff ein Element von *[CONL]*, d.h. eine mögliche konzeptuelle TO-Repräsentation einer lexikalischen TO-Einheit gemeint:

(4)       *TO-Begriffe* sind Elemente von *[CONL]*.

Es gilt weiterhin:

(5)       Ein TO-Begriff wird durch das Schema *($k_i$ ($P_1$,..., $P_n$))* festgelegt, wo *k* eine konzeptuelle Kategorie ist und *($P_1$, ..., $P_n$)* die TO-Prinzipien darstellen, die die Repräsentationen des Systems $M_c$ determinieren.

Die konzeptuellen Kategorien beziehen sich auf die Ontologie von $M_C$, wonach die die Umwelterfahrung repräsentierenden TO-Begriffe als Individuen, Ereignisse, Tatsachen, Eigenschaften usw. klassifiziert werden; zu ihrer Beschreibung eignet sich eine lambda-kategoriale Sprache. Wenn wir jetzt zum Zweck der Illustration von der durch (WMH) nahegelegten Ebenenrelativierung absehen, so dienen die genannten Prinzipien im allgemeinen zur kohärenten Organisation von Umwelterfahrung dadurch, daß sie die Begriffe miteinander systematisch verbinden. Solche angeborenen konzeptuellen Prinzipien sind etwa die raumstrukturierenden Prinzipien, die ein System von Koordinaten, Orientierungsbedingungen wie Vertikalität, Innen vs. Außen usw. sowie Maß- und Vergleichsoperationen festlegen (Bierwisch 1983: 65, Lang 1987). Ein Beispiel für erworbene Prinzipien sind die den sozialen Raum strukturierenden Prinzipien, die Dimensionen sozialer Beziehungen, soziale Institutionen und Handlungszwecke festlegen. Die meisten konzeptuellen Prinzipien sind aber Resultat von Angeborenem und Erworbenem.[14]

Die Elemente von *[SEM]* lassen sich ebenfalls mit einer lambda-kategorialen Sprache sowie der semantischen Komponentanalyse beschreiben.[15] Wenn *[SEM_L]* die Menge der lexikalisierten semantischen TO-Repräsentationen einer Sprache, und $SEM_L$ ein Element dieser Menge ist, dann soll unter der *Bedeutung* einer lexikalischen TO-Einheit die Tripel

(6)              $(SEM_L, CON_L, F)$

verstanden werden, wo $SEM_L$ und $CON_L$ die bereits genannten Repräsentationen sind, und $F$ diejenige Funktion ist, die die Beziehung zwischen ihnen auf eine im folgenden zu spezifizierende Weise herstellt. Da dadurch $SEM_L$ eine Verbindung zwischen $M_g$ und $M_c$ anknüpft, wird angenommen, daß es einem selbständigen TO-Modul angehört.[16] Eine solche Bestimmung wird der semantischen Unterdeterminiertheit von lexikalischen TO-Einheiten insofern gerecht, als das, was man intuitiv ihre Bedeutung nennt, sich nicht semantisch gestaltet, sondern aus der *Interaktion semantischer und konzeptueller Faktoren hervorgeht*, wobei aber die konzeptuellen Gegebenheiten die ausschlaggebende Rolle spielen.[17]

Die semantische TO-Repräsentation $SEM_L$ von TO-Lexikoneinträgen determiniert eine Familie von konzeptuellen Einheiten, d.h. eine Untermenge von *[CON_L]*, die als mögliche Interpretationen für $SEM_L$ dienen. Wir erhalten dadurch eine *Begriffsfamilie:*

(7)              Eine TO-*Begriffsfamilie* ist eine (nichtleere) Untermenge $BF = (CON_L^1,..., CON_L^n)$ von *[CON_L]*, so daß

(a)              ein jedes Element $CON_L^i$ dieser Untermenge eine Funktion desselben Elements $SEM_L$ von *[SEM_L]* ist, und

---

14      So auch diejenigen, die — wie wir sehen werden — den konzeptuellen Aspekten von TO-Explikationen in der generativen Syntax zugrunde liegen.

15      Einzelheiten hierzu siehe in Bierwisch (1983).

16      Diese Annahme ist äußerst problematisch, weil die Argumente, die in den Schriften Bierwischs für diese Hypothese angeführt werden, keinesfalls zwingend sind (für Gegenargumente s. Reis 1985). Auf diese Probleme können wir hier nicht eingehen, weil sie ganz allgemeine Schwierigkeiten einer jeden Art T-modularer Theoriebildung sind und am Wesen unseres Grundproblems vorbeiführen würden. Für die Gesichtspunkte, die zur Entscheidung der Frage, ob eine bestimmte Repräsentationsebene einen relativ autonomen Modul darstellt oder nicht, vgl. Bierwisch - Lang (1987) sowie Abschnitt 6.2.1.

17      Für eine zusammenfassende Bewertung des Anteils von "Semantischem" und "Konzeptuellem" an der "Bedeutung" von Lexemen siehe Reis (1985: 11 f.)

(b)       *BF* durch die Menge von konzeptuellen TO-Prinzipien *($P_1$, ..., $P_n$)* strukturiert ist.

Nun können wir präzisieren, was unter der semantischen Unterdeterminiertheit von lexikalischen TO-Einheiten eigentlich verstanden werden soll:

(8)       Eine lexikalische TO-Einheit ist *semantisch unterdeterminiert*, wenn es eine Funktion *F'* gibt, die ihre semantische TO-Repräsentation *$SEM_L$* einer TO-Begriffsfamilie *BF* zuordnet, wobei *BF* mehr als ein Element enthält.

Es soll eine Funktion *F* geben, die aus dieser TO-Begriffsfamilie relativ zum TO-Kontext *ct* eine TO-Einheit als eine Interpretation von *$SEM_L$*, d.h. einen voll spezifizierten TO-Begriff auswählt:

(9)       $F(SEM_L, ct) = CON_L{}^i$

wobei *$CON_L{}^i$* Element von *($CON_L{}^1$, ..., $CON_L{}^n$)* ist. *$CON_L{}^i$* ist dann die *kontextspezifizierte Interpretation* von *$SEM_L$* und *entspricht der konzeptuellen TO-Repräsentation eines TO-Lexems relativ zu einem TO-Kontext.*

Wenn nun *F* die Funktion ist, die *$SEM_L$* einem Element einer solchen TO-Begriffsfamilie zuordnet, dann läßt sich das im Abschnitt 3.1 angedeutete Grundproblem der Begriffsbildung auf die Charakterisierung dieser Funktion durch die Festlegung konzeptueller TO-Prinzipien, die die Elemente einer TO-Begriffsfamilie miteinander verknüpfen, reduzieren.

Dabei sind drei konzeptuelle Prinzipien, die wir hier wieder auf die TO-Ebene relativieren wollen, zentral: Die *konzeptuelle Verschiebung*, die solche Interpretationen eines Ausdrucks ergibt, die auf verschiedene begriffliche Bereiche projiziert werden; die *konzeptuelle Differenzierung*, die zwar ebenfalls zu verschiedenen Varianten führt, diese aber fallen, im Gegensatz zu der konzeptuellen Verschiebung, unter denselben "Oberbegriff", d.h. bleiben im Rahmen desselben konzeptuellen Bereichs; die *konzeptuelle Selektion* schließlich betrifft die Interaktion von begrifflichen Strukturen, ausgelöst durch die beiden erstgenannten Prinzipien, insofern diese Strukturen unter bestimmten kontextuellen Bedingungen aufeinander bezogen werden.

Demnach sind semantische TO-Repräsentationen von lexikalischen TO-Einheiten dadurch gekennzeichnet, daß sie keine "Grundbedeutung" aufweisen bzw. kein invariantes Bedeutungselement auszeichnen, das in Abhängigkeit von kontextuellen Faktoren in die jeweiligen kontextspezifischen Bedeutungen überführt werden könnte. Semantische Repräsentationen *SEM* sind insofern "leer", als sie einen Freiraum für die Durchführung von konzeptuellen Prinzipien enthalten, die letzten Endes die einzelnen Interpretationen ergeben. Andererseits aber stellen sie einen festen Bezugspunkt für die Elemente einer Konzeptfamilie dar, weil diese untereinander nicht direkt verknüpft sind, sondern nur durch die *Vermittlung* der semantischen TO-Repräsentation, die dementsprechend eine *Schnittstelle* zwischen $M_g$ und $M_c$ darstellt, miteinander in Beziehung gesetzt werden.

Wertet man diese Annahmen im Hinblick auf die TM-Ausdrücke "TO-Explikat" und "TO-Explikandum" aus, so ergibt sich unmittelbar die unter (T4)(b) im Abschnitt 3.1 angegebene Behauptung. *Das TO-Explikandum läßt sich demnach mit der zunächst unspezifizierten semantischen TO-Repräsentation $SEM_L$ gleichsetzen* — dadurch erscheint das TO-Explikandum nicht als ein vager Ausdruck, sondern als die Manifestation der semantischen Unterdeterminiertheit. Die Identifikation von $SEM_L$ mit dem TO-Explikandum trägt offenbar der heuristischen Annahme Rechnung — die auch der klassischen Charakterisierung von TO-Explikanda zugrundeliegt —, daß das, was einer "Explikation" bedarf, nicht eine bestimmte Interpretation ("Bedeutung") eines TO-Lexems ist, sondern etwas, was in einem gegebenen TO-Kontext gerade deshalb nicht angemessen fungieren kann, weil es nicht voll spezifiziert ist.[18] Es ist eben die volle Spezifizierung eines Begriffs, d.h. seine vom Gerüst der Theorie, das als der TO-Kontext *ct* fungiert, festgelegte Interpretation, was benötigt wird. *Das TO-Explikat ist das durch die Funktion F (die sich in Form der erwähnten konzeptuellen TO-Prinzipien manifestieren kann) relativ zu einem TO-Kontext $ct_i$ ausgewählte Element der Begriffsfamilie, die $SEM_L$ durch F' zugeordnet bekommt. TO-Explikation ist demnach nichts anderes als die Bestimmung der Funktion F.* Weiterhin ist der TO-Kontext *ct* die konzeptuelle TO-Repräsentation der Umgebung, in der ein TO-Lexem expliziert wird, und die weitere TO-Begriffe, den gegebenen wissenschaftlichen Argumentationszusammenhang, die zur Argumentation herangezogenen Daten usw. umfaßt.[19] Wenn wir "TO-Explikandum" mit $E_m$, "TO-Explikat" mit $E_t$ und "TO-Explikation" mit $E_n$ abkürzen, besteht der folgende einfache Zusammenhang:

---

18    *F* sollte mit *F'* nicht verwechselt werden. *F* ist eine Funktion, die *SEM* einer bestimmten konzeptuellen TO-Repräsentation zuordnet, während *F' SEM* auf eine ganze TO-Begriffsfamilie, d.h. auf die Gesamtheit der einem TO-Lexem zugewiesenen konzeptuellen TO-Repräsentationen abbildet.

An dieser Stelle wird auch ersichtlich, worin der Fehler der traditionellen Auffassung liegt: Die intuitiv durchaus gerechtfertigte Beobachtung, daß es sich bei einem TO-Explikandum um etwas "Unspezifiziertes" und beim TO-Explikat um etwas "Festes" oder "Spezifisches" handelt, wurde fälschlicherweise mit der Gegenüberstellung von "Vagheit" auf der einen und "Exaktheit" auf der anderen Seite identifiziert. Unser Lösungsvorschlag wird derselben Intuition durch eine vollkommen andersartige Charakterisierung des TO-Explikandums und des TO-Explikats gerecht.

19    Was genau unter "Kontext" auf der TO-Ebene zu verstehen ist, kann erst durch die Festlegung der soziologisch fundierten TO-Prinzipien der wissenschaftlichen Begriffsbildung geklärt werden. Dies wird im Kapitel 5 erfolgen.

(10) $E_n (E_m, ct_t) = E_t$

wobei $E_m$ Element von *[SEML]*, $E_t$ Element von *[CONL]*, $ct_t$ ein TO-Kontext, und $E_n$ die Funktion $F$ ist. Inwieweit diese Darstellung von TO-Explikaten, TO-Explikanda und ihres Verhältnisses aufrecht erhalten werden kann, hängt allerdings davon ab, ob man imstande ist, überzeugende Fallstudien anzuführen, die stellvertretend für umfangreiche empirische Analysen der wissenschaftlichen TO-Begriffsverwendung sein könnten. (Die Ausbuchstabierung eines paradigmatischen Beispiels in der Fallstudie "Die Begriffsfamilie 'c-Kommando'" befindet sich im Anhang, Abschnitt 7.2)

Da das TO-Prinzip der konzeptuellen Selektion nicht auf einzelnen TO-Lexemen operiert, sondern bei der Verknüpfung von TO-Lexemen eine ausschlaggebende Rolle spielt, gehört sie nicht in den Problembereich der TO-Begriffsexplikation. Deshalb wird sie erst bei der Beantwortung der Frage, wie TO-Explikate in wissenschaftlichen TO-Erklärungen mit anderen Bestandteilen der TO-Erklärung interagieren, interessant (Kapitel 4).

Es ergibt sich allerdings die Notwendigkeit der Berücksichtigung einer weiteren konzeptuellen Operation. Erstens sind nämlich die meisten durch TO-Explikation eingeführten Begriffe der generativen Linguistik — so auch der c-Kommando-Begriff — metaphorischen Ursprungs (vgl. Riley 1987). Zweitens zeugt das oben genannte Beispiel "c-Kommando" davon, daß solche TO-Begriffe konzeptuell differenzierbar und verschiebbar sind.[20] Drittens betont Bierwisch ausdrücklich, daß die Operationen der konzeptuellen Verschiebung, Differenzierung und Selektion für die "wörtlichen" Bedeutungen eines Ausdrucks, nicht aber für seine metaphorischen Interpretationen kennzeichnend sind. Daraus folgt, daß TO-Lexeme wie "c-Kommando" — nach dem Vollzug der Metaphorisierung — in der generativen Theorie so fungieren als ob sie in ihrer "wörtlichen" Bedeutung auftreten würden.[21] Da aber dementsprechend Metaphorisierungsvorgänge mit den TO-Prinzipien der konzeptuellen Differenzierung und konzeptuellen Verschiebung zusammenwirken, erhebt sich die Frage, wie sich das konzeptuelle TO-Prinzip der Metapherbildung in der generativen Grammatik darstellen läßt.

Mit Bierwisch (1979) sei angenommen, daß die "wörtliche" Bedeutung $W$ einer linguistischen Äußerung $u$ durch die Funktion $F(sem, ct_a) = m$ determiniert wird, wobei $ct_a$ ein *neutraler Kontext* ist, der dadurch gekennzeichnet ist, daß er keine mit *sem* inkonsistente Information enthält. Der Begriff der "wörtlichen" Bedeutung ist im Falle von lexikalischen Einheiten analog zu deuten, und zwar als das Resultat der Anwendung der

---

20      Siehe auch die entsprechende Fallstudie im Anhang.

21      Wir können hier auf die Auswertung der sehr reichen Literatur über die Natur von Metaphern in der Wissenschaftssprache nicht eingehen. Die hier angedeutete Konsequenz aber stimmt mit manchen Ansichten überein, die beispielsweise in Finke (1983) und Rothbart (1984) zusammengefaßt wurden.

Funktion $F(SEM, ct_a)$, die also aus der durch *SEM* determinierten Konzeptfamilie eine
Interpretation mit Hilfe der Variantenbildung relativ zu einem neutralen Kontext festlegt.
Das Wesentliche dabei ist, daß Bierwisch die metaphorische Bedeutung eines Ausdrucks
grundsätzlich aus der "wörtlichen" Bedeutung herleitet. Metaphorische Interpretationen
kommen zwar immer in nicht-neutralen Kontexten zustande, aber für jeden nicht-neutralen
Kontext $ct_a$ soll es einen "verwandtesten" neutralen Kontext $ct_a'$ geben, der die "wörtliche"
Bedeutung des Ausdrucks determiniert. Ein durch die Funktion $M(W, ct_a)$ repräsentiertes
konzeptuelles Prinzip ergibt die metaphorische Bedeutung *MB* einer Äußerung $u$ im
nicht-neutralen Kontext $ct_a$ aufgrund der "wörtlichen" Bedeutung $W$ von $u$ als die minimale
Veränderung in $W$, so daß eine konsistente *MB* entsteht.[22]

Auf die grammatische TO-Begriffsbildung bezogen laufen die genannten Fakten auf
ein ziemlich verwickeltes Verhältnis "wörtlicher" und metaphorischer Bedeutungen
hinaus: Die meisten TO-Begriffe sind metaphorischen Ursprungs, aber eine metaphorische
Bedeutung TO-*MB* beruht auf der "wörtlichen" Bedeutung S-*W* eines nicht-wissenschaftlichen S-Lexems; nachdem aber solche Metaphern in die grammatische Theorie Eingang
gefunden haben, werden sie relativ zu dem gegebenen TO-Kontext als "wörtliche" Bedeutungen TO-*W* interpretiert.[23]

## 3.4 Der Geltungsbereich der semantischen Unterdeterminiertheit

Die Annahme, daß TO-Lexeme in der theoretischen Linguistik grundsätzlich semantisch
unterdeterminiert sind, darf weder bedeuten, daß TO-Lexeme, die in einem intuitiven Sinne
als "präzis" gelten, überhaupt nicht vorkommen, noch, daß der Grad der semantischen
Unterdeterminiertheit bei allen TO-Lexemen derselbe ist. Offensichtlich gibt es beträchtliche graduelle Unterschiede unter den einzelnen TO-Lexemen hinsichtlich ihrer Fähigkeit
zur Variantenbildung (s. auch Bierwisch 1983a: 92 in bezug auf die S-Ebene). Am einen
Ende der Skala würde man grammatische TO-Lexeme finden wie etwa "Nominalphrase",
die konzeptuell kaum variabel sind,[24] am anderen Ende verhältnismäßig komplizierte
TO-Begriffsfamilien (z.B. "c-Kommando"), die prinzipiell einen großen Freiraum für

---

22      Siehe die Fallstudie über die Metapher "Schwester" im Anhang.

23      Dies bezeugt die Differenzierbarkeit bzw. Verschiebbarkeit von "c-Kommando" in der im Anhang
angegebenen Fallstudie. Weiterführende Überlegungen zu diesem Problem befinden sich in Kertész (1990d)

24      Unter "Variabilität" wollen wir die Fähigkeit eines TO-Lexems, konzeptuell verschoben oder
differenziert zu werden, verstehen.

verwickelte Zusammenspiele von konzeptuellen TO-Prinzipien eröffnen. Wenn metaphorische Bedeutungen sich aus "wörtlichen" Bedeutungen herleiten lassen und innerhalb einer Theorie wiederum in solche überführt werden, so bestehen auch im Falle der TO-Lexeme metaphorischen Ursprungs die erwähnten graduellen Unterschiede hinsichtlich der Variabilität der einzelnen TO-Lexeme: "Schwester" oder "Mutter" sind offensichtlich geringer variabel als "c-Kommando" oder "government". Daraus, daß gewisse TO-Lexeme nur wenig oder überhaupt nicht variabel sind, folgt nicht, daß diese aus dem Geltungsbereich der These der semantischen Unterdeterminiertheit generativ-grammatischer TO-Lexeme ausgeschlossen werden müssen. Wenn das so ist, ergibt sich die Frage, wie sich das Verhältnis zwischen TO-Lexemen, die keine oder nur beschränkte Variantenbildung gestatten, und solchen, die einen hohen Grad an Unterdeterminiertheit aufweisen, konzipieren läßt. Diese Frage kann in zwei Teilprobleme untergliedert werden:

(1) Ist der Grad der Unterdeterminiertheit von TO-Lexemen *innerhalb einer Theorie* konstant, oder verändert er sich, d.h. lassen sich nicht oder kaum variable TO-Lexeme in solche überführen, die notwendigerweise einer hohen Variabilität unterworfen sind, und umgekehrt?

(2) Wie erscheint das Verhältnis zwischen den Lexemen, die sich an den zwei Polen der Skala befinden, im Hinblick auf *wissenschaftliche und nicht-wissenschaftliche Lexeme*, d.h. sind die TO-Lexeme einer wissenschaftlichen Theorie wie die generative Grammatik in einem höheren oder in einem geringeren Maße unterdeterminiert als nicht-wissenschaftliche S-Lexeme?

Bei Frage (1) läßt sich annehmen, daß der Grad der Unterdeterminiertheit von TO-Lexemen in der generativen Syntax nicht konstant ist. Es wechseln vielmehr Phasen, in denen ein TO-Lexem einen relativ hohen Grad an semantischer Unterdeterminiertheit aufweist, mit solchen, in denen er sogar invariante Elemente in seiner Bedeutungsstruktur zu haben scheint. Das Beispiel der Anapherproblematik zeugt davon, daß bei der Lösung von syntaktischen Problemen beide Phasen relevant sind: Gewisse Schwierigkeiten lassen sich durch die Eliminierung von semantisch unterdeterminierten TO-Lexemen lösen, andere dadurch, daß eine reiche Variantenbildung zulassende TO-Begriffsfamilien entwikkelt werden. Recht instruktiv ist in dieser Hinsicht auch der Vergleich zwischen der Rektions- und Bindungstheorie und der Standardtheorie. Im Falle der Standardtheorie, in der "Satz" in einer kalkülisierbaren Weise "exakt" expliziert wurde, verfügt das so entstandene TO-Lexem über gar keine Variationsmöglichkeiten — er weist eindeutig einen invarianten Kern auf. Heute aber würde im Rahmen der Rektions- und Bindungstheorie niemand mehr auf die Idee kommen, "Satz" kalkülisieren zu wollen. Seine Interpretation scheint ausschließlich vom jeweiligen Kontext abzuhängen, wodurch ein Reichtum von Variationsmöglichkeiten eröffnet wird (s. auch Stechow - Sternefeld 1988: 100-104). Entsprechend darf — im Gegensatz zu der herkömmlichen Annahme — nicht behauptet werden, daß ein zentrales Merkmal der wissenschaftlichen TO-Begriffsbildung das ausschließliche Streben nach semantisch "festen" TO-Lexemen mit invarianten TO-Begriffselementen ist; aber diese These darf auch nicht durch eine andere ersetzt werden, die alle wissenschaftlichen TO-Lexeme als gleichermaßen semantisch unterdeterminiert ansehen würde. Die wesentliche Frage ist, wie die Bewegungen auf der Skala, die die Fähigkeit eines TO-Lexems zur Variantenbildung darstellt, in beide Richtungen mit erfolgreichen TO-Problemlösungen bzw. TO-Erklärungen zusammenhängen.[25]

Was die Frage (2) anbelangt, so wird die Antwort weitreichende Konsequenzen nach sich ziehen: Könnte man beweisen, daß S-Lexeme, die im nicht-wissenschaftlichen Sprachgebrauch stark variabel sind, infolge ihrer Einführung in eine Theorie als TO-Lexeme diese Variabilität teilweise verlieren, so würde dies die Annahme, wonach TO-Explikate durch das Merkmal "Exaktheit" ausgezeichnet werden, zwar nicht automatisch bestätigen, aber doch eine TM-Erklärung für den intuitiven Eindruck geben, daß wissenschaftliche TO-Lexeme in semantischer Hinsicht tatsächlich "genauer" oder "präziser" sind als nicht-wissenschaftliche. Die entgegengesetzte Annahme hingegen, wonach viele S-Lexeme im nicht- wissenschaftlichen Sprachgebrauch als nur schwach variabel erscheinen, aber nach ihrer Übernahme in eine wissenschaftliche Theorie sich einen höheren Grad an semantischer Unterdeterminiertheit aneignen, würde andeuten, daß die wissenschaftliche TO-Begriffsbildung andersartig vor sich geht als herkömmlicherweise angenommen wird. Offensichtlich läßt sich die Entscheidung zwischen den zwei Alternativen erst dann treffen, wenn geklärt wird, worin sich wissenschaftliche und nicht-wissenschaftliche TO-Lexeme voneinander unterscheiden. Dieses Problem kann jedoch an dieser Stelle nicht gelöst werden: Aus der wissenschaftstheoretischen Modularitätshypothese (WMH) folgt, und die Analysen dieses Kapitels bestätigen das auch, daß in rein konzeptueller Hinsicht kein Unterschied zwischen wissenschaftlicher und nicht-wissenschaftlicher Begriffsbildung besteht. Die Grenzziehung, falls sie überhaupt möglich ist, kann offenbar erst dann erfolgen, wenn geklärt wird, in welcher Hinsicht die von den, den konzeptuellen Prozessen zugrundeliegenden allgemeinen Prinzipien eröffneten Möglichkeiten durch motivationale Faktoren beeinflußt werden.[26] Deshalb läßt sich die Frage nach dem Unterschied zwischen wissenschaftlichen und nicht-wissenschaftlichen TO-Lexemen erst nach der Behandlung des motivationalen TM-Moduls unseres Untersuchungsrahmens beantworten. Zwischen den zwei oben genannten Antwortmöglichkeiten läßt sich offensichtlich keine kategorische Entscheidung treffen: Die Antwort wird je nach den spezifischen Eigenschaften des betreffenden TO-Lexems bzw. des entsprechenden Theoriengefüges anders ausfallen. Im Falle des bereits erwähnten Beispiels "Satz" in der Standardtheorie der generativen Grammatik variiert die umgangssprachliche Entsprechung tatsäch-

---

25     Fallstudien, die dies bezeugen, wurden in Kertész (1990d) ausgearbeitet.

26     Siehe dazu Kapitel 5.

lich viel stärker als das wissenschaftliche TO-Lexem. Vergleicht man aber dasselbe S-Lexem mit dem TO-Lexem "Satz" in der Rektions- und Bindungstheorie, ist die Lage ganz anders. Rein umgangssprachlich könnte man die Bedeutung von "Satz" nämlich sogar unter Hinweis auf eine gemeinsame Eigenschaft aller Sätze angeben, indem diese "Folgen von Wörtern" seien. Sobald aber "Satz" in die Rektions- und Bindungstheorie eingeführt wird, tritt er als ein äußerst kompliziertes TO-Lexem auf und es ist überhaupt nicht möglich, seine Referenzen aufgrund von invarianten Merkmalen zu identifizieren. In zahlreichen interessanten Fällen scheint allerdings der Grad der Variabilität wissenschaftlicher TO-Lexeme in der Tat höher zu liegen als bei den entsprechenden nicht-wissenschaftlichen. Sehr instruktive Belege für die Plausibilität einer solchen Annahme bringt K. Riley. Sie analysiert lexikalische TO-Einheiten wie etwa "generieren" oder "tief", die — nach ihrer Einführung in die Theorie — einer Reihe von Interpretationen ausgesetzt wurden, die sich von den ursprünglichen Intentionen Chomskys beträchtlich unterschieden (Riley 1987). Riley argumentiert zwar dafür, daß dies das Resultat von Mißverständnissen gewesen sei, indem die im wissenschaftlichen TO-Kontext explizierten TO-Lexeme zumindest teilweise nach ihren nicht-wissenschaftlichen Interpretationsmöglichkeiten gedeutet wurden, aber die Frage, inwieweit dies als "falsch" oder als "richtig" zu bewerten ist, hat in unserem Rahmen keinen Belang. Wichtig ist nur, daß Rileys Beobachtungen eindeutig für die Annahme sprechen, wonach die TO-Lexeme der generativen Linguistik konzeptuellen Differenzierungen bzw. Verschiebungen im Sinne von Bierwisch sehr leicht zugänglich sind und sich dadurch solche konzeptuellen Strukturen aneignen, die sie als äußerst komplexe Begriffsfamilien erscheinen lassen. Die von Riley angeführten und im vorliegenden Rahmen als semantische Unterdeterminiertheit gedeuteten Beobachtungen liefern hinreichend starke Argumente für die Widerlegung der gängigen Ansicht, daß in der Wissenschaftsprache — im Gegensatz zum nicht-wissenschaftlichen Sprachgebrauch — Familienähnlichkeitsbegriffe vermieden werden. Eher das Gegenteil scheint der Fall zu sein.


## 3.5 Zusammenfassung


Die Aufgabe dieses Kapitels war es, das im Abschnitt 3.1 angeführte Grundproblem der Begriffsbildung relativ zu den TO-Begriffsexplikationen der generativen Linguistik zu lösen. Auf dem Hintergrund der Richtlinien, die aus dem in den Abschnitten 1.2.6 und 2.5 begründeten Untersuchungsrahmen hervorgingen, wurde zunächst dafür argumentiert, daß Exaktheit, die in der herkömmlichen Auffassung ein konstitutives Merkmal des TO-Explikats darstellen soll, weder eine hinreichende noch eine notwendige Eigentümlichkeit der TO-Explikate in der generativen Grammatik ist. Ähnlich wurde dann gezeigt, daß das TO-Explikandum nicht durch Vagheit, sondern durch semantische Unterdeterminiertheit zu charakterisieren sei. Als positive Bestimmung der analysierten Erscheinungen ergab sich, daß das TO-Explikandum mit der semantischen TO-Repräsentation einer lexikalischen TO-Einheit und das TO-Explikat mit einem durch konzeptuelle TO-Prinzipien spezifizierten Mitglied der vom TO-Explikandum determinierten Konzeptfamilie zu identifizieren sei, wobei das Verfahren der TO-Explikation selbst als die Funktion erscheint, die relativ zu einem Interpretationskontext ein bestimmtes Element aus der TO-Begriffsfamilie konzeptuell auswählt. Unsere (durch die im Anhang angeführten empirischen Fallstudien untermauerte) Argumentation hat die Anwesenheit dreier konzeptueller TO-Prinzipien nachgewiesen:

(a)             Die konzeptuelle Differenzierung;

(b)             Die konzeptuelle Verschiebung;

(c)             Die Metaphorisierung.

Dadurch haben wir das auf TO-Explikationen relativierte Grundproblem der Begriffsbildung (unter konzeptuellem Aspekt) insofern gelöst, als der Schritt von einer akzeptierten Bedeutung eines TO-Lexems zu einer neuen Bedeutung durch die Festlegung von konzeptuellen TO-Prinzipien TM-erklärt wurde.

Die im Laufe der angeführten Überlegungen ermittelten TO-Prinzipien, die für TO-Begriffsexplikationen in der generativen Syntax in konzeptueller Hinsicht verantwortlich sind, operieren in einem relativ autonomen TO-Modul, der zwischen $M_g$ und $M_c$ vermittelt. Sie entsprechen den drei Teilen der These (T4), wodurch man diese aufrecht erhalten kann:[27]

(P1)            Das TO-Explikandum ist die semantische TO-Repräsentation einer lexikalischen TO-Einheit einer Wissenschaftssprache.

(P2)            Das TO-Expikat ist die kontextabhängige konzeptuelle TO-Repräsentation einer lexikalischen TO-Einheit in einer Wissenschaftssprache.

(P3)            $E_n(E_m, ct_t) = E_t$

Wenn wir uns, im Lichte dieser Ergebnisse, den Gegensatz zwischen (ST3) und (T4) vergegenwärtigen, so besteht eine wesentliche Erkenntnis dieses Kapitels in folgendem: Die Modularitätshypothese (MH), die das Fundament der gegenwärtigen generativistischen theoretischen Linguistik darstellt, führt (durch die Vermittlung der aus ihr hergelei-

---

27    Zur Deutung der Symbole siehe Abschnitt 3.3.

teten (WMH)) im Rahmen eines recht einfachen linearen Gedankenganges zu Konsequenzen, die ein ganz anderes Bild über die TO-Begriffsbildung der generativen Linguistik zeichnen als die allgemein verbreitete herkömmliche Auffassung. Auf eine einfache Formel gebracht: *Die Grundhypothese der generativistischen theoretischen Linguistik scheint ihre gängige metatheoretische Einschätzung selbst zu widerlegen.*

Wichtig ist dabei, folgendes zu betonen. Die TO-Prinzipien (P1)-(P3) weisen einen sehr hohen Allgemeinheitsgrad auf, sie sind die — auf die TO-Ebene bezogene — Manifestation eines *eine jede Art der Begriffsbildung* bewirkenden Mechanismus, die sich aus der einfachen Relativierung des Grundproblems der Begriffsbildung auf TO-Explikationen ergab. Unter konzeptuellem Aspekt besteht demnach *kein Unterschied zwischen wissenschaftlicher und nicht-wissenschaftlicher Begriffsbildung.* Auch innerhalb der wissenschaftlichen TO-Begriffsbildung sind (P1)-(P3) für die generative Grammatik *nicht spezifisch.* In dieser Hinsicht könnte man einwenden, daß die Ergebnisse des in diesem Kapitel vorgelegten Gedankengangs trivial sind, weil sie lediglich besagen, daß die TO-Begriffsbildung der generativen Linguistik den Prinzipien, deren Universalität von vornherein angenommen wurde, in der Tat unterliegt. Dieser Einwand wäre aber *falsch.* Die theorienspezifischen Eigentümlichkeiten grammatischer TO-Explikationen werden erst dann zugänglich, wenn festgestellt wird, *welche Parametrisierungsrelation* zwischen den TO-Prinzipien des die grammatische TO-Begriffsbildung bestimmenden *konzeptuellen* TO-Moduls (wie u.a. (P1)-(P3)) einerseits und den unabhängig motivierten universellen TO-Prinzipien des *motivationalen* TO-Moduls andererseits besteht.[28] Deshalb müssen wir die Frage, *wodurch ein bestimmtes Element einer TO-Begriffsfamilie als ein spezifisches generativ-grammatisches TO-Explikat ausgezeichnet wird und sich von anderen — wissenschaftlichen oder nicht-wissenschaftlichen — konzeptuellen Operationen unterscheidet,* vorläufig *offen* lassen. Bevor die Beantwortung dieser Frage unternommen werden kann, müssen allerdings die Konsequenzen erwogen werden, die aus der bislang festgestellten *konzeptuellen* Charakterisierung grammatischer TO-Explikationen für die ebenfalls *konzeptuellen* Eigenschaften von grammatischen TO-Tatsachenerklärungen hervorgehen.

---

28    S. dazu auch das in 2.5 Gesagte.

# 4 Der konzeptuelle Aspekt II: Erklärung

## 4.1 Problemstellung

Nachdem die Frage nach der konzeptuellen Struktur der in der generativen Linguistik geläufigen Begriffsexplikationen beantwortet wurde, kann jetzt das Problem, wie die Struktur grammatischer TO-Tatsachenerklärungen[1] unter konzeptuellem Aspekt gekennzeichnet werden soll, ins Auge gefaßt werden. Da im Abschnitt 0.1 bereits angenommen wurde, daß wissenschaftliche TO-Erklärungen im allgemeinen und grammatische TO-Tatsachenerklärungen im besonderen dadurch ausgezeichnet sind, daß ins TO-Explanans durch TO-Explikation ein neuer Begriff eingeführt wird, folgt, daß die Struktureigenschaften von TO-Explikationen die Struktureigenschaften von TO-Tatsachenerklärungen auf eine relevante Weise bestimmen. In Einklang mit (A) im Abschnitt 0.3 besteht somit das *Grundproblem* dieses Kapitels darin, *welche Konsequenzen sich aus den im vorangehenden Kapitel diskutierten konzeptuellen Eigenschaften von TO-Explikationen für die konzeptuellen Struktureigenschaften von grammatischen TO-Tatsachenerklärungen ergeben.* Es wird sich zeigen, daß grammatische TO-Tatsachenerklärungen — infolge der Beschaffenheit der TO-Begriffsexplikate, die in sie Eingang finden — über Eigenschaften verfügen, die den herkömmlichen Auffassungen stark widersprechen. Da die zur Zeit vorliegenden Ansätze zur Wissenschaftstheorie der generativen Linguistik durch die Auseinandersetzung zwischen der Analytischen Wissenschaftstheorie und der Hermeneutik gekennzeichnet sind, ist es angebracht, die beiden Ansichten in Form von zwei Standardthesen

---

1    Wie im Kapitel 1 bereits angedeutet wurde, soll der gelegentlich verwendete Ausdruck "Erklärung" als eine synonyme Abkürzung für "Tatsachenerklärung" verwendet werden. In einem heuristischen Sinne werden Tatsachenerklärungen dadurch ausgezeichnet, daß ihr Explanandum die Beschreibung einer Tatsache ist. An dieser Stelle unserer Argumentation ist aber weder geklärt, was unter einer "Tatsache" zu verstehen sei, noch wissen wir, inwieweit die hier untersuchten konzeptuellen TO-Repräsentationen "Tatsachenerklärungen" sind. Da beide Fragen zu den zentralen Problemen gehören, die eine Wissenschaftstheorie der Linguistik lösen soll, wäre es grundsätzlich verfehlt, bereits an dieser Stelle eine vorgeprägte Definition beider TM-Begriffe einzuführen: Die Antworten müssen sich als Ergebnis empirischer Untersuchungen in unserem TM-Rahmen ergeben. Das Untersuchungsmaterial bilden demnach all die TO-Verhaltensinstanzen, die von der Gemeinschaft der Generativisten als "Tatsachenerklärung" bezeichnet werden — ob sie tatsächlich solche sind oder nicht, soll erst die nachfolgende Argumentation entscheiden.

getrennt zusammenzufassen. Der auf der Hempel-Oppenheim-Schema basierende Standpunkt der Analytischen Wissenschaftstheorie besagt folgendes:

(ST4)(a)  Grammatische TO-Tatsachenerklärungen sind *prognosefähig*.

(b)  Grammatische TO-Tatsachenerklärungen sind *deduktiv*.

(c)  Grammatische TO-Tatsachenerklärungen sind *subsumtiv*.

Davon hebt sich die Auffassung der Hermeneutik stark ab:

(ST5)(a)  Grammatische TO-Tatsachenerklärungen sind *nicht prognosefähig*.

(b)  Grammatische TO-Tatsachenerklärungen sind *nicht-deduktiv*.

(c)  Grammatische TO-Tatsachenerklärungen sind *nicht-subsumtiv*.

Aufgrund unserer bisherigen Überlegungen wird sich eine Auffassung abzeichnen, die weder mit (ST4) noch mit (ST5) identisch ist:

(T5)(a)  Grammatische TO-Tatsachenerklärungen sind *prognosefähig*.

(b)  Grammatische TO-Tatsachenerklärungen können zwar deduktiv sein, aber der relevante Aspekt des Verhältnisses zwischen TO-Explanandum und TO-Explanans ist ihre (nicht unbedingt deduktive) konzeptuelle *Interaktion*.

(c)  Grammatische TO-Tatsachenerklärungen sind *nicht-subsumtiv*.

In einem ersten Schritt werden wir in den Abschnitten 4.2 und 4.3 das konzeptuelle Verhältnis zwischen den Eigenschaften von TO-Begriffsexplikationen und generativen TO-Tatsachenerklärungen durch den Nachweis einer These (T6) erörtern.[2] Aus dieser These werden anschließend die Konsequenzen herzuleiten sein, die oben unter (T5) zusammengefaßt wurden. Dadurch bietet sich die Lösung für das Grundproblem dieses Kapitels an.

## 4.2 Die konzeptuelle Struktur von Explananda und Explanantia

Eine erste unmittelbare Konsequenz der Beschaffenheit von TO-Explikationen ist, daß grammatische TO-Erklärungen sich als die *konzeptuellen* Komponenten einer TO-Äußerungsbedeutung *m* manifestieren, weil die im TO-Explanans und TO-Explanandum auf-

---

2  Siehe dazu auch die Problemstellungen im Abschnitt 0.1 und 0.3.

tretenden Ausdrücke ihre kontextuell bedingte Interpretation voraussetzen und dementsprechend als voll spezifizierte Begriffe (im bereits definierten Sinne) fungieren.

Was ist das Explanandum einer grammatischen TO-Erklärung? In Einklang mit der Annahme, daß eine bestimmte sprachliche Verhaltensinstanz mehrere S-Repräsentationen zugeordnet bekommt, wird in der generativen Syntax, wie bekannt, der syntaktischen Struktur eines Satzes etwa folgende — allerdings offene — Menge von distinkten S-Repräsentationen zugewiesen:

(1)                Rep = (PF, LF, SS, DS)

die jeweils die Repräsentationen "Phonetische Form", "Logische Form", "S-Struktur", "D-Struktur" umfaßt.

Es wurde ebenfalls bemerkt, daß auf der TO-Ebene die S-Repräsentationen mit Hilfe von Grundprädikaten und Relationen beschrieben werden, die der gegebene S-Bereich erfordert. Geht man von der generellen Annahme aus, daß die Explananda einer TO-Tatsachenerklärung immer Beschreibungen von Einzelphänomenen sind, so ergibt sich, daß die Explananda der linguistischen TO-Tatsachenerklärungen mit den Beschreibungen von S-Repräsentationen der oben gennannten Art gleichzusetzen sind. Diese Beschreibungen sind aber ihrerseits auf der TO-Ebene selbst Bestandteile des menschlichen Verhaltens. Da es bei ihnen ebenfalls um Einzelerscheinungen geht, sind auch sie natürlich als Repräsentationen zu betrachten, denn sie sind, worauf bereits hingewiesen wurde, konzeptuell. Es ergibt sich demnach:

(2)                Die TO-Explananda von TO-Tatsachenerklärungen in der generativen
                   Linguistik sind konzeptuelle TO-Repräsentationen von Beschreibungen
                   für syntaktische S-Repräsentationen sprachlicher Instanzen.

Ähnlich lassen sich auch die TO-Explanantia definieren.[3] Es erhebt sich allerdings die Frage, inwieweit der hier eingeführte TM-Beschreibungsapparat dem konzeptuellen Unterschied zwischen *regelorientierten* TO-Tatsachenerklärungen, wie etwa denen des Standardmodells der generativen Syntax, und *prinzipienorientierten* TO-Tatsachenerklä-

---

3    An dieser Stelle können wir auf die mit dem Status der Explanantia verbundenen Probleme, die in der Literatur ausführlich diskutiert werden, nicht eingehen: Ob sie Gesetzesaussagen darstellen oder Normen beschreiben, ob sie für oder gegen die Empirizität der Grammatik sprechen usw. wird erst im Lichte weiterer Konsequenzen beantwortbar. Vgl. dazu vor allem 4.4, 4.5 und 6.1.

rungen, die in der Rektions- und Bindungstheorie zu finden sind, gerecht werden kann.[4]
Wie in der Literatur vielfach hervorgehoben, sollen erstere dadurch ausgezeichnet sein,
daß einzelsprachliche S-Repräsentationen durch die für sie verantwortlichen S-Regeln der
einzelsprachlichen Grammatik erklärt werden. Im Gegensatz dazu handelt es sich bei
prinzipienorientierten TO-Tatsachenerklärungen im Grunde genommen darum, daß die
S-Prinzipien der Universalgrammatik durch Fixierung der mit ihnen verbundenen freien
S-Parameter entweder einzelsprachliche S-Regeln ergeben oder direkt auf einzelsprachliche S-Repräsentationen bezogen werden. Somit zeichnet sich in konzeptueller Hinsicht
folgender Unterschied zwischen prinzipienorientierten und regelorientierten TO-Tatsachenerklärungen ab:

(3)     Die TO-Explanantia von prinzipienorientierten TO-Tatsachenerklärun-
        gen sind die konzeptuellen TO-Repräsentationen der Beschreibungen
        der syntaktischen S-Prinzipien samt der unter ihnen bestehenden Rela-
        tionen.

(4)     Die TO-Explanantia von regelorientierten TO-Tatsachenerklärungen
        sind die konzeptuellen TO-Repräsentationen der Beschreibungen von
        S-Regeln.[5]

---

4     *Prinzipienoriente* TO-Erklärungen sind solche, deren TO-Explanans die Beschreibung von mindestens
einem S-Prinzip enthält; *regelorientierte* TO-Erklärungen weisen im TO-Explanans die Beschreibung einer
S-Regel auf. *Modulare* TO-Erklärungen sind solche, die im TO-Explanandum die Beschreibungen mehrerer,
verschiedenen S-Modulen angehörenden S-Prinzipien enthalten; andernfalls handelt es sich um *nicht-modulare* TO-Erklärungen. Es ist wichtig, auf das Verhältnis zwischen modularen und nicht-modularen
TO-Erklärungen einerseits, bzw. prinzipienorientierten und regelorientierten TO-Erklärungen andererseits
schon an dieser Stelle hinzuweisen, obwohl ihre ausführliche Behandlung im Hinblick auf die Entwicklungsphasen der generativen Linguistik erst im 5. Kapitel erfolgen wird. Zwischen ihnen besteht kein
ein-eindeutiges Verhältnis. Wie aus den nachfolgenden Überlegungen hervorgeht, sind modulare TO-Erklärungen immer prinzipienorientiert (das paradigmatische Beispiel für modulare TO-Erklärungen ist die
Rektions-und Bindungstheorie), aber prinzipienorientierte TO-Erklärungen sind nicht unbedingt modular
(die TO-Erklärungen der generativen Semantik sind nicht-modular aber prinzipienorientiert). Hingegen sind
regelorientierte TO-Erklärungen immer nicht-modular (z.B. die Standardtheorie). Allerdings sind diese
Verhältnisse empirische Befunde, die sich aus der Geschichte der generativen Linguistik ergeben und keine
logischen Relationen darstellen. Weiterhin ist mit "Regelorientiertheit" bzw. "Prinzipienorientiertheit"
immer die *S-Regelorientiertheit bzw. die S-Prinzipienorientiertheit von TO-Erklärungen* gemeint; deshalb
werden wir im folgenden auf das Präfix "S" verzichten.

5     Daß zwischen S- und TO-Modulen keine mechanischen Beziehungen bestehen, zeigt sich z.B. daran,
daß die Beschreibungen von S-Repräsentationen sprachlicher Instanzen auf der Metaebene zwar ebenfalls
als Repräsentationen erscheinen, aber die Beschreibungen von S-Prinzipien sind selbst keine TO-Prinzipien
des wissenschaftlichen kognitiven TO-Moduls, sondern stellen TO-Repräsentationen dar. Dementsprechend
besteht die Aufgabe der Wissenschaftstheorie darin, die TO-Prinzipen zu ermitteln, die etwa den konzeptuellen TO-Repräsentationen, die als die TO-Explananda von TO-Tatsachenerklärungen in der generativen
Grammatik gelten, zugrundeliegen.

Dieser Befund ist allerdings beinahe trivial, und man kann dadurch keine TM-Erklärung für die sehr unterschiedlichen Effekte prinzipienorientierter und regelorientierter TO-Erklärungen geben, die in der generativen Literatur laufend hervorgehoben werden. Deshalb läßt sich annehmen, daß *der relevante Unterschied nicht in ihren konzeptuellen, sondern in ihren motivationalen Eigenschaften liegt.* Diese Annahme kann erst im nachfolgenden Kapitel bestätigt werden (vgl. Abschnitt 5.2.2) und soll zunächst dahingestellt bleiben.

Nachdem der Status von TO-Explananda und TO-Explanantia auf diese Weise geklärt wurde, sind die Voraussetzungen zur Beantwortung der zentralen Frage der Erklärungsproblematik erfüllt: *Was für ein konzeptuelles Verhältnis besteht zwischen TO-Explanandum und TO-Explanans in der generativen Linguistik?* Die Antwort wird aus den Eigenschaften von TO-Begriffsexplikationen hervorgehen. In diesem Kapitel soll "EMB" (="TO-Explanandumbegriff") als die Abkürzung für "im TO-Explanandum vorkommender TO-Begriff" und, analog, "ESB" (="TO-Explanansbegriff") als die Abkürzung für "im TO-Explanans vorkommender TO-Begriff" verstanden werden.

## 4.3 Explikation und Erklärung

Das Verhältnis zwischen TO-Explanandum und TO-Explanans ist in erster Näherung dadurch gekennzeichnet, daß die konzeptuellen TO-Repräsentationen der Beschreibungen von syntaktischen S-Repräsentationen sprachlicher Instanzen mit der konzeptuellen TO-Repräsentation der Beschreibung von S-Prinzipien bzw. S-Regeln und der unter ihnen herrschenden Relationen in Beziehung gesetzt werden. Die Leistung einer grammatischen TO-Tatsachenerklärung besteht darin, daß sie dem Verhältnis zwischen S-Prinzipien bzw. S-Regeln auf der einen und S-Repräsentationen auf der anderen Seite durch das konzeptuelle Verhältnis zwischen den im TO-Explanandum auftretenden und den ins TO-Explanans durch TO-Explikation eingeführten TO-Begriffen gerecht wird. Dabei sind TO-Explanans und TO-Explanandum nach wie vor als konzeptuelle TO-Repräsentationen zu konzipieren. Dadurch wird eine grundsätzliche Inkongruenz zwischen der S- und TO-Ebene ersichtlich: Während auf der S-Ebene eine Determinationsrelation zwischen den S-Prinzipien bzw. S-Regeln und den S-Repräsentationen im Sinne von Abschnitt 2.5 besteht,[6] kommt es auf der TO-Ebene auf die durch konzeptuelle Operationen gesteuerte begriffliche Relation zweier TO-Repräsentationen an.

---

6     Vgl. auch etwa Lang (1987), Bierwisch (1981, 1987).

Wenn die Einführung eines neuen TO-Begriffs ins TO-Explanans durch TO-Explikation erfolgt, und diese durch (T4) bzw. (P1)-(P3) gekennzeichnet ist, stellt sich die Frage, wie sich das Verhältnis zwischen den durch TO-Explikation eingeführten TO-Begriffen (=TO-Explikaten) im TO-Explanans und den TO-Begriffen im TO-Explanandum gestaltet.

Die Antwort ergibt sich unmittelbar aus den bereits im Kapitel 3 besprochenen konzeptuellen Mechanismen. Es handelt sich dabei vor allem um die konzeptuelle Operation der Selektion, die die in einer linguistischen Äußerung vorkommenden Begriffe aufeinander bezieht, wodurch gewisse Varianten selegiert, andere ausgeschlossen werden. *Grammatische TO-Tatsachenerklärungen lassen sich deshalb unter dem hier verfolgten Aspekt als durch das konzeptuelle TO-Prinzip der Selektion determinierte Interaktionen von TO-Explananda und TO-Explanantia der oben charakterisierten Art bestimmen.*

Man nehme etwa folgende Beispiele für grammatische TO-Erklärungen:

(1)(a)　　　　Der Satz *[X ..... Y]* ist grammatisch, weil $X$ $Y$ c-kommandiert.

(b)　　　　Der Satz *[X ..... Y]* ist grammatisch, weil $X$ $Y$ th-kommandiert.

In den Aussagen (1)(a) und (1)(b) stellen $X$ und $Y$ offensichtlich EMBs dar; "th-kommandieren" bzw. "c-kommandieren" sind die ins TO-Explanans eingeführten TO-Begriffe, die zur TO-Erklärung der Grammatikalität des Satzes *[X ... Y]* dienen. Wenn man nun andere Aspekte der Struktur von (1)(a) und (b) beiseite läßt, so ist leicht festzustellen, daß $X$ und $Y$ grundsätzlich zwei Interpretationen gestatten: Sie sind entweder Repräsentanten von syntaktischen Kategorien oder von Theta-Rollen. Der Begriff "c-kommandieren" in (1)(a) ist jedoch nur mit der erstgenannten Variante verträglich, "th-kommandieren" hingegen erlaubt nur die Variante, die $X$ und $Y$ als Theta-Rollen interpretiert. Folglich hängt die Interpretation der EMBs von der Interpretation der ESBs ab. Das heißt, aus der Tatsache, daß die in die generative Theorie eingeführten TO-Begriffe als — mit konzeptuellen Operationen in Verbindung stehende — TO-Begriffsfamilien charakterisiert werden, folgt *unmittelbar* folgende Kennzeichnung des Verhältnisses zwischen TO-Explanandum und TO-Explanans in grammatischen TO-Erklärungen:

(T6)　　　　In grammatischen TO-Tatsachenerklärungen bestimmt die Interpretation (=konzeptuelle TO-Repräsentation) eines ins TO-Explanans eingeführten TO-Lexems die Interpretation (=konzeptuelle TO-Repräsentation) der im TO-Explanandum vorkommenden TO-Lexeme.

Wie man leicht einsehen kann, läßt sich aus dieser These ein Korollar herleiten:

(T6')                    Die kontextuell bedingte Interpretation (=konzeptuelle TO-Repräsenta-
                         tion) eines ins TO-Explanans eingeführten TO-Lexems kann die Inter-
                         pretation (=konzeptuelle TO-Repräsentation) der im TO-Explanandum
                         vorhandenen TO-Lexeme *modifizieren.*

Eine sehr wichtige Eigenschaft der TO-Explananda von grammatischen TO-Tatsachenerklärungen geht aus (T6) bzw. ihrem Korollar (T6') hervor: *Die Behauptung, daß*
*ein ursprüngliches TO-Explanandum E1 infolge der Einführung eines neuen Begriffs ins*
*TO-Explanans in ein TO-Explanandum E2 übergeht, besagt soviel, daß die konzeptuelle*
*TO-Repräsentation der Beschreibung einer möglichen syntaktischen S-Repräsentation von*
*einer sprachlichen Instanz durch die konzeptuelle TO-Repräsentation der Beschreibung*
*einer anderen syntaktischen S-Repräsentation derselben Instanz ersetzt werden kann.*[7]
Zwischen den S-Repräsentationen, die den zwei TO-Explananda zugrundeliegen, können
sowohl externe als auch interne Relationen bestehen.

Allerdings ist diese Konklusion offenbar nicht uneingeschränkt gültig. Die Antwort
auf die Frage, inwieweit die These (T6') auf beliebige TO-Erklärungen zutrifft, wird
offensichtlich davon abhängen, wie stark variabel der EMB ist; bei TO-Explananda mit
geringer Variabilität sind die Konsequenzen von (T6') weniger gravierend. Trotz dieses
Vorbehaltes ist aber anzunehmen, daß die hier diskutierte Erscheinung eher die Regel als
eine Ausnahme sein dürfte. Dafür spricht die Tatsache, daß sie in der Wissenschaftstheorie
unter verschiedenen Parolen ausgiebig diskutiert wurde: Man vergleiche etwa das Problem
der Theorieabhängigkeit der Beobachtungen oder M. Hesses analoge Annahmen über die
Rolle der Metapher in wissenschaftlichen Erklärungen (Hesse 1972).

Die These (T6') ist insofern von zentraler Bedeutung, als sie *Konsequenzen* nach
sich zieht, die auf der einen Seite zur Lösung einiger bislang ungeklärter Probleme
grammatischer TO-Erklärungen beitragen, auf der anderen Seite Aufschluß über einige
Eigentümlichkeiten der grammatischen Theoriebildung geben. Es seien nun diese Konsequenzen einzeln diskutiert.

## 4.4  Konsequenz 1: Das Subsumtionsproblem

Betrachtet man die langjährigen Diskussionen über die Natur wissenschaftlicher Erklärungen, so wird man erkennen, daß in den Debatten zwei Schlüsselbegriffe eine zentrale Rolle
spielten, die in einem festen Verhältnis zueinander zu stehen scheinen: Es handelt sich um

---

7    Als Beleg vgl. die Fallstudie "Bindung" im Anhang (Abschnitt 7.3).

die Begriffe *Subsumtion* und *Deduktion*. Das Verhältnis dieser zwei Begriffe steht im Vordergrund der Auseinandersetzung zwischen der Analytischen Wissenschaftstheorie und der hermeneutischen Betrachtungsweise oder, um G.H. von Wrights Terminologie zu verwenden, der Galileischen und der Aristotelischen Tradition. Um das Problem, das sich daraus für die wissenschaftstheoretische Darstellung grammatischer TO-Tatsachenerklärungen ergibt, formulieren zu können, soll zunächst durch einen kurzen geschichtlichen Überblick gezeigt werden, wie sich das Verhältnis zwischen Subsumtion und Deduktion im Hinblick auf wissenschaftliche Erklärungen im allgemeinen abzeichnet.

Einhelligkeit herrscht darüber, daß die Idee, wonach die Hauptaufgabe der Naturwissenschaften das Auffinden von Gesetzen und die Anwendung dieser Gesetze zur Formulierung von Voraussagen und Erklärungen ist, in der nachgalileischen Physik in den Vordergrund gestellt wurde. Einen wichtigen Schritt stellte die Erkenntnis Humes dar, daß die Ursache $U$ eines Ereignisses $E$ nicht ausschließlich aufgrund von Beobachtungen festgestellt werden kann, weil dazu Gesetze notwendig sind, die Instanzen von der Art $U$ und $E$ miteinander verknüpfen. Als ein weiterer Schritt ist die wichtige Feststellung von J.S. Mill zu nennen, wonach Ereignisse dadurch erklärt werden, daß man sie unter Gesetze *subsumiert*. Schließlich war es K. Popper, der erkannte, die Idee der Subsumtion sei nichts anderes als die logische Ableitbarkeit des Satzes, der das zu erklärende Ereignis beschreibt, aus einer Gesetzesaussage (oder mehreren Gesetzeaussagen) sowie einigen weiteren Prämissen. Dieser Gedanke wurde dann in der Form des Hempel-Oppenheim-Schemas präzisiert. Wie oberflächlich dieser Überblick auch sein mag, er macht die Annahme plausibel, daß in der Galileischen Tradition — infolge der Forderung des Vorhandenseins von mindestens einem Gesetz unter den Prämissen — *die Deduktivität einer Erklärung untrennbar von ihrer Subsumtivität ist*.

Daß dieses Verhältnis zwischen Subsumtion und Deduktion nicht die spezifische Eigentümlichkeit einer bestimmten Denkrichtung ist, sondern eine grundlegende Eigenschaft von wissenschaftlichen Erklärungen im allgemeinen darstellt, zeigt sich darin, daß es den im Rahmen der Aristotelischen Tradition unterbreiteten neueren Versuchen nicht gelang, Subsumtion von Deduktion durch die Konstruktion eines deduktiven, aber nichtsubsumtiven Erklärungsschemas abzukoppeln. Das bekannte Beispiel ist die von G.H. von Wright aufgegriffene Idee des praktischen Syllogismus, der ein intentionalistisches Erklärungsschema hätte abgeben sollen (von Wright 1974). Dabei ging es darum, intentionalistische Erklärungen als Schlüsse zu rekonstruieren, die jedoch keine Gesetzesaussage etwa in Form eines Ducasse-Satzes enthalten dürfen. Da sich dabei das Problem ergab, daß in manchen Fällen alle Prämissen eines solchen Schlusses erfüllt sind und die Konklusion trotzdem nicht gilt, boten sich grundsätzlich zwei Modifikationsmöglichkeiten an. Der eine Lösungsvorschlag stammt von R. Tuomela (1977) und basiert auf der Erkenntnis, daß die Gültigkeit des logischen Schlusses in einer solchen Erklärung nur dann aufrecht erhalten werden kann, wenn mindestens eine Gesetzesaussage in die Prämissen aufgenommen wird; dadurch wurde aber der subsumtive Charakter der Tatsachenerklärung wieder hergestellt. Die andere Lösungsmöglichkeit, die in Stegmüller (1979, 1983) vorgeführt wurde, geht von der Annahme aus, daß intentionale Erklärungen Analogien zu Bedeutungspostulaten darstellen, wodurch sich die Notwendigkeit der Einbeziehung einer Gesetzmäßigkeit nicht abzeichnet. Wie aber Stegmüller betont, zieht dieser Lösungsversuch die Konsequenz nach sich, daß solche Erklärungen nicht mehr als deduktive Argumente etwa im Sinne des praktischen Syllogismus zu betrachten sind. Es zeigt sich deshalb, daß *wissenschaftliche Erklärungen entweder deduktiv und subsumtiv oder nicht-deduktiv und nicht-subsumtiv sind, eine dritte Möglichkeit scheint offenbar nicht zu bestehen.*[8] Aus dieser Tatsache ergibt sich folgendes Problem für die Wissenschaftstheorie einer S-modular orientierten generativen Sprachtheorie.

Auf der einen Seite wird in der generativen Linguistik, in Einklang mit dem in Chomsky (1957) umrissenen Programm, nach wie vor die Deduktivität der grammatischen TO-Tatsachenerklärungen gefordert. Eine der zahlreichen Formulierungen dieser These sei hier als Illustration angeführt:

> We explain the fact that so-and-so (e.g., that ... sentences ... have the range of meanings they do have), and that the person H knows this, by showing that these facts are determined by the rules of the highest valued language consistent with the data presented to H. Continuing to think of a grammar as a theory of a language, we may say that a grammar is descriptively adequate for a particular language to the extent that it correctly describes this language. A theory of UG meets the condition of explanatory adequacy to the extent that it provides descriptively adequate grammars under the boundary conditions set by experience. *A theory of UG that meets this condition will, then, permit relevant facts about linguistic expressions to be derived from the grammars it selects, thus providing an explanation for the facts.* (Chomsky 1986: 53, Hervorhebung von mir, A.K.)

Wenngleich dieses Zitat eine Reihe von vieldiskutierten und an dieser Stelle noch nicht lösbaren Problemen aufwirft, wie z.B. die Frage, was unter S-Tatsachen oder S-Regeln in der Syntax zu verstehen sei,[9] ist im gegenwärtigen Zusammenhang nur wichtig, daß *grundsätzlich deduktive TO-Tatsachenerklärungen angestrebt werden.*

Auf der anderen Seite wird der wesentlichste Unterschied zwischen Tatsachenerklärungen der nicht-modularen Entwicklungsphasen der generativen Linguistik und denen der TO-modular organisierten Theorie darin gesehen, daß in letzterer Einzelerscheinungen

---

8     Es sei noch bemerkt, daß diese Schlußfolgerung nicht nur auf deduktiv-nomologische und intentionalistische Erklärungen zutrifft, sondern auch die neueren pragmatischen Erklärungsmodelle einschließt, auf
die wir hier allerdings nicht eingehen können; s. dazu vor allem Stegmüller (1983), Achinstein (1983),
Kertész (1988).

9     Mögliche Lösungen dieser Probleme werden sich erst im 5. Kapitel ergeben.

nicht einfach Instanzen von allgemeinen Gesetzmäßigkeiten sind, sondern diese durch die Interaktion der einzelnen S-Module determiniert werden:

> *The interaction of the principles of these 'modules' determines the structure of each possible string — its representations on each level...*There are no rules for particular constructions such as interrogative, relative, passive, raising, and so on. Indeed, *there are no rules at all, in the conventional sense,* in the central areas of syntax. (Chomsky 1986: 102; Hervorhebung von mir, A.K.)

Wenn nun demnach die zu erklärenden Fakten (was immer man darunter verstehen mag) keine einfachen Instanzen von allgemeinen Regularitäten sind, sondern durch das Zusammenspiel von S-Prinzipien, die verschiedenen S-Modulen angehören, determiniert werden, so können die für diese Erscheinungen gegebenen TO-Tatsachenerklärungen grundsätzlich *nicht subsumtiv* sein — zumindest nicht in dem Sinne, wie das von der Galileischen Tradition verlangt wird.

(MH) zufolge, die der gegenwärtigen Entwicklung der generativen Linguistik zugrundeliegt, ergibt sich deshalb im Hinblick auf die Erklärungsproblematik insofern ein *Widerspruch*, als die Deduktivität der Tatsachenerklärungen von ihrer Subsumtivität abgekoppelt wird, was angesichts der oben skizzierten wissenschaftstheoretischen Befunde der Natur wissenschaftlicher Tatsachenerklärungen entgegensteht; diesen Widerspruch nenne ich das *Subsumtionsproblem*. Die Frage ist demnach, ob dieses grundlegende Problem durch unsere bisher nachgewiesenen Thesen über das Verhältnis zwischen den TO-Begriffen im TO-Explanandum und im TO-Explanans einer plausiblen Lösung zugänglich ist. Die Beantwortung dieser Frage werden wir in zwei Schritten vornehmen: Erstens werden wir zu zeigen versuchen, daß sich aus der Struktur von TO-Begriffsexplikationen sowie der daraus resultierenden These (T6') eine plausible Lösung herleiten läßt. In einem zweiten Schritt wird dieses Ergebnis mit der S-modularen Organisation des Sprachverhaltens in Beziehung gesetzt.

Geht man zunächst in Einklang mit (T6') davon aus, daß ein ins TO-Explanans eingeführter TO-Begriff die sich im ursprünglichen TO-Explanandum befindenden TO-Begriffe durch konzeptuelle TO-Prinzipien verschiebt oder differenziert, so folgt, daß das Verhältnis zwischen beiden Arten von TO-Begriffen grundsätzlich nicht subsumtiv sein kann, weil sich der EMB dem ESB nicht ohne weiteres unterorden läßt. Da ihr Verhältnis infolge der konzeptuellen Selektion gestaltet wird, erscheint hier statt eines subordinierenden Verhältnisses eher eine Art Koordination zwischen ESB und EMB. Insofern ergibt sich aus der konzeptuellen Struktur von generativen TO-Tatsachenerklärungen von vornherein ihre Nicht-Subsumtivität. Dabei soll bemerkt werden, daß diese Art der Nicht-Subsumtivität ausschließlich der TO-Begriffsstruktur entspringt und an dieser Stelle noch nichts darüber ausgesagt werden kann, wie sie mit der S-modularen Organisation der Grammatik zusammenhängt; im Prinzip betrifft sie auch nicht-modulare TO-Erklärungen.

Aus dieser Konsequenz sowie aus der Untrennbarkeit von Subsumtivität und Deduktivität dürfte folgen, daß generative TO-Tatsachenerklärungen — trotz des im ersten Chomsky-Zitat festgelegten Programms — nicht deduktiv sein können. Daß diese Schlußfolgerung jedoch in dieser undifferenzierten Form nicht akzeptiert werden darf, geht aus folgendem einfachen Gedankengang hervor.[10]

Aus der These (T6') läßt sich etwa folgende Situation herleiten. Sei $Q$ eine Aussage, die als TO-Explanandum fungiert, und $E$ eine Aussage, die $Q$ erklären soll. (T6') besagt dann, daß unter Umständen $E$ nicht $Q$, sondern $Q'$ erklärt, wobei $Q'$ sich von $Q$ dadurch unterscheidet, daß in $Q'$ ein TO-Begriff $B'$ und in $Q$ ein TO-Begriff $B$ enthalten ist, die verschiedene Mitglieder derselben TO-Begriffsfamilie sind. Aus dieser Tasache folgt nicht, daß $Q'$ aus $E$ logisch nicht hergeleitet werden kann, sondern nur, daß sich $Q$ aus $E$ nicht deduzieren läßt.[11] Folglich würde die Nicht-Deduzierbarkeit von $Q$ aus $E$ nur dann einen notwendigen Verzicht auf ein deduktives Verhältnis zwischen TO-Explanandum und TO-Explanans implizieren, wenn $Q$ als eine invariante Darstellung des TO-Explanandums betrachtet werden könnte, die demzufolge $Q'$ automatisch ausschließt. Daß dies nicht so sein darf, wurde in der Literatur ausführlich nachgewiesen (s. Hesse 1972, Feyerabend 1962 usw.). Eine erste Konsequenz besteht demnach darin, daß die These (T6') nicht zu einer globalen Widerlegung der Annahme deduktiver Verhältnisse zwischen TO-Explanans und TO-Explanandum führt. Zweitens aber bezeugt die Tatsache, wonach infolge der Einführung eines neuen Begriffs ins TO-Explanans das ursprüngliche TO-Explanandum modifiziert wird, daß die wesentliche Relation nicht das deduktive Verhältnis zwischen

---

10  Würde man behaupten, daß generative Tatsachenerklärungen nicht deduktiv sind (was den Annahmen der Hermeneutiker entsprechen würde), würde sich daraus die folgenschwere Konklusion ergeben, daß ein unüberbrückbarer Gegensatz zwischen der Praxis der generativen Linguistik und ihren Desiderata besteht, wodurch die bisherigen Ergebnisse dieser Forschungsrichtung wenn auch nicht falsifziert, so doch in einem beträchtlichen Maße an Glaubwürdigkeit verlieren würden. Da das Anliegen unserer Untersuchungen nicht die Bewertung wissenschaftlicher Ansätze ist, sondern ihre TM-Beschreibung und TM-Erklärung, wäre gegen eine solche Erkenntnis im Prinzip nichts einzuwenden. Da aber bei der Formulierung der erforderlichen weiteren Argumente immer wieder der Zwang zu Schlüssen entstehen würde, aus dem Widerspruch zwischen den metatheoretischen Annahmen der generativen Linguistik und der in der Praxis durchgeführten bzw. durchführbaren Operationen auf die Unzulänglichkeiten dieser Forschungsrichtung zu folgern, würde man Gefahr laufen, denselben Fehler zu begehen wie die Hermeneutiker, die aus der Argumentation für die Annahme, daß die generative Theoriebildung anders vor sich geht, als die Generativisten selbst behaupten, auf die Falschheit der Thesen dieser Forschungsrichtung schließen. Dieser Zwang würde notwendigerweise unseren Anhaltspunkt, wonach die vorliegenden Untersuchungen deskriptive empirische Analysen darstellen sollen, anfechten.

11  Wobei unter Deduktion logisch gültiges Schließen zu verstehen ist. Zahlreiche Anhaltspunkte zu einer differenzierten Charakterisierung dessen, was unter "Deduktivität", "Schließen", "logisches Schließen", "natürlich-sprachliches Schließen" usw. zu verstehen sei, sowie der Rolle dieser Erscheinungen bei wissenschaftlichen Erklärungen sind in Klein (1987) und Kertész (1990a) zu finden. Da unser Anliegen lediglich eine heuristische Charakterisierung von grammatischen TO-Tatsachenerklärungen ist, und nicht ihre präzise, theoretisch anspruchsvolle Darstellung, wollen wir auf solche Differenzierungsmöglichkeiten unserer Behauptungen nicht eingehen.

TO-Explanandum und TO-Explanans ist, wenngleich ein solches im Prinzip bestehen kann, sondern ihre Interaktion, d.h. die Art und Weise, *wie ein gegebenes TO-Explanandum Q durch E in Q' überführt wird.*

Wenn man nun auf der einen Seite die nichtsubsumtive Natur der TO-Tatsachenerklärungen annimmt, auf der anderen Seite zwar die Möglichkeit eines deduktiven Verhältnisses zwischen TO-Explanans und TO-Explanandum nicht leugnet, aber diese als eine irrelevante, mehr akzidentelle Eigenschaft ansieht, wobei die eigentliche Relevanz der Interaktion zwischen den EMBs und den ESBs zukommt, so wird der Widerspruch, der dem Subsumtionsproblem zugrundeliegt, aufgelöst: In Einklang mit der Erkenntnis, daß TO-Tatsachenerklärungen nicht subsumtiv sind, wird angenommen, daß ihre *konstitutive* Eigenschaft nicht das deduktive Verhältnis zwischen TO-Explanans und TO-Explanandum ist, sondern ihre Interaktion; und in Einklang mit den Behauptungen der Generativisten wird nicht von vornherein geleugnet, daß die Theorie sich prinzipiell deduktiv systematisieren läßt und demnach ihre Tatsachenerklärungen unter Umständen in einem zumindest *regulativen* Sinne deduktiv sein können.[12]

Bis zu diesem Punkt bewegte sich die Argumentation ausschließlich auf dem Gebiet begrifflicher Operationen im konzeptuellen TO-Modul. Aber die Eigenschaft der generativen Theorie, die zur Formulierung des Subsumtionsproblems Anlaß gab, basierte zunächst nicht auf der TO-Begriffsstruktur, sondern auf der S-modularen Organisation der Grammatik. Dementsprechend muß im folgenden geklärt werden, wie die obige Lösung des Subsumtionsproblems, die ausschließlich auf den aus der Struktur von ESBs und EMBs hervorgehenden Konsequenzen beruht, mit der S-modularen Organisation der Grammatik zusammenhängt.

Aus dem Gesagten dürfte wohl folgen, daß dieses Verhältnis nicht mechanisch sein kann: Die S-Modularität des Sprachverhaltens und die Art und Weise der Interaktion von TO-Begriffen im TO-Explanans und TO-Explanandum sind durch voneinander unabhängige Überlegungen begründet worden. Wenn nun unsere Argumente für die Nichtsubsumtivität von grammatischen TO-Tatsachenerklärungen ausschließlich aus den generellen Eigenschaften der in diese eingeführten wissenschaftlichen TO-Begriffe resultierten, so ergibt sich, daß diese Art der Nichtsubsumtivität keinesfalls die S-Modularität des Verhaltens impliziert, dessen Instanzen (bzw. S-Repräsentationen) einer TO-Tatsachenerklärung bedürfen. Wenn aber die relevanten Beziehungen zwischen den zu erklärenden S-Repräsentationen und den zur TO-Tatsachenerklärung herangezogenen S-Prinzipien Parametrisierungen sind, dann wäre auf der anderen Seite die Modularität des Sprachsystems nicht

---

12 Auf eine Erläuterung des Unterschiedes zwischen konstitutiven und regulativen Eigenschaften soll hier nicht eingegangen werden; sie werden in ihrer geläufigen heuristischen Bedeutung verstanden, wonach die Veränderung einer konstitutiven Eigenschaft einer Sache (was das auch immer sein mag) die gänzliche Veränderung derselben nach sich zieht, während die Veränderung der regulativen Eigenschaften ihre Identität nicht angreift.

verträglich mit TO-Tatsachenerklärungen, die aufgrund ihrer TO-Begriffsstruktur die Eigenschaft der Subsumtivität aufweisen würden. Somit erhalten wir folgende Charakterisierung des Verhältnisses zwischen der oben angeführten Lösung des Subsumtionsproblems und der Modularitätshypothese: Die Konsequenzen, die sich aus den Eigenschaften der in den TO-Tatsachenerklärungen auftretenden TO-Begriffe ergeben, sind zwar sowohl mit der Annahme der S-modularen als auch mit der der S-nicht-modularen Organisation des durch die TO-Tatsachenerklärungen zu erfassenden S-Systems vereinbar; aber die Hypothese, daß das Sprachsystem S-modular organisiert ist, ist nur mit TO-Tatsachenerklärungen verträglich, die infolge ihrer TO-Begriffsstruktur nicht-subsumtiv sind. Bei der TM-Darstellung von grammatischen TO-Erklärungen sind, intuitiv gesprochen, die relevanten Stichwörter nicht "Subordination", "Reduktion" oder "Subsumtion", sondern "Interaktion" und "Koordination". Daraus, daß die Deduktivität von TO-Erklärungen zwar zugelassen, aber als nicht-konstitutiv beurteilt wird, resultiert die Möglichkeit einer differenzierten Betrachtungsweise, die die spezifischen Eigenschaften einer TO-Erklärung von der jeweiligen Beschaffenheit der ins Auge gefaßten Erscheinungen abhängig macht.[13]

Diese Schlußfolgerung ist u.a. auch deshalb relevant, weil sie ein Argument für die Stichhaltigkeit der Annahme darstellt, daß die in einer TO-modularen generativen Syntax verwendeten TO-Begriffe *in der Tat* semantisch unterdeterminiert sein müssen. Man mag zugeben, daß es für diese Annahme *keine* zwingenden *empirischen* Evidenzen gibt. Aber wenn man die Tatsache in Betracht zieht, daß (i) die angenommene semantische Unterdeterminiertheit von TO-Begriffen die Nicht-Subsumtivität von Tatsachenerklärungen impliziert, (ii) mit der S-modularen Organisation des Sprachverhaltens nur nicht-subsumtive TO-Tatsachenerklärungen verträglich sind, wobei man (iii) annimmt, daß sprachliches Verhalten tatsächlich S-modular organisiert ist, so folgt, daß die TO-Begriffe, die die

---

13    Es ist nicht unwichtig, darauf hinzuweisen, daß dieses Ergebnis die *tatsächlichen* ojektwissenschaftlichen Intentionen der TO-modular verfahrenden Objektwissenschaftler mit den Mitteln einer auf (WMH) beruhenden einzelwissenschaftlich verfahrenden Wissenschaftstheorie erfaßt:

> Bei der Aufstellung erklärender Theorien ist es ganz allgemein ein Erkenntnisgewinn, wenn es gelingt, die Gesetzmäßigkeiten verschiedener Domänen $D_1, D_2, ..., D_n$ zu erklären, sie also auf die für $D$ geltenden Gesetze zurückzuführen.... Die Domänen $D_1, D_2$, usw. sind gegenüber den Gesetzen von $D$ nur durch die für $D_i$ jeweils speziellen Randbedingungen ausgezeichnet. Andererseits erlaubt dieser Zusammenhang nicht einen generellen Reduktionismus ... Obwohl ohne Zweifel ein Fundierungszusammenhang .... besteht, ist die Reduktion des jeweils spezielleren auf den fundierenden Bereich nicht erlaubt, weil die spezifischen Randbedingungen eigenen Gesetzmäßigkeiten unterliegen, die bei einer Reduktion vernachlässigt würden. ... Ohne dieses verzweigte methodologische Problem hier ernstlich zu erörtern, will ich festhalten, daß die Frage, wieweit verschiedene Gebiete auf *eine* Theorie zurückzuführen sind und wieweit sie durch spezielle Theorien zu erklären sind, nicht durch ein Dogma, sondern jeweils durch die empirischen Gegebenheiten zu entscheiden ist. Bierwisch (1981: 21-22)

Beschreibung eines S-modularen Systems leisten sollen, notwendigerweise semantisch unterdeterminiert sein müssen.

## 4.5 Konsequenz 2: Das Prognoseproblem

Eine allgemeine Anforderung gegenüber wissenschaftlichen Erklärungen besagt, daß sie prognosefähig sein müssen. In diesem Sinne wird in der Literatur zur Wissenschaftstheorie der generativen Linguistik vielfach das Problem zugespitzt aufgeworfen, *ob das, was von den Verfechtern der generativen Grammatik als TO-Tatsachenerklärung bezeichnet wird,* die Formulierung von TO-Voraussagen gestattet oder nicht. Wenn diese Frage im weiteren als das *Prognoseproblem* der grammatischen TO-Erklärungen genannt und als eine von einem jeden Ansatz zur Wissenschaftstheorie der generativen Linguistik zu lösende zentrale Schwierigkeit beurteilt wird, so wurzelt das in folgenden — allerdings allgemein bekannten — Fakten:

(i) Die klassische Darstellung des Verhältnisses zwischen Erklärungen und Prognosen in der Analytischen Wissenschaftstheorie ist die These ihrer strukturellen Identität (vgl. etwa Hempel 1965, Stegmüller 1969, 1983 usw.). Diese These besagt — auf die Linguistik bezogen —, daß eine grammatische TO-Erklärung auch immer eine potentielle TO-Prognose darstellt, und umgekehrt, daß TO-Prognosen auch immer potentielle TO-Erklärungen zur Verfügung stellen. Da aber diese These eine deduktive Rekonstruktion wissenschaftlicher Erklärungen voraussetzt, aus den bisher getroffenen Feststellungen über grammatische TO-Erklärungen aber hervorgeht, daß TO-Erklärungen nur bedingt zu deduktiven Systematisierungen Anlaß geben, darf die Annahme, wonach in der generativen Linguistik TO-Erklärungen mit TO-Prognosen verknüpft werden, nicht ihre strukturelle Gleichheit implizieren. Sie muß vielmehr aus dem allen wissenschaftlichen Erklärungsversuchen zugrundeliegenden heuristischen Desiderat resultieren, daß jede Art Erklärung irgendwie Anlaß zu Vorhersagen geben muß, bzw. jede wissenschaftstheoretische Darstellung wissenschaftlicher TO-Erklärungen inadäquat ist, die den Zusammenhang zwischen Erklärungen und Prognosen nicht zu klären versucht. Das Problem ist daher nicht die Frage, ob TO-Erklärungen und TO-Prognosen strukturgleich sind oder nicht, sondern, ob in der generativen Linguistik *überhaupt* ein Zusammenhang zwischen TO-Erklärungen und TO-Voraussagen besteht. Von der Beantwortung dieser Frage hängt vieles ab: Nicht nur die Kennzeichnung des Potentials der generativen Grammatik bei der Erkenntnis sprachlicher Verhaltensabläufe, sondern auch die Beurteilung der Tragweite unseres wissenschaftstheoretischen Ansatzes. Wie kann man also dem genannten Desiderat Rechnung tragen?

(ii) Heuristisch wird angenommen, daß Prognosen etwas über "Zukünftiges" aussagen. Was soll das im Hinblick auf die generative Linguistik bedeuten?

(iii) Heuristisch wird angenommen, daß Prognosen immer bis dahin unbekannte, "neue" Informationen enthalten. Was ist unter der "Neuheit" der Informationen genau zu verstehen?

Ein erster Ansatz zur Lösung des Problems generativer TO-Prognosen, der in der einschlägigen Literatur unterbreitet worden ist, besagt, daß die vorherzusagenden Erscheinungen trivialerweise bereits potentiell im TO-Explanans vorhanden sind und deshalb nicht als TO-Prognosen gelten können, wodurch den grammatischen TO-Erklärungen jede Art der Prognosefähigkeit abgestritten wird:

> Zur Zeit der Aufstellung der Fallgesetze ist der Ausgang eines später eintretenden Fallereignisses noch nicht bekannt. Deshalb, eben weil er in die Formulierung der Fallgesetze noch nicht eingegangen ist, gilt er auch für diese Gesetze als Testfall und Bewährung. *Bei der Erstellung einer generativen Grammatik aber ... sind alle Sätze schon in der Grammatik enthalten, auch der einzelne, angeblich vorhergesagte, der das Explanandum der D-N-Systematisierungen bildet.* Es braucht also nicht zu verwundern, wenn der Explanandumsatz mit dem Explanandumereignis übereinstimmt. Logisch gesehen ist dies nicht eine Bestätigung der Theorie, sondern eine interne Kontrolle darüber, daß die Grammatik nicht dem ihr zugrundegelegten Material widerspricht — was auch sehr zu begrüßen ist. (Weydt 1975: 65, Hervorhebung von mir, A.K.)

Diese Ansicht wird erwartungsgemäß von den Verfechtern der hermeneutisch ausgerichteten Wissenschaftstheorie der Linguistik (s. etwa Andresen 1974, Itkonen 1975, Oesterreicher 1979; aber auch Bense 1978) zustimmend zitiert, von den Analytikern hingegen kritisiert (z.B. Janssen 1982). Janssen versucht die zitierte Annahme dadurch zu widerlegen — und das ist der zweite Lösungsvorschlag —, daß er Weydt einen Kategoriefehler nachzuweisen versucht, indem er ihm unterstellt, er erkenne nicht den Unterschied zwischen dem logischen Zusammenhang von TO-Explanandum und TO-Explanans einerseits, und der zeitlichen Gegebenheit des Explanandumereignisses und der Antezedensdaten andererseits. Da etwa nach Stegmüller (1969) die Problematik des zeitlichen Verhältnisses zwischen einer Theorie und den TO-Explanandum- und Antezedensdaten nicht ein spezifisch linguistisches, sondern ein allgemein-wissenschaftstheoretisches Problem darstellt, soll sich nach Janssen Weydts Argument nicht dazu eignen, die Existenz von Prognosen in der generativen Grammatik in Frage zu stellen.

Im folgenden werden wir zeigen, daß die These (T6') eine sehr einfache Lösung des Problems, ob in der generativen Linguistik TO-Erklärungen mit TO-Prognosen assoziiert werden können oder nicht, bereitstellt, die allerdings in eine ganz andere Richtung weist als diese zwei Positionen.

Mary Hesse hat darauf hingewiesen (Hesse 1963, 1972), daß unter Prognosefähigkeit grundsätzlich drei verschiedene Erscheinungen verstanden werden können:

(i) Die Regelmäßigkeiten, die im Explanans auftreten, umfassen Instanzen, die zu einer gegebenen Zeit noch nicht beobachtet worden sind. Dies dürfte wohl den intuitiven Anforderungen gegenüber Voraussagen nicht entsprechen, weil die "vorausgesagten" Fakten im Explanans von vornherein enthalten sind, wenn auch nicht explizit.

(ii) Aus dem Explanans können weitere allgemeine Gesetzmäßigkeiten abgeleitet werden. In diesem Fall aber bleiben die Prognosen noch im Rahmen der Prädikate, die im Explanandum vorhanden sind. Dies wäre nach Hesse eine *schwache* Form der Prognose, die eher die Anwendung einer Theorie als ihre Erweiterung betrifft.

(iii) Eine dritte Möglichkeit würde darin bestehen, daß die Prognose neue EMBs festlegt; das wäre der Fall der echten Prognose. Wir sprechen hier deshalb von einer *echten Prognose*, weil dabei beiden intuitiven Anforderungen Rechnung getragen wird: Dem zeitlichen Verhältnis zwischen Explanandum und Explanans und der innovatorischen Fähigkeit von Prognosen.

Dem ersten Versuch zur Lösung des Prognoseproblems, der durch das Weydt-Zitat repräsentiert wurde, entspricht eindeutig der Fall (i), der sicherlich trivial ist und tatsächlich nicht als Prognose gelten kann.

Da Janssen auf der einen Seite diese Charakterisierung der generativen Linguistik nicht zuerkennt, aber auf der anderen Seite auch nicht behauptet, daß das TO-Explanans neue Prädikate im TO-Explanandum festlegt, läuft seine Argumentation im Grunde genommen auf den Nachweis dessen hinaus, daß in der generativen Linguistik schwache Prognosen im Sinne von (ii) möglich sind:

> Selbst wenn man Weydts Argumentation weitergehend interpretiert als die Forderung nach einer innovatorischen Natur von Erklärungen, daß also Erklärungen etwas bisher nicht Gewußtes produzieren, so trifft dies nicht die generative Theorie. Es sind die erklärenden Prinzipien der generativen Linguistik, die Neues repräsentieren, nicht jedoch die vorausgesagten Fakten... (Janssen 1982: 44)

Wenn man jetzt mit der These (T6') annimmt, daß ein ins TO-Explanans eingeführter neuer TO-Begriff die TO-Begriffe im TO-Explanandum unter gewissen Bedingungen modifiziert, dann werden die ursprünglichen konzeptuellen Einheiten, in denen sich die zu erklärenden Beobachtungen manifestierten, konzeptuell verschoben oder differenziert, so daß ein anderer EMB entsteht als der, der *vor der Einführung* des ESBs vorlag. Sei z.B. $P$ ein vollspezifizierter TO-Begriff, der in einem eine TO-Erklärung verlangenden TO-Explanandum $R$ vorkommt. Man nehme an, $R$ werde dadurch erklärt, daß man ein TO-Explanans $S$ konstruiert, das den TO-Begriff $T$ enthält. Wenn nun TO-Explanans und TO-Explanandum miteinander verknüpft werden und dementsprechend $P$ und $T$ auf der Basis des konzeptuellen Prinzips der Selektion miteinander interagieren, so kann es

aufgrund von (T6') durchaus vorkommen, daß *T* ein anderes Element *P'* der TO-Begriffsfamilie, deren Mitglied auch *P* ist, selegiert. Da dieser TO-Begriff *P'* nicht identisch mit
*P* ist und nicht zum Beschreibungsapparat der Daten gehört, die bei der Formulierung von
*R* vorhanden waren, *muß in Einklang mit Hesses Definition die Formulierbarkeit von
echten TO-Prognosen in der generativen Linguistik anerkannt werden.*

Wenn wir dementsprechend unter einer *TO-Prognose in der generativen Linguistik*
die Erscheinung verstehen, daß ein EMB durch einen ESB infolge des TO-Prinzips der
konzeptuellen Selektion konzeptuell verschoben oder differenziert wird, dann wird unsere
Lösung den eingangs genannten allgemeinen heuristischen Anforderungen gegenüber
Prognosen gerecht. Sie erfaßt das zeitliche Verhältnis zwischen TO-Explanandum und
TO-Explanans, denn daraus, daß der EMB *P* durch den ESB modifiziert und durch
konzeptuelle Operationen in *P'* überführt wird, folgt, daß *P'* zeitlich später zur Verfügung
steht als der ursprüngliche EMB *P* und das TO-Explanans *S*. Es ist deshalb durchaus
gerechtfertigt zu sagen, daß der Eintritt des TO-Explanandums *R'*, das sich von einem
TO-Explanandum *R* nur dadurch unterscheidet, daß es an Stelle von *P*, *P'* enthält,
"vorausgesagt" wurde. Zweitens wird auch der Forderung der innovatorischen Beschaffenheit von TO-Prognosen Genüge getan. Echte Prognosen produzieren etwas Neues, weil
*P'* nicht identisch mit *P* ist. Das "Neue" ist ein mit *P* zwar verwandtes, aber sich von ihm
unterscheidendes Element einer TO-Begriffsfamilie. Die Lösung wird auch dem eingangs
unter (i) genannten Desiderat über das Verhältnis zwischen TO-Tatsachenerklärungen und
TO-Prognosen gerecht: Wenn es in der generativen Grammatik TO-Tatsachenerklärungen
gibt, dann gibt es auch TO-Prognosen, und umgekehrt. Allerdings impliziert nicht jede
TO-Tatsachenerklärung das Vorhandensein einer entsprechenden TO-Prognose, denn es
hängt immer von der Beschaffenheit der jeweiligen ESBs und EMBs sowie des TO-Kontextes ab, ob und in welchem Maße der EMB konzeptuell verschoben bzw. differenziert
wird.[14] In dieser Hinsicht gibt es keine Strukturgleichheit zwischen TO-Tatsachenerklärungen und TO-Prognosen in der generativen Linguistik, obwohl ihr Verhältnis klar und
eindeutig beschrieben werden kann.


## 4.6  Konsequenz 3: Das Paradoxon der (WMH)

TO-Explanandum und TO-Explanans sind als konzeptuelle TO-Repräsentationen darzustellen und in Einklang damit wird bei ihrer Festlegung auf den TO-Kontext *ct* Bezug
genommen. Wenn im TO-Explanans gewisse S-Gesetzmäßigkeiten konzeptuell repräsen-

---

14      Vgl. auch die Überlegungen im Abschnitt 3.4.

tiert werden sollen, dann ist zu erwarten, daß die dabei auftretenden TO-Begriffe im bereits erläuterten Sinne konzeptuell variabel sind. Wollte man diese S-Gesetzmäßigkeit als eine universelle Generalisierung

$$(1) \qquad \forall x(A(x) \to B(x))$$

formulieren, so müßten mindestens zwei Bedingungen erfüllt werden:[15]

(i) Der TO-Kontext *ct*, von dem die konzeptuelle Repräsentation von Ausdrücken abhängt, wird nicht verändert, und

(ii) jede relevante Evidenz zur Formulierung von (1) ist von vornherein gegeben.

Da sich ein TO-Kontext durch die Einbeziehung immer neuer Fakten, Prädikate, Begriffe, Argumente usw. ständig ändert, kann Bedingung (i) nicht erfüllt werden und die Prädikate *A* und *B* werden immer anderen Elementen einer Begriffsfamilie zugewiesen. Bedingung (ii) könnte nur in dem trivialen Fall erfüllt sein, wenn der ganze Bereich von *x* von vornherein festgelegt ist. Dies ist aber nicht möglich, denn aus (T6') folgt, daß es TO-Explananda geben kann, die erst nach der Formulierung des TO-Explanans identifiziert werden können und demgemäß nicht identisch mit den Elementen des ursprünglich gegebenen Bereichs von *x* sind. Wäre dies nicht der Fall, so bestünde kein Bedarf für TO-Tatsachenerklärungen und auch die Versuche zu universellen Generalisierungen wären überflüssig. Es folgt daher, daß die im Kapitel 3 ermittelten TO-Prinzipien der generativ-linguistischen Begriffsbildung die *Unmöglichkeit von universellen Generalisierungen* implizieren.

Laut (MH) wird das gesamte menschliche Verhalten durch die Interaktion von eigenständigen und *auf universellen S-Prinzipien beruhenden S-Modulen* determiniert, und nach (WMH) stellt wissenschaftliche Erkenntnis einen Teilbereich menschlichen Verhaltens dar, der ebenfalls als Interaktion solcher Module beschrieben werden kann. Aus dieser Annahme ergab sich in den Kapiteln 2 und 3 die Notwendigkeit, die Bedeutungen von grammatischen TO-Begriffen als semantisch unterdeterminiert zu betrachten. Wenn aber, im Sinne des vorangehenden Abschnitts, diese Konsequenz zur Unmöglichkeit von universellen Generalisierungen führt, muß (MH) und somit auch (WMH) falsch sein. *Dadurch widerlegt eine TM-modulare Wissenschaftstheorie ihre eigene Prämisse.* Man gelangt zum *Paradoxon der (WMH)*: Wenn (WMH) richtig ist, gibt es keine universellen S-Prinzipien menschlichen Verhaltens — wenn es aber keine universellen S-Prinzipien menschlichen Verhaltens gibt, dann ist (WMH) falsch.

Offensichtlich bestehen zwei prinzipielle Möglichkeiten zur Vermeidung des Paradoxons: Entweder gibt man (WMH) auf, was allerdings die Widerlegung aller im Rahmen der bisherigen Untersuchungen formulierten Behauptungen nach sich zieht; oder man weist

---

15    Vgl. auch Hesse (1988a).

nach, daß die universellen S-Prinzipien der S-Module menschlichen Verhaltens *per definitionem* keinen auf Allquantifikation beruhenden Generalisierungen im Sinne von (1) entsprechen. Daß die zweite Alternative tatsächlich zutrifft, und zwar unabhängig von den Implikationen der (WMH), läßt sich leicht einsehen: Da die S-Prinzipien freie S-Parameter d.h. Variablen enthalten, die bei der TO-Beschreibung eines S-Prinzips selbst durch einen Allquantor nicht gebunden werden dürfen, weil ihre Werte je nach Interaktion der S-Module variieren können, sind die S-Prinzipien grundsätzlich "*unterspezifiziert*" (Williams - Roeper 1988). Wenn die S-Prinzipien, trotzdem sie "universell" genannt werden, in dieser Weise von vornherein unterdeterminiert bzw. unterspezifiziert sind, dann besteht kein Widerspruch zwischen der Existenz dieser S-Prinzipien und der aus der (WMH) folgenden Unmöglichkeit ihrer Bindung durch den Allquantor.

Dieses Paradoxon und seine Auflösung sind von *grundlegender Wichtigkeit* für die Erarbeitung einer TM-modularen Wissenschaftstheorie. Erstens zeigt sich, daß die (WMH) aufrecht erhalten werden kann, weil sie zu einer Konsequenz führt, die sich aufgrund von unabhängigen Tatsachen untermauern läßt. Zweitens folgt aus diesem metawissenschaftlichen Paradoxon sowie aus der Tatsache, daß es nur durch die Annahme von Parametrisierungen zwischen relativ autonomen Systemen menschlichen Verhaltens einer mit den bisherigen Annahmen konsistenten Lösung zugänglich ist, die Plausibilität der gegenwärtigen Entwicklungstendenzen der generativen und, allgemeiner, der theoretischen Linguistik. Diese Argumentation ist natürlich zirkulär. Der Zirkel ist aber nicht destruktiv. Ganz im Gegenteil: Es handelt sich dabei um eine *empirisch angelegte rückläufige metawissenschaftliche Bestätigung einer objekttheoretischen Annahme.*[16]

## 4.7  Ein ungelöstes Problem: Die Bewertung von Erklärungen

Sowohl in der generativen Forschungspraxis als auch in der metawissenschaftlichen Literatur über die generative Theoriebildung wird dem Problem des Verhältnisses zwischen TO-Tatsachenerklärungen und dem generativen Bewertungssystem eine große Wichtigkeit zugeschrieben (s. z.B. Bense 1978, Janssen 1982 usw.). Eine schwer zu behebende Schwierigkeit besteht allerdings in der Komplexität dieses Problems. Es hängt nämlich mit einer Reihe von allgemeinen epistemologischen Problemen sowie vieldiskutierten methodologischen Fragen der generativen Theoriebildung zusammen; erstere

---

16    Wichtig ist zu betonen, daß die Bestätigung nicht aufgrund von *a-priori*-Bedingungen der Rationalität erfolgte, sondern durch eine *empirische* Analyse. Dieser Prozeß ist von grundlegender Relevanz für die Konstruktivität der Metatheorie. Auf diesen Aspekt des Paradoxons werden wir im Kapitel 6 ausführlicher zu sprechen kommen.

knüpfen sich an den Holismus und die empirische Unterdeterminiertheit von Theorien, letztere an das Projektionsproblem. Aus diesem Grunde ist es — bevor die Möglichkeiten eines Lösungsvorschlags erwogen werden — unumgänglich, zunächst den Hintergrund für die Problemstellung selbst zu präzisieren.[17]

In den methodologischen Diskussionen zu den *regelorientierten* TO-Erklärungen des Standardmodells der generativen Linguistik wurde die Frage, *wie zwischen alternativen TO-Tatsachenerklärungen entschieden wird*, mit dem in der generativen Literatur als zentral ausgezeichneten *Projektionsproblem* verbunden. Dieses Problem betrifft das Gebiet des Spracherwerbs und läßt sich in seiner schlichtesten Form etwa so formulieren: Wie kann das Kind trotz der Unterdeterminiertheit der ihm zur Verfügung stehenden Evidenz die korrekte Grammatik seiner Sprache auswählen? Die Lösung des Projektions-problems schien in der Standardtheorie aus einem in die Theorie integrierten Bewertungs-system hervorzugehen, wobei allerdings als wichtigstes und womöglich einziges TO-Be-wertungskriterium das der Einfachheit angesehen wurde. Wenn Grammatiken wie empi-rische Theorien fungieren, so ist das Problem der Selektion einer korrekten Grammatik identisch mit dem Problem der Selektion einer korrekten empirischen Theorie aufgrund von Erfahrungsdaten. Da nach der zwar nicht unproblematischen, aber weitgehend akzep-tierten Argumentation Quines wissenschaftliche Theorien durch die Erfahrung grundsätz-lich unterdeterminiert sind und demnach für denselben empirischen Datenkorpus mehrere empirisch äquivalente, aber miteinander unverträgliche Theorien möglich sind (Quine 1975), stellt sich das Projektionsproblem als ein Spezialfall des Problems der empirischen Unterdeterminiertheit von Theorien. Wichtig ist, daß das allgemeine epistemologische Problem der Entscheidung zwischen empirisch äquivalenten Theorien ebenfalls auf einem Bewertungssystem mit "Einfachheit" als Hauptkriterium beruht.[18] Folglich kam es bei den regelorientierten TO-Erklärungen der Standardtheorie der generativen Linguistik zu einer Verflechtung *zwischen dem psychologischen Problem der Lernbarkeit und einem episte-mologischen Problem der Theoriebildung von allgemeiner Tragweite*, wobei die zwar keineswegs zufriedenstellende, aber anscheinend einzig mögliche Lösung beider Probleme aus dem Vorhandensein von TO-Bewertungskriterien zu resultieren schien.

Bei der Bewertung der *prinzipienorientierten* TO- Erklärungen der Rektions- und Bindungstheorie verliert hingegen das Projektionsproblem an Bedeutung. Entscheidend

---

17    Eine detaillierte Analyse des Zusammenhangs der hier erwähnten Probleme befindet sich allerdings in Kertész (1990d).

18    Nebenbei sei bemerkt, daß, obwohl es beträchtliche Gegensätze zwischen Chomsky und Quine gibt, Chomsky die Plausibilität der Annahme, wonach linguistische Theorien bzw. Grammatiken in derselben Weise empirisch unterdeterminiert sind wie naturwissenschaftliche Theorien im allgemeinen, explizit anerkennt (Chomsky 1976: 178- 204). Die Beiträge zur Debatte finden sich in Davidson - Hintikka (Hrsg.) (1969), Davidson - Harman (Hrsg.) (1972), Chomsky (1976, 1980). Eine Auswertung dieser Diskussion, die allerdings mit einer scharfen Kritik der generativen Linguistik verbunden ist, gibt Winston (1978).

dabei ist der hohe Grad an Restriktivität, der die prinzipienorientierten TO-Erklärungen auszeichnet und der in der Standardtheorie nicht erreicht werden konnte.[19] Zum einen läßt sich aus rein logischen Gründen einsehen: Je restriktiver eine Theorie, desto geringer die Zahl zugelassener datenkonsistenter Grammatiken, wodurch das Bewertungssystem erheblich entlastet wird und die Tragweite des Projektionsproblems sich vermindert.[20] Zum zweiten führt aber die Wende, die in der generativen Theoriebildung durch die Erkennung der Mechanismen von S-Prinzipien und S- Parametern hervorgerufen wurde, in der Tat zu einer prinzipiellen Lösungsmöglichkeit des Projektionsproblems, bei der den TO-Bewertungskriterien keine relevante Rolle zukommt.[21] Es wird nämlich davon ausgegangen, daß die S-Prinzipien der universellen Grammatik, die mit freien S-Parametern assoziiert werden und miteinander interagieren, angeborener Natur sind. Was dann das Kind lernen muß, ist lediglich die Fixierung der S-Parameter, die gewöhnlich als zweiwertige Optionen konzipiert werden, sowie die Elemente der Peripherie. Je weniger Möglichkeiten bei der Bewertung grammatischer Regularitäten bestehen, desto leichter ist es, die korrekte Grammatik durch die Fixierung der S-Parameter herzustellen. Diese kurze Diskussion der Problematik kann über die Fülle der Schwierigkeiten und die Notwendigkeit von weiteren Differenzierungen nicht hinwegtäuschen, in dem vorliegenden Zusammenhang kommt es aber lediglich auf eine prinzipiell notwendige Abkoppelung des Projektionsproblems von dem Problem des generativen Bewertungssystems an: Bei prinzipienorientierten TO-Erklärungen wird die Verflechtung des Problems der Lernbarkeit mit dem epistemologischen Problem der Unterdeterminiertheit von Theorien aufgelöst, und das Problem der Bewertung von TO-Tatsachenerklärungen wird vom Projektionsproblem *abgekoppelt*. Da ursprünglich die Einführung eines Bewertungsverfahrens in die generative Linguistik durch das Projektionsproblem motiviert war, dieses aber bei prinzipienorientierten TO-Erklärungen irrelevant ist, stellt sich die Frage, ob TO-Bewertungskriterien *überhaupt* einen Platz in der Rektions- und Bindungstheorie haben. Insofern auch eine Prinzipien-und-Parameter-Theorie von der empirischen Unterdeterminiertheit betroffen ist, muß die Antwort von vornherein bejahend sein. Um die Konsequenzen erhellen zu können, ist aber angebracht, auf einen weiteren Aspekt einzugehen.

Eine Theorie, deren TO-Tatsachenerklärungen das Verhältnis zwischen TO-Explanans und TO-Explanandum in der von These (T6') nahegelegten Form bestimmen, repräsentiert in einer nicht-trivialen Weise das *Netzwerk-Modell* wissenschaftlicher Theo-

---

19    Es sei daran erinnert, daß die TO-Erklärungen der Rektions- und Bindungsteorie sowohl prinzipienorientiert als auch modular sind im Sinne von Fußnote 4.

20    S. Janssen (1982: 145 ff.) zur Diskusssion des Zusammanhangs zwischen Restriktivität und Bewertung in den früheren Arbeiten zur generativen Linguistik.

21    Vgl. z.B. Fanselow - Felix (1987: 128. ff.), Hornstein - Lightfoot (1981), Chomsky (1981a), Hyams (1986), Roeper - Williams (Hrsg.) (1988).

rien, deren bekannteste Darstellung die *Duhem-Quine-These* ist.[22] Im Sinne des Netzwerk-Modells bzw. in dem der Duhem-Quine-These ist eine wissenschaftliche Theorie nicht die Summe diskreter Tatsachen oder Thesen, die voneinander abgegrenzt bzw. isoliert werden können, sondern stellt ein organisches Ganzes dar, in dem jedes Element mittelbar oder unmittelbar mit jedem anderen Element zusammenhängt. Erweist sich eine Beobachtung oder eine These als revisionsbedürftig, so zieht sie die Revisionsbedürftigkeit anderer Elemente und somit des ganzen Systems nach sich. Die Verhältnisse unter den Elementen können zwar auf Deduktion beruhen, aber auch andersartige Relationen sind relevant wie etwa Analogie, Ähnlichkeit, Koordination, Uniformität usw. In einem Netzwerk fungieren die Prinzipien, deren Aufgabe die Bewertung von Erklärungen ist, nicht im Sinne der Unterdeterminiertheitsthese als Stützpunkte zur Auswahl einer bestimmten Theorie, sondern als *Kohärenzbedingungen*. Kohärenzbedingungen sind *Forschungsregeln*, die die Neuorganisation bzw. Neustrukturierung eines Systems von wissenschaftlichen Kenntnissen steuern.

Wenn nun generative TO-Tatsachenerklärungen im Sinne von (T6') dadurch ausgezeichnet sind, daß durch die Einführung eines TO-Begriffs ins TO-Explanans das TO-Explanandum modifiziert wird, so ergibt sich, daß TO-Tatsachenerklärungen immer durch die Neubewertung der bereits als bekannt vorausgesetzten Fakten zustandekommen. Die wesentlichste Eigenschaft von TO-Tatsachenerklärungen besteht somit — ganz in Einklang mit dem Grundmerkmal eines Netzwerkes — darin, daß sie zur Neusystematisierung der ganzen TO-Theorie beitragen.

Ein weiteres Argument dafür, daß generative Theorien die Eigenschaften eines Netzwerk-Modells aufzeigen, geht daraus hervor, daß versucht wird, solche TO-Beschreibungen für S-Repräsentationen und S-Prinzipien anzugeben, die der angenommenen S-Modularität des Sprachsystems entsprechen. Daß die S-Prinzipien — in dem von Quine eingeführten metaphorischen Sinne — ein netzwerkartiges Gebilde konstituieren, indem sie durch ihr Ineinandergreifen die einzelnen S-Repräsentationen determinieren, ist intuitiv ziemlich einleuchtend. Die neuere generative Literatur wimmelt von Beispielen, die diese

---

22    Auf einen historischen Überblick über die Entfaltung des Netzwerk-Modells soll hier nicht eingegangen werden. Es soll genügen, soviel zu erwähnen, daß dieses Modell vor einigen Jahrzehnten — in Anlehnung an Duhem — in Quine (1953) aufgegriffen und propagiert wurde. Die Grundideen des Modells wurden dann für verschiedene Zwecke ergänzt bzw. modifiziert. Erwähnt werden soll dabei vor allem Hesse (1974), wo das Modell auf das Bestätigungsproblem bezogen wurde, Rescher (1979), wo es als die Grundlage einer kohärentistischen Epistemologie fungiert und Bloor (1982), wo es zur Lösung einiger Grundfragen der Wissenssoziologie dient. Einige wichtige Beiträge zur Diskussion über die von Quine aufgeworfene Problematik finden sich z.B. in Davidson-Hintikka (Hrsg.) (1969) und Harding (Hrsg.)(1976). Mit Nicht-Trivialität ist hier die Tatsache gemeint, daß die Konsequenz, wonach sich die Systematisierung der generativen Theorie in der Form des Netzwerk-Modells darstellen läßt, nicht ausschließlich aus dem in 2.5 (iii) erwähnten Postulat unseres Untersuchungsrahmens  folgt, sondern sich aus der im Abschnitt 3.3 nachgewiesenen semantischen Unterdeterminiertheit generativer Begriffsbildung sowie den dadurch implizierten Eigenschaften generativer Tatsachenerklärungen ergibt.

Behauptung veranschaulichen mögen; an dieser Stelle soll es allerdings genügen, ein klassisches Zitat aus Quines Werk mit einer Eigentümlichkeit der Rektions- und Bindungstheorie zu vergleichen, die Chomsky an mehreren Stellen in verschiedener Weise schilderte:

> Reevaluation of some statements entails reevaluation of others, because of their logical interconnections... Having reevaluated one statement we must reevaluate some others. Which may be statements logically connected with the first or may be the statements of logical connections themselves. Quine (1953: 42)

> The conceptual shift to a principles-and-parameters theory also opens some new empirical questions for investigation and suggests a reformulation of others. ... Note that a change in the value of a single parameter may have complex consequences, as its effects filter through the system. A single change of value may lead to a collection of consequences that appear, on the surface, to be unrelated. Chomsky (1986: 151)

Folglich bedarf der Status der Frage nach dem Verhältnis zwischen prinzipienorientierten TO-Tatsachenerklärungen und den generativen TO-Bewertungskriterien einer grundsätzlichen *Neubewertung*: Offensichtlich geht es nicht darum, daß man zwischen zwei empirisch äquivalenten TO-Tatsachenerklärungen bzw. Grammatiken mit Hilfe von TO-Bewertungskriterien wie "Einfachheit" wählen muß, sondern um das verwandte, aber nicht identische Problem, wie ein Netzwerk von Kenntnissen, das zu einem bestimmten Zeitpunkt als die beste TO- Tatsachenerklärung (Theorie, Grammatik) gilt, indem sie die Kohärenzbedingungen erfüllt und den ursprünglich ins Auge gefaßten Daten gerecht wird, revidiert werden soll, wenn neue und mit den bereits akzeptierten Kenntnisen unverträgliche Fakten auftreten (zur Formulierung dieses Problems s. u.a. Quine 1978, Hesse 1974, Bloor 1982).[23]

Zwar liegt diesem Problem ebenfalls die Unterdeterminiertheit der empirischen Erkenntnis zugrunde, und die Lösung hängt ebenfalls mit TO-Bewertungskriterien zusammen, aber die Rolle des Bewertungsmechanismus ist in diesem Fall *grundsätzlich anders* als bei der Bewertung von TO- Tatsachenerklärungen im Falle ihrer empirischen Äquivalenz. Daraus dürfte die Notwendigkeit einer *zweiten Abkoppelung* folgen: Die Frage, welche Rolle der Bewertungsmechanismus bei der Entscheidung zwischen zwei empirisch äquivalenten Tatsachenerklärungen spielt, wird von der Frage getrennt, wie die Kohärenzbedingungen bei den notwendigen Revisionen eines Netzwerks im Hinblick auf die Bewertung der sich anbietenden TO-Tatsachenerklärungen funktionieren. Die zweitgenannte Frage scheint das eigentliche Problem des Verhältnisses zwischen TO-Tatsachenerklärungen und dem generativen Bewertungssystem zu sein. Da die bisherige Diskussion

---

23    Diese Schlußfolgerung wurde in Kertész (1990d) mit Fallstudien untermauert; vgl. auch die Fallstudie über die Doppelkopfkritik im Anhang (Abschnitt 7.3).

des generativen Bewertungssystems in der einschlägigen Literatur nicht dieses Problem, sondern die beiden von ihm durch unsere Problemanalyse abgekoppelten Probleme zum Gegenstand hatte, konnte diese Diskussion schon deshalb nicht die Ergebnisse aufzeigen, die man aufgrund der Gründlichkeit mancher Untersuchungen mit Recht hätte erwarten können,[24] weil das falsche Problem ins Auge gefaßt wurde. Auf eine Formel gebracht: *Nicht das Problem der empirischen Unterdeterminiertheit, sondern die Duhem-Quine-These ist bei der Bestimmung der Eigentümlichkeiten des generativen Bewertungssystems ausschlaggebend.* Im Lichte dieser Konsequenz ist es notwendig zu untersuchen, um welche spezifischen TO-Bewertungskriterien es sich eigentlich in der generativen Syntax handelt und durch welche zugrundeliegenden Mechanismen diese bedingt sind.

Es ist nicht ganz eindeutig, wieviele und welche TO-Bewertungskriterien es in der generativen Linguistik gibt. Problematisch ist vor allem folgendes:

(1)(a)  Erstens ist zu beobachten, daß in der Geschichte der generativen Linguistik die Bedeutung und Rolle der TO-Bewertungskriterien Veränderungen unterworfen waren:[25] Während in der Standardtheorie "Einfachheit" als wichtigstes und vielleicht einziges Kriterium angesehen wurde, kommt ihr gegenwärtig wenig Bedeutung gegenüber der "unabhängigen Motivation (Evidenz)" und der "Restrikitivität" zu.[26]

(b)  Weiterhin hängt die Präferenz von TO-Bewertungskriterien auch vom jeweiligen TO-Kontext ab: Gegenwärtig ist das TO-Bewertungskriterium der Restriktivität eindeutig forschungsleitend auf dem Gebiet der Lernbarkeit, während in der universalgrammatisch ausgerichteten Literatur die "unabhängige Motivation" entscheidend ist (Janssen 1982, Fanselow - Felix 1987).

(c)  Schließlich ist es auch fraglich, ob in einem bestimmten TO-Kontext oder in einem bestimmten Entwicklungsstadium der generativen Linguistik jeweils nur ein TO-Bewertungskriterium vertreten wird oder mehrere bzw. ob und inwieweit ein Kriterium sich in verschiedenen Formen manifestieren kann.[27]

---

24   Vgl. etwa die sehr subtilen Analysen in Janssen (1982).

25   Diskussionen zu den TO-Bewertungskriterien finden sich u.a. in Bense (1978), Velde (1974), Janssen (1982), Botha (1981), Wunderlich (1981) usw.

26   Daß "unabhängige Evidenz" und "Restriktivität" als TO-Bewertungskriterien fungieren, wurde in Janssen (1982) nachgewiesen.

27   Vgl z.B. Chomskys Behauptung:

In a sense, then, I think that those linguists who have insisted that a multiplicity of criteria must be brought to bear in each particular aspect of linguistic analysis, are correct, although in another (and more interesting) sense, there is only one criterion, over-all simplicity of the grammar, which may, in particular instances, give rise to a variety of special considerations. Zit. nach Janssen (1982: 69)

In Einklang mit (WMH) dürfte in einer TM-modularen Theorie die Lösungsmöglichkeit für alle genannten Schwierigkeiten darin bestehen, ein übergreifendes TO-Prinzip mit entsprechenden TO-Parametern zu finden, das durch seine Interaktion mit weiteren TO-Prinzipien diese freien TO-Parameter so fixieren läßt, daß dadurch *für den gegebenen Bereich spezifische TO-Bewertungskriterien* entstehen. Dabei müßten *die generativen TO-Bewertungskriterien als spezifische methodologische TO-Regeln* des Verhaltensbereichs "generativ-linguistische Spracherkenntnis" konzipiert werden. Parameterfixierungen können unter einem bestimmten Aspekt zwei Arten von Effekten erzielen: Sie können direkt zur Determination von Repräsentationen führen, oder sie können spezifischere Regeln angeben.[28] Durch die Aufdeckung eines solchen Mechanismus könnte man für die im Bereich "generative Linguistik" geltenden methodologischen TO-Regeln (TO-Bewertungskriterien) TM-Erklärungen vorschlagen, was in einem bedeutenden Maße über die Ergebnisse bisheriger Forschungen im Hinblick auf das generative Bewertungssystem hinausgehen würde.

Problematisch ist jedoch, daß es gegenwärtig keine unmittelbare Evidenz für die Existenz eines solchen Prinzips gibt — nicht einmal auf der S-Ebene, geschweige denn, in bezug auf die wissenschaftliche Forschung.[29] Trotzdem lassen neuere kognitionspsychologische Forschungen über die Kommunikation darauf schließen, daß dem in Sperber - Wilson (1986) aufgedeckten Prinzip der Relevanz der Status eines konzeptuellen Organisationsprinzips zukommen könne. Da für die Stichhaltigkeit der Annahme, daß den TO-Bewertungskriterien der generativen Linguistik ein universelles Relevanzprinzip zugrundeliegt, keine empirisch direkt zu bestätigenden Gründe sprechen, diese Hpothese aber sowohl mit den Ergebnissen von Sperber und Wilson als auch mit unseren bisherigen Überlegungen zu einer TM-modularen Wissenschaftstheorie in Einklang steht, sind es ausschließlich TM-theorieinterne Erwägungen, die herangezogen werden können. Die Annahme, daß eine mögliche Ausprägung dieses Prinzips auf die TO-Ebene zutrifft, läßt sich dann aufrecht erhalten, wenn dadurch TM-Erklärungen für die TO-Bewertungskriterien der generativen Linguistik in der Weise erzielt werden können, daß sie sich als TO-Fixierungen des universellen Prinzips der Relevanz ergeben.

Das Prinzip der Relevanz besagt, in seiner schlichtesten Form, die natürlich in verschiedenen Kontexten auf verschiedene Weise ausformuliert werden kann, daß Informationsverarbeitung im allgemeinen danach strebt, den größtmöglichen kognitiven Effekt

---

28    Die zweite Möglichkeit ist z.B. typisch für die Herleitung einzelsprachlicher S-Regeln: Die in den universellen S-Prinzipien vorgegebenen S-Parameter werden vom Kind aufgrund der ihm zugänglichen sprachlichen Erfahrungsdaten fixiert, wodurch es die für seine Sprache spezifischen S- Regeln erschließt.

29    Vgl z. B. Fodors sehr skeptische Bemerkungen über die Möglichkeit, die für wissenschaftliche Erkenntnis spezifischen psychologischen Prinzipien zu ermitteln in Fodor (1983).

mit dem kleinsten Aufwand zu erzielen.[30] Ohne die Eigentümlichkeiten des Prinzips im einzelnen zu erörtern, sei — um Mißverständnissen vorzubeugen — lediglich darauf hingewiesen, daß dieses Prinzip sich von dem ähnlichen Ansatz von Grice, der ja mehrmals auf die wissenschaftliche Forschung angewendet worden ist,[31] wesentlich abhebt. Bei Grice handelt es sich um eine Maxime, die Sprecher und Hörer kennen müssen, um adäquat kommunizieren zu können; diese Maxime ist normativ und kann verletzt werden. Demgegenüber ist das Prinzip der Relevanz im hier verwendeten Sinne eine universelle Eigenschaft menschlichen Verhaltens. Es kann nicht verletzt werden, es fungiert genauso wie die Prinzipien des Verhaltens im allgemeinen (s. Sperber - Wilson 1986). Es kann demnach genau in derselben Weise Gegenstand empirischer Untersuchungen werden wie z.B. die erbfixierten S-Prinzipien der Vererbung von Eigenschaften usw.

Eine sehr provisorische Formulierung des aufgrund von (WMH) auf die TO-Ebene bezogenen *Relevanzprinzips* kann etwa folgendes besagen: *Jede TO-Erklärung wird in einem Kontext ct unter der Annahme ihrer maximalen Relevanz ermittelt.* Also

$$(P4) \qquad F(E, ct) = E_{rel}$$

(*F* ist eine Funktion, die aus einer Menge *E* von Erklärungen ein maximal relevantes Element $E_{rel}$ relativ zu einem Kontext *ct* auswählt.)

Wenn wir nun dieses TO-Prinzip auf grammatische TO-Erklärungen anwenden, die wir als TO-Repräsentationen des konzeptuellen TO-Moduls beschrieben haben, ergibt sich — wiederum sehr rudimentär und vage, aber sinngemäß —, daß unter der maximalen Relevanz einer konzeptuellen TO-Repräsentation einer TO-Instanz in einem bestimmten TO-Kontext *ct* zweierlei verstanden wird: (a) Diese TO-Repräsentation zieht gewisse (weiter zu spezifizierende) konzeptuelle Effekte nach sich. Damit sind in unserem Falle die konzeptuellen Verschiebungen, Differenzierungen, Metaphorisierungen usw. gemeint, die im Kapitel 3 bereits erörtert wurden und die, wie wir gesehen haben, TO-Erklärungen in konzeptueller Hinsicht mit sich bringen. Und (b) sie kann mit einem kleinen Aufwand hergeleitet werden.[32]

Um ungerechtfertigten Spekulationen vorzubeugen, wollen wir keine weiteren Annahmen in bezug auf die Beschaffenheit des TO-Prinzips der Relevanz anführen. Wenn wir aber hypothetisch die *heuristische* Vermutung formulieren, daß dieses TO-Prinzip zur

---

30 Das Prinzip der Relevanz ist so allgemein, daß es nicht nur für menschliche, sondern für jede Art Informationsverarbeitung, so auch für die künstliche Intelligenz gelten soll.

31 Vor allem bei den pragmatischen Erklärungsmodellen. Vgl. Stegmüller (1983).

32 Diese Formulierung des Prinzips der Relevanz ist parallel zu der in Sperber - Wilson (1986) angegebenen Definition, die sich allerdings auf die ostensiv-inferenzielle Kommunikation bezieht.

TM-Erklärung der generativen TO-Bewertungskriterien beizutragen vermag, müssen wir grundsätzlich zwei Fragen klären:

(2)(a)         Welche freien TO-Parameter sind mit diesem TO-Prinzip verbunden?
   (b)         Wie wird ihre Fixierung vorgenommen?

Offensichtlich müssen beide Fragen zunächst offen gelassen werden, weil zu vermuten ist, daß hierbei Mechanismen eine Rolle spielen, die außerhalb des konzeptuellen TO-Moduls zu lokalisieren sind. Unsere *Hypothese* — die, um es noch einmal zu betonen, rein heuristischer Natur ist — besagt folgendes:

(3)(a)         Das konzeptuelle TO-Prinzip der Relevanz ist parametrisiert bezüglich
               der TO-Prinzipien des motivationalen TO-Moduls.
   (b)         Durch diese TO-Parametrisierungen ergeben sich die als methodologi-
               sche TO-Regeln fungierenden — und u.a. zur Bewertung von TO-Tat-
               sachenerklärungen dienenden — spezifischen TO-Bewertungskriterien
               der generativen Linguistik, deren Eigenschaften im vorangehenden Ab-
               schnitt erörtert wurden.

Die Beantwortung der Fragen (2)(a)-(b) und die Argumentation für die Hypothese (3)(a)-(b) kann sinngemäß nur nach der Aufdeckung der motivationalen Aspekte grammatischer TO-Erklärungen erfolgen.


## 4.8  Ein ungelöstes Problem: Das Dilemma des Explanandums

Vielzitierte Rekonstruktionen der methodologischen Grundlagen generativer Forschungen, wie etwa Wunderlich (1981) im Rahmen der Analytischen Wissenschaftstheorie oder Andresen (1974) in dem der Hermeneutik, sind nicht imstande, zu bestimmen, was als TO-Explanandum in einer generativen TO-Tatsachenerklärung gelten kann. Für Andresen sind es phonologische, syntaktische oder semantische Fakten, aber was für Entitäten unter einem solchen "Faktum" zu verstehen seien, bleibt völlig ungeklärt. Ähnlich verhält es sich bei Wunderlich, der das TO-Explanandum mit "sprachlichen Daten" identifiziert, die aber eine ganze Reihe von grundsätzlich verschiedenen Erscheinungen umfassen können (Wunderlich 1981: 97).

Es ist keineswegs irrelevant, welcher Typ von sprachlichen Daten das Explanandum einer TO-Erklärung ausmacht: Je nach dem, ob das, was wahrgenommen wird oder eine ohnehin abstrakte Fähigkeit wie die Disposition des Sprechers und Hörers, oder ein Sachverhalt, der sich nicht unbedingt als "Faktum" zu realisieren braucht, oder gar "sprachliche Tatsachen", die laut obiger Bestimmung sowohl Verallgemeinerungen über S-Regeln als auch über Ausdrücke enthalten mögen, den TO-Explananda zugrundeliegen, wird die Rekonstruierbarkeit generativer TO-Tatsachenerklärungen mit Hilfe des H-O Schemas anders ausfallen. Sind es etwa S-Regeln, die erklärt werden sollen, so handelt es sich offenbar nicht um TO-Tatsachenerklärungen in Form des H-O-Schemas, sondern um "Gesetzeserklärungen"; sind es "Fähigkeiten" oder Verallgemeinerungen über Kombinationsmöglichkeiten von Ausdrücken, so handelt es sich um abstrakte Entitäten; sind es schließlich "wahrnehmbare Sprechlautgebilde", so kann das H-O-Schema ohne weiteres angewendet werden.

Wenn verschiedene Wissenschaftstheoretiker der Linguistik versucht haben, diese Unsicherheit durch eine Präzisierung *tatsächlicher* TO-Explananda in generativen TO-Tatsachenerklärungen zu beheben, so zeichneten sich in der Diskussion grundsätzich zwei Lösungstypen ab. Zum ersten Typ gehören diejenigen Ansichten, nach denen es sich um Sätze (Wang 1972, Weydt 1975, usw.), die Grammatikalität von Sätzen (Itkonen 1978), die Stuktur von Sätzen (Geier 1976), oder Reaktionen des Sprechers (Weydt 1975) handelt. Die andere Gruppe enthält Annahmen, die die den TO-Explananda zugrundeliegenden Erscheinungen mit Äußerungen oder Sprechakten (Bense 1978), wahrgenommmenen Phänomenen (Wunderlich 1981), oder Sprecherurteilen (Botha 1981, Janssen 1982) identifizieren. Die Mitglieder der ersten Gruppe verfügen über die gemeinsame Eigenschaft, daß sie zwar dem in der Tat bestehenden forschungsleitenden Erkenntnisinteresse der generativen Grammatik entsprechen und solche Phänomene als TO-Explanandum definieren, die tatsächlich als erklärungsbedürftig angesehen werden, aber nicht geeignet sind, die Adäquatheitskriterien des H-O-Schemas zu erfüllen, weil diese TO-Explananda keine raumzeitlichen Ereignisse, sondern "Abstraktionen" darstellen (s. dazu vor allem Bense 1978, Itkonen 1978, Janssen 1982). Die Elemente der zweiten Gruppe stellen auf der einen Seite raumzeitliche Gebilde dar und tun somit der eben erwähnten Anforderung des H-O-Schemas Genüge, doch auf der anderen Seite entsprechen "Ereignisse", "Äußerungen" oder "Sprechakte" nicht denjenigen Erscheinungen, die in der generativen Grammatik als erklärungsbedürftig gelten bzw. überhaupt erklärt werden können.

Die Diskussion mündet somit in ein *Dilemma*: Entweder identifiziert man das TO-Explanandum mit raumzeitlichen Ereignissen, aber dann wird nicht das erklärt, was nach den Erkenntniszielen der generativen Linguistik erklärungsbedürftig ist; oder man gibt als TO-Explanandum das tatsächlich Erklärungsbedürftige an, dann ist man aber nicht imstande, dieses mit unmittelbar beobachtbaren, raumzeitlichen Ereignissen in Verbindung zu bringen und dementsprechend kann den Anforderungen des H-O-Schemas nicht Genüge getan werden.[33]

Zwar stand im Vordergrund bisheriger Diskussionen das Problem der Empirizität, doch diese Formulierung des Dilemmas zeigt, daß das *eigentliche Problem* viel tiefer liegt als die Anwendbarkeit eines bestimmten Modells wissenschaftlicher TO-Erklärungen (nämlich des H-O-Schemas) auf die Grammatik oder die Frage nach dem empirischen Gehalt des TO-Explanandums. Dem Dilemma liegt, und das ist das wirkliche Problem, die *Ungeklärtheit des Verhältnisses* zwischen dem, was sich in Raum und Zeit abspielt, was wahrgenommen und beobachtet wird einerseits, und dem, was in der Grammatik tatsächlich erklärt werden soll und kann, andererseits, zugrunde.

Wie ist dieses Dilemma im Lichte von (MH) zu konzipieren? Wenn sprachliche Verhaltensinstanzen als das Zusammenspiel von verschiedenen S-Modulen des Verhaltens zustandekommen und als Überlagerungen von verschiedenen mentalen S-Repräsentationen verstanden werden sollen, die ihrerseits jeweils durch spezifische und eigenständige S-Regeln bzw. S-Prinzipien determiniert sind, dann sind Verhaltensinstanzen in ihrer Komplexität als Entsprechungen zu wahrnehmbaren raumzeitlichen Gebilden von vornherein nicht zu erfassen, sondern sie sind ausschließlich in Form von S- Repräsentationen bzw. ihrer Überlagerungen wissenschaftlich faßbar. Was beschrieben und erklärt werden kann bzw. soll, ist nicht etwa das Hervorbringen eines physikalisch wahrnehmbaren Signals, sondern die sich daran knüpfenden phonetischen, syntaktischen, semantischen, konzeptuellen, interaktionalen S-Repräsentationen des sich in Form des Signals manifestierenden Verhaltens — nur diese können potentiellen TO-Explananda zugrundeliegen. In diesem Sinne haben wir im Abschnitt 4.2 festgestellt, daß die TO-Explananda von grammatischen TO-Erklärungen die konzeptuellen TO-Repräsentationen der Beschreibungen von syntaktischen S-Repräsentationen sind. Diese Stellungnahme in der Diskussion ist zwar mit keiner der bisher unterbreiteten Ansichten über die Beschaffenheit der TO-Explananda identisch, doch sie scheint in keinerlei Hinsicht die Auflösung des Dilemmas zu begünstigen. Offenbar hilft auch die konzeptuelle Struktur von TO-Tatsachenerklärungen nicht viel: Aus (T6') lassen sich keine vorausweisenden Schlußfolgerungen herleiten. Da, wie oben angedeutet, der springende Punkt des Dilemmas im Verhältnis zwischen dem Erklärungsbedürftigen und dem Raumzeitlichen wurzelt, ergibt sich für uns folgende Frage: Wenn in dem vorliegenden Ansatz das in der generativen Syntax Erklärungsbedürftige mit syntaktischen S-Repräsentationen (mit der Menge *Rep* in 4.2) identifiziert wird, in welchem Sinne sind dann S-Repräsentationen *Tatsachen*, und in welchem Sinne sind, entsprechend, die bisher analysierten grammatischen TO-Erklärungen *Tatsachen*erklärungen? Offenbar bestehen drei prinzipielle Antwortmöglichkeiten: Die erste

---

33    Die Begriffe "Ereignis", "raumzeitlich", "Abstraktion" sollen nach der Interpretation der Analytischen Wissenschaftstheorie verstanden werden, die allerdings auch die Hermeneutiker übernommen haben.

Möglichkeit bestünde in dem Nachweis, daß S-Repräsentationen raumzeitliche Gebilde sind. Die zweite läge in der Einsicht, daß S-Repräsentationen keine Tatsachen sind, man demzufolge in der generativen Syntax zwar TO-Erklärungen formulieren kann, diese aber ihrerseits keine *Tatsachen*erklärungen sind. Nach der dritten müßte man zeigen, daß S-Repräsentationen Tatsachen sind, diese aber — im Gegensatz zu der Position, die in der wissenschaftstheoretischen Diskussion der Linguistik sowohl die Hermeneutiker als auch die Analytiker vertraten — nicht viel oder überhaupt nichts mit Raumzeitlichem zu tun haben, sondern ganz anderen Ursprungs sind.

Die Wahl unter den Antwortmöglichkeiten muß vorläufig *offen gelassen* werden. Wir können lediglich die Hypothese unterbreiten, daß die TO-Prinzipien des motivationalen TO-Moduls eine eindeutige Lösung bereithalten, indem eine Entscheidung für die dritte Möglichkeit getroffen wird.[34] Da dadurch die Frage des Verhältnisses zwischen den dem TO-Explanandum in der Tat zugrundeliegenden Erscheinungen und den sich raumzeitlich abspielenden Ereignissen ausgeklammert wird, läßt sich das Dilemma prinzipiell auflösen.

## 4.9 Zusammenfassung

Im Sinne der in O.3. formulierten Problemstellung (A) sollten in diesem Kapitel die Konsequenzen erhellt werden, die sich aus den konzeptuellen Eigenschaften von TO-Begriffsexplikationen für die generativen TO-Tatsachenerklärungen ergeben. Nachdem zunächst der Status von TO-Explananda und TO-Explanantia geklärt worden war, legten die Eigenschaften der ins TO-Explanans eingeführten TO-Explikate die These (T6') nahe. Aus (T6') ließen sich Lösungen für zentrale Probleme wie das Subsumtionsproblem, das Prognoseproblem, das Problem der Deduktivität und das Paradoxon der (WMH) ableiten. Diese Lösungsvorschläge ergaben, daß generative TO-Erklärungen prognosefähig, nichtsubsumtiv, und nur in einem nichtkonstitutiven Sinne deduktiv sind. Somit führen die Konsequenzen von (T6) unmittelbar zu der anfangs aufgestellten Hypothese (T5). Dadurch wurde das im Abschnitt 4.1 aufgeworfene Grundproblem dieses Kapitels gelöst.

Im Laufe dieses Gedankenganges wurden TM-Beschreibungen für folgende TO-Prinzipien ermittelt:

| | |
|---|---|
| (P4) | $F(E, ct) = E_{rel}$ |
| (P5) | $F(sem_S, ct) = Expl_m$ |
| (P6) | $F([sem_{P/R}], ct) = Expl_S$ |
| (P7) | $F(Expl_S, Expl_m) = Expl_{m'}$ |

---

34     Dies wird im Abschnitt 5.5.2 gezeigt.

(P4) ist das bereits in derselben Form angegebene und erläuterte TO-Prinzip der Relevanz. (P5) ist eine Abkürzung der Behauptung, daß eine Funktion $F$ die semantische TO-Repräsentation *sem$_s$* der Beschreibung einer syntaktischen S-Repräsentation auf einen (in den konzeptuellen TO-Modul gehörenden) Kontext *ct* bezieht, wodurch sich ein TO-Explanandum *Expl$_m$* als die konzeptuelle Repräsentation (d.h. kontextbedingte Interpretation) der genannten Beschreibung ergibt, wobei diese Beschreibung formal als eine TO-Äußerung zu konzipieren ist. Ähnlich besagt (P6), daß eine Funktion $F$ die Menge der semantischen TO-Repräsentationen *[sem$_{S/R}$]* der Beschreibungen von S-Regeln oder S-Prinzipien[35] bzw. der unter diesen bestehenden Relationen auf einen Kontext *ct* bezieht und demzufolge ergibt sich ein TO-Explanans *Expl$_s$* als die konzeptuelle TO-Repräsentation dieser Beschreibungen, die ebenfalls als TO-Äußerungen gelten. (P7) beinhaltet schließlich, daß eine Funktion $F$ (etwa als Effekt des konzeptuellen TO-Prinzips der Selektion) ein TO-Explanandum *Expl$_m$* in Abhängigkeit von einem TO-Explanans *Expl$_s$* auf ein verwandtes TO-Explanandum *Expl$_m$'* abbildet.

Zahlreiche Probleme wurden offen gelassen bzw. nicht aufgeworfen. Im Hinblick auf die TM-Erklärung der generativen TO-Tatsachenerklärungen sind zwei besonders relevant, insofern, als sie auf die Notwendigkeit der Ausdehnung der Untersuchungen auf den motivationalen TO-Modul hinweisen:

(i) Wodurch wird eine TO-Erklärung als TO-*Tatsachen*erklärung ausgezeichnet (Abschnitt 4.8)?

(ii) Wie läßt sich das im Abschnitt 4.7 unter (2) formulierte Problem der TO-Bewertungskriterien lösen?

Die besondere Relevanz dieser offenen Fragen besteht darin, daß die bisher ermittelten TO-Prinzipien generativer TO-Explikationen und TO-Erklärungen sehr allgemeiner Natur sind und *keine spezifischen* Eigenschaften der generativ-grammatischen TO-Erklärungen herzuleiten gestatten. Sie beruhen auf allgemeinen S-Prinzipien menschlichen Verhaltens, deren Geltungsbereich allerdings durch (WMH) auf die wissenschaftliche Erkenntnis erweitert wurde; aber sie sind weder für die Wissenschaft noch innerhalb dieser für die generative Linguistik spezifisch. Daraus ergibt sich, daß die in dieser Arbeit zu erzielenden TM-Erklärungen für die Spezifika der Verhaltensinstanzen, die generativ-

---

35    Eigentlich handelt es sich in beiden Fällen um Systeme und nicht um Mengen: Auf der Menge von S-Regeln bzw. S-Prinzipien operieren interne und externe Relationen; und auf der Menge der konzeptuellen TO-Repräsentationen ihrer Beschreibungen sind verschiedene konzeptuelle TO-Operationen wirksam. Da wir hier keine formale Präzision anstreben, wurde diese Tatsache bei der Formulierung des Prinzips (P6) außer Acht gelassen. Ihre präzise Darstellung und die Ermittlung der Konsequenzen, die sich daraus ergeben, gehört zu den Aufgaben, die erst dann gelöst werden können, wenn die heuristischen Überlegungen zu einer TM-modularen Wissenschaftstheorie sich als funktionsfähig erweisen und detaillierte Ausarbeitungen rechtfertigen.

grammatische TO-Tatsachenerklärungen genannt werden, erst dann erreichbar werden, wenn diese beiden Fragen (zusammen mit der im Kapitel 3 offen gelassenen Frage) eindeutige Antworten erhalten.[36]

---

36    Über (i) und (ii) hinaus stellt sich natürlich eine Reihe von weiteren ungelösten Schwierigkeiten, auf die hier — angesichts der heuristischen Beschaffenheit der Untersuchungen — nicht eingegangen werden kann, weil ihre Lösung die systematische Erarbeitung zahlreicher Details und dementsprechend den Anspruch auf theoretische Explizitheit erfordert. So fragt sich z.B., aufgrund welcher Kriterien man eine Typologie grammatischer TO-Erklärungen erarbeiten könnte; oder wie man den Beschreibungsapparat der hier verfochtenen Richtung der kognitiven Psychologie so erweitern kann, daß dadurch die subtilen Unterschiede unter TO-Einzelerklärungen erfaßt werden usw. Ohne auf diese und ähnliche Schwierigkeiten einzugehen, soll die Behandlung des konzeptuellen TO-Moduls provisorisch abgeschlossen werden, um den Erwägungen über die motivationalen Aspekte Raum zu geben.

# 5 Der wissenssoziologische Aspekt: Explikation und Erklärung

## 5.1 Problemstellung

Den Rahmen für eine Präzisierung der Problemstellung dieses Kapitels bildet der TM-Ausdruck *Konvention*, der — wie wir im Abschnitt 2.5 unter (v) gesehen haben — den Zugang zur wissenssoziologischen Fundierung einer TM-modularen Wissenschaftstheorie liefert. Wenn demnach (a) die generative Linguistik eine spezifische Art von Konvention ist, (b) Konventionen u.a. aus der Interaktion konzeptueller und motivationaler Module hervorgehen und (c) die Art und Weise dieser Interaktion für jeden Bereich menschlichen Verhaltens spezifisch bestimmt wird, so besteht die *Grundfrage* dieses Kapitels in folgendem: *Wie kann die Schnittstelle zwischen dem motivationalen und dem konzeptuellen TO-Modul, die einer Verhaltensinstanz "grammatische TO-Erklärung" zugrundeliegen, charakterisiert werden* (wobei diese Verhaltensinstanz Bestandteil der spezifischen Konvention "generative Linguistik" ist)? Der nachfolgende Gedankengang umfaßt folgende Schritte:

(i) Es liegt nahe, diese Frage dadurch zu beantworten, daß die in der allgemeinen wissenssoziologischen Literatur bekannten und vielfach analysierten paradigmatischen Beispiele für Schnittstellen zwischen konzeptueller und gesellschaftlicher Struktur in dem hier verwendeten TM-modularen Rahmen rekonstruiert und auf ihre Gültigkeit für die generative Linguistik hin einzeln untersucht werden.[1] Erstens soll die geläufige *"grid-group"-Analyse* herangezogen und — an einem wesentlichen Punkt — erweitert werden, wodurch sich der Zusammenhang zwischen der Struktur einer Wissenschaftlergemeinschaft und dem konzeptuellen Typ grammatischer TO-Erklärungen aufdecken läßt (Abschnitt 5.2). Zweitens wird die Rolle des Umgangs mit materiellen Objekten innerhalb

---

[1] Alle drei Erscheinungen, die dabei verwendet werden, stellen Standardprobleme wissenssoziologischer Forschungen dar, mit denen ebenfalls Standardmethoden der Wissenssoziologie verknüpft sind. Es gibt deshalb für uns keinen anderen Weg zum Nachweis von (T7) als diesen.

einer TO-Gemeinschaft für die generative TO-*Begriffsbildung* erörtert (Abschnitt 5.3). Drittens folgt eine Analyse von *gesellschaftlichen Interessen* (Abschnitt 5.4).

(ii) Diese Gesichtspunkte werden zur folgenden Schlußfolgerung führen:

(T7)        Die den grammatischen TO-Erklärungen zugrundeliegenden TO-Prinzipien des konzeptuellen TO-Moduls sind TO-parametrisiert bezüglich der TO-Prinzipen des motivationalen TO-Moduls.

Die These (T7) hebt sich allerdings von den geläufigen Standardauffassungen ab. Was das Verhältnis zwischen konzeptueller und sozialer Struktur bei der wissenschaftlichen Erkenntnis anbelangt, stehen in der Wissenschafstheorie grundsätzlich zwei gegensätzliche Auffassungen gegenüber. Die rekonstruktivistische Richtung in der von Lakatos geprägten Tradition behauptet:

(ST6)       Gesellschaftliche Faktoren sind irrelevant für die Gestaltung der konzeptuellen Aspekte wissenschaftlicher Erkenntnis.[2]

Die wissenssoziologische Tradition, so auch das Starke Programm in seiner frühen Fassung, besagt hingegen etwa folgendes:

(ST7)       Die motivationalen Faktoren bestimmen die konzeptuelle Struktur wissenschaftlicher Erkenntnis.[3]

Die These (T7) widerspricht zwar (ST6) und unterscheidet sich beträchtlich von

---

2    Darauf weist die bekannte Gegenüberstellung der "internen" (d.h. konzeptuellen) und der "externen" (d.h. gesellschaftlichen) Aspekte der Wissenschaftsentwicklung hin:

internal history is primary, external history only secondary, since the most important problems of external history are defined by internal history. External history either provides non-rational explanation of the speed, locality, selectiveness etc. of historical events as interpreted in terms of internal history; or when history differs from its rational reconstruction, it provides an empirical explanation of why it differs. But the rational aspect of scientific growth is fully accounted for by one's logic of scientific discovery. Lakatos (1971:92)

3    Allerdings trifft diese zugespitzte Formulierung der These nur auf die frühe Fassung des Starken Prgramms zu: In Bloor (1976) wird ausdrücklich eine kausale Relation zwischen gesellschaftlichen Vorgängen und wissenschaftlichen Kenntnissen angenommen. In Bloor (1982) hingegen wird in einer Fußnote darauf hingewiesen, daß diese Vermutung wohl zu stark sei. Aus Bloor (1983) läßt sich schließlich die Ansicht entnehmen, daß zwischen gewissen motivationalen Vorgängen und gewissen konzeptuellen Strukturen lediglich vage Korrelationen oder Parallelitäten bestehen, die keineswegs ein deterministisches Verhältnis implizieren.

(ST7), ist aber mit der im Abschnitt 2.5 entwickelten modularen Interpretation des Starken Programms vereinbar. Könnten wir sie begründen, so würde dies für die Haltbarkeit der im Abschnitt 2.5 mit generellem Anspruch angegebenen *Grundhypothese einer wissenssoziologisch fundierten TM-modularen Wissenschaftstheorie (HSP)* sprechen.

(iii) Da der Nachweis der These (T7) die Lösung für das eingangs formulierte Grundproblem dieses Kapitels darstellt, werden aus ihr in einem letzten Schritt die Antworten auf die in den vorangehenden Untersuchungen offen gelassenen Fragen hergeleitet (Abschnitt 5.5).[4] Folgende drei Fragen konnten aufgrund der Untersuchung des konzeptuellen TO-Moduls nicht beantwortet werden:

(a) Auf welcher Grundlage wird in der generativen Linguistik ein bestimmtes Element einer TO-Begriffsfamilie als "TO-Explikat" bzw. eine bestimmte konzeptuelle Operation als "TO-Explikation" ausgezeichnet? (Abschnitt 3.5)

(b) In welchem Sinne gelten die den TO-Explananda zugrundeliegenden S-Repräsentationen als "Tatsachen" und, analog, in welchem Sinne sind die beschriebenen konzeptuellen Strukturen "TO-Tatsachenerklärungen" zu nennen? (Abschnitt 4.8)

(c) Was ist der Status von TO-Bewertungskriterien? (Abschnitt 4.7)


## 5.2  Gemeinschaftstyp und Erklärungstyp[5]

### 5.2.1  Problemstellung

In Anlehnung an M. Douglas, die auf der Grundlage anthropologischer Untersuchungen Kriterien zur Kennzeichnung des Zusammenhanges zwischen der sozialen Struktur einer TO-Gemeinschaft und der konzeptuellen Organisation wissenschaftlicher Erkennt-

---

4    Zwar soll der Gedankengang, der zu diesem Ergebnis führt, soweit wie möglich konklusiv aufgebaut werden, aber es wird dabei keine systematische Darstellung eines Systems (wissens)soziologischer Vorgänge in der Linguistik angestrebt, weil dies im Rahmen dieser Arbeit nicht möglich ist. Zahlreiche Ideen und Anhaltspunkte z.B. im Hinblick auf den Status von Konventionen, Interessen, Bedürfnissen usw. (die hier nicht referiert werden sollen, die aber zu einer detaillierten Ausarbeitung der Einzelheiten unbedingt berücksichtigt werden müssen) finden sich in den Schriften der Mitglieder der Edinburgher Schule. Es dürfte auch keine ernsthaften Schwierigkeiten bereiten, diese in einem TM-modularen Rahmen zu rekonstruieren. Daher beschränken sich die nachfolgenden Überlegungen lediglich auf den Nachweis der Relevanz dieser Faktoren bezüglich der Erklärungsproblematik.

5    Die TM-Begriffe "sozial" bzw. "gesellschaftlich" (die allerdings als Synonyme verwendet werden) bilden den Oberbegriff zu "motivational". Alles Motivationale ist zugleich auch sozial bzw. gesellschaftlich. Aber das Soziale umfaßt neben dem Motivationalen auch andere Module des Verhaltens; s. dazu auch 2.5 sowie Bierwisch (1981), Grewendorf - Hamm - Sternefeld (1987). Wenn im weiteren die TM-Begriffe "sozial" oder "gesellschaftlich" verwendet werden, so verweist das auf die Tatsache, daß die ins Auge gefaßte

nisse aufstellte (Douglas 1975), hat man eine Reihe von Einzeluntersuchungen durchgeführt (Bloor 1983, Rudwick 1982), in denen die konzeptuellen Eigentümlichkeiten einer Theorie mit möglichen *Reaktionen auf Anomalien* identifiziert wurden.

Die bisherigen Resultate solcher Analysen lassen sich im Fall der generativen Linguistik um einen wesentlichen Aspekt erweitern, wodurch die Art des Zusammenwirkens zwischen TO-Erklärungen als konzeptuellen Strukturen und der soziologisch beschreibbaren Organisation einer Gemeinschaft unmittelbar thematisiert werden kann. Es besteht nämlich eine charakteristische Korrelation zwischen zwei extremen Reaktionen auf Anomalien und zwei Typen von TO-Erklärungen, deren Kontrast in letzter Zeit in den generativen Studien laufend in den Vordergrund gestellt wird.[6] *Regelorientierte TO-Erklärungen*, deren Ziel es ist, einzelne Erscheinungen unter sprachspezifisch formulierte TO-Repräsentationen von S-Regeln zu subsumieren, fordern eine *intolerante* Haltung gegenüber Anomalien. Durch das Auftreten von Ausnahmen bzw. S-Repräsentationen, die den bestehenden TO-Generalisierungen widersprechen, wird nämlich die Behauptung, daß eine solche sprachspezifische TO-Regelformulierung ein bestimmtes TO-Explanandum erklärt, angezweifelt. Demgegenüber zeugen *prinzipienorientierte TO-Erklärungen* typischerweise von einer Art *Anomalientoleranz*, denn den zu erklärenden S-Repräsentationen wird dadurch Rechnung getragen, daß die sehr allgemein gehaltenen TO-Repräsentationen von S-Prinzipien übergeneralisieren und einander restringieren, wobei S-Parametrisierungen die Schlüsselrolle zukommt.[7]

Wenn diese Korrelation zwischen der Behandlung von Anomalien und den Haupttypen grammatischer TO-Erklärungen gegeben ist, besteht die Signifikanz der von Douglas und anderen entwickelten Gesichtspunkte vor allem darin, daß dadurch ein wohlfundierter Ausgangspunkt zur Aufdeckung des Verhältnisses zwischen den konzeptuellen und den soziologischen Aspekten grammatischer TO-Erklärungen zur Verfügung steht.

Wir werden dementsprechend folgendermaßen argumentieren. Erstens sollen unter

---

Erscheinung über "motivationale" Faktoren hinaus möglicherweise auch Faktoren aufweist, die zwar "sozial", aber nicht unbedingt "motivational" sind, bzw. daß uns keine ausreichende Evidenz zur Entscheidung der Frage, ob diese Erscheinung rein "motivational", oder "sozial" aber nicht-motivational determiniert ist, zur Verfügung steht. Aus diesem Grunde ist die Verwendung der TM-Begriffe "sozial" (bzw. "gesellschaftlich") und "motivational" bewußt vage und heuristisch. Allerdings werde ich im Rahmen dieser Arbeit *hypothetisch* voraussetzen, daß die gesellschaftlichen Faktoren, die im Sinne der "grid-group"-Analyse mit gewissen konzeptuellen Strukturen korrelieren, motivationaler Natur sind: Beispielsweise wird eine abweisende oder eine tolerante Haltung gegenüber Anomalien dadurch *motiviert*, ob man sich vor dem Ausstoß aus der TO-Gemeinschaft fürchten muß oder nicht usw. (s. weiter unten für zusätzliche Gesichtspunkte). Die gesellschaftlichen Faktoren, die hier zur Sprache kommen, werde ich eindeutig *in den motivationalen TO-Modul einordnen*, wozu auch die im Abschnitt 2.5 angegebene Arbeitsdefinition durchaus Anlaß gibt.

6    Zum Verhältnis zwischen modularen und nicht-modularen TO-Erklärungen einerseits, bzw. regelorientierten und prinzipienorientierten TO-Erklärungen andererseits siehe Kapitel 4, Fußnote 4.

7    Die Fallstudie "John is easy to please" im Abschnitt 7.4 belegt diese Behauptungen.

Hinweis auf Douglas (1975) und Bloor (1983) die Typen von TO-Gemeinschaften hinsichtich des Grades ihrer Toleranz gegenüber widerspenstiger Erfahrung allgemein soziologisch beschrieben werden. Zweitens wird gezeigt, daß das Problem des Verhältnisses zwischen TO-Erklärungstyp und TO-Gemeinschaftstyp sich auf das Problem der Periodisierung der Entwicklung der generativen Linguistik reduzieren läßt. Durch die Lösung des letztgenannten Problems werden wir drittens die Antwort auf die Frage nach dem Verhältnis zwischen dem Konzeptuellen und dem Motivationalen bei den generativen TO-Erklärungen herleiten und als Ergebnis die Begründung der These (T7) herbeiführen.

### 5.2.2 "Grid-group"-Analyse und Erklärungstyp

Zur Typologisierung von TO-Gemeinschaften hat Douglas zwei Anhaltspunkte vorgeschlagen, die Bloor in einer etwas vereinfachten Form übernahm. Der eine Gesichtspunkt ist die *Stärke der Gruppengrenze*, die die Gruppenangehörigen von den Außenseitern trennt. Der zweite ist *der Grad der inneren Organisation* einer TO-Gemeinschaft, der die einzelnen Rollen, die Positionen in der Hierarchie, die Aufgaben, und im allgemeinen die inneren Verhältnisse unter den Mitgliedern bestimmt. Versucht man nun, diese Aspekte als die zwei Achsen eines Koordinatensystems darzustellen, so erhält man, aufgrund der Berücksichtigung der jeweiligen Maxima und Minima, vier Kombinationsmöglichkeiten, die den Grundtypen von TO-Gemeinschaften entsprechen:

*Typ 1*: starke Gruppengrenze und schwache interne Organisation;

*Typ 2*: schwache Gruppengrenze und starke interne Organisation;

*Typ 3*: starke Gruppengrenze und starke interne Organisation;

*Typ 4*: schwache Gruppengrenze und schwache interne Organisation.

Die TO-Gemeinschaften, die durch die Prädikate "starke Gruppengrenze, schwache interne Organisation" ausgezeichnet sind, sind meistens kleine, von Feinden umgebene Gruppen, die ihre Identität und Existenz nur dadurch bewahren können, daß sie den Mitgliedern, die gegen die akzeptierten Verhaltensnormen verstoßen, mit Verbannung aus der Gruppe drohen, was für den Einzelnen, angesichts der Feindseligkeit der Umgebung, große Gefahr birgt. In einer solchen TO-Gesellschaft wird jede Art von Anomalien, jede Art der Fremdheit und Abweichung entschlossen abgelehnt.

Eine andere Strategie ergibt sich in TO-Gemeinschaften, deren Grenze schwach ist, die aber einen hohen Grad an interner Organisation aufweisen (Typ 2). In einer solchen TO-Gemeinschaft kann es durchaus vorkommen, daß zwei Untergruppen voneinander durch eine interne Grenze getrennt werden, wobei diese Untergruppen friedlich koexistieren können. Das Verhalten gegenüber Anomalien ist dabei wesentlich toleranter als im obigen Fall, weil die Vertreter einer These oder einer theoretischen Position und diejenigen, die diese kritisieren, einander ohne Feindseligkeit ertragen, wobei, infolge der Schwäche der Grenze, ein eventueller Ausstoß aus der TO-Gemeinschaft niemandes Existenz gefährdet.

Wenn sich jedoch die Notwendigkeit zu einer Kodifikation des Verhältnisses zwischen einer Theorie, den bestehenden TO-Erklärungsschemata, akzeptierten TO-Generalisierungen und legitimen Forschungsstrategien einerseits und den systematisch auftauchenden Anomalien andererseits ergibt, so findet man einen anderen Typ von TO-Gemeinschaften vor, nämlich einen, in dem die Mitglieder der TO-Gemeinschaft von den Außenseitern wieder stark abgegrenzt sind, gleichzeitig aber ihr Verhältnis zueinander von einem hohen Grad an interner Organisation zeugt (Typ 3). In einer solchen TO-Gemeinschaft mündet die Interaktion der beiden Untergruppen in eine systematische Zusammenarbeit zwischen den Verfechtern einer Theorie und den Kritikern: Anomalien werden gern gesehen und werden zum Zweck der Problemlösung verwertet. Bloor charakterisiert diese Gruppe wie folgt:

A social form of this kind will need *an extensive repertoire of methods responding to anomaly*. Subtlety in reclassification will be a valued skill. Complicated rites of atonement, promotions, and demotions, special exceptions, distinctions, assimilations and legal fictions will abound. Pervading the use of all these expedients will be a diffuse sense of overriding unity. ... it is also the home of 'monster adjustment' and 'exception barring'. ... these are techniques to justify the co-existence, and *even the co-operation*, of those who uphold a classificatory scheme and those who begin to exploit an anomaly. It gives them both a role and a measure of respect. Reality is parcelled out between them. So there is a way of preserving stability through growth and complexity, rather than through anxious exclusion. Bloor (1983: 144), Hervorhebung von mir, A.K.

Der letzte Typ, der die Prädikate "schwache Gruppengrenze, schwache interne Organisation" aufzeigt, beinhaltet nicht nur eine ausgesprochene Toleranz gegenüber Anomalien, sondern die Mitglieder einer solchen TO-Gemeinschaft heißen diese, als eine wünschenswerte Erscheinung, willkommen. Da die Gruppenmitglieder von den Außenseitern durch keine scharfe Demarkationslinie getrennt werden, und da innerhalb der TO-Gemeinschaft keine klare Bestimmung der Rollen und Positionen der Mitglieder existiert, sind solche Gruppen durch Mobilität und Dynamik gekennzeichnet. Das wirkt sich auf die Reaktionen auf Anomalien so aus, daß alles, was zunächst als fremd, ungewöhnlich, widerspenstig erscheint, auf seine möglichen Vorteile hin geprüft wird; daher wird Irregularität höher gewertet als Regularität.

Welche dieser TO-Gemeinschaftstypen sind für die generative Linguistik charakteristisch? Unabhängig davon, ob man die Entwicklung der generativen Syntax in zwei, drei, vier, oder noch mehr Phasen einteilt, ist eines unbestritten, nämlich, daß diese Forschungsrichtung von Anfang an in gleicher Weise wie heute von einer verhältnismäßig kleinen und isolierten Gruppe verfochten wurde (Newmeyer 1986, 1986a). Demnach stehen uns prinzipell nur zwei Typen von TO-Gemeinschaften zur Kennzeichnung der einzelnen Perioden zur Verfügung: Typ 1 und Typ 3.[8] In erster Näherung sei diese Beobachtung am Beispiel der beiden Endpole der Entwicklung der generativen Linguistik, nämlich der Standardtheorie und der Rektions- und Bindungstheorie, kurz erläutert.

Eine Analyse der gesellschaftlichen Umgebung, in der die *Standardtheorie der generativen Grammatik* rezipiert wurde und in der sich die TO-Gemeinschaft der Generativisten herausbildete, wie sie etwa in Newmeyer (1986) diskutiert wird, weist eindeutig nach, daß es sich dabei um eine TO-Gemeinschaft mit verhältnismäßig schwacher interner Organisation handelt, die von anderen wissenschaftlichen TO-Gemeinschaften streng getrennt ist.[9] Die Gründe, die Newmeyer für den rapiden Erfolg Chomskys und seiner jungen Schüler aufzählt, sind eigentlich nichts anderes als die Faktoren, die zur Herausbildung einer von Feindseligkeit und Bedrohung umringten, innerlich verhältnismäßig unorganisierten wissenschaftlichen TO-Gemeinschaft führten. Ein erster solcher Faktor war die sehr kleine Zahl der Generativisten in der Wende der fünfziger zu den sechziger Jahren. Ein zweiter war das Erscheinen von Schriften wie z.B. Postal (1964), die erbarmungslose und durch subtile Argumentation fundierte Kritiken der Phrasenstrukturgrammatiken darboten, wodurch die Trennungslinie zwischen der neuen und der alten Betrachtungsweise auf eine kompromißlose Weise klargestellt wurde. Drittens forderten die jungen Generativisten die Verfechter strukturalistischer Analyseverfahren des öfteren auf eine provokative und äußerst agressive Weise heraus, was natürlicherweise Anlaß zu Gegenangriffen gab. Ein vierter Grund war schließlich, daß in dieser Periode alle Generativisten am MIT tätig waren und keinen Zugang zu anderen Universitäten der Vereinigten Staaten hatten.[10] Die durch diese Faktoren in Gang gesetzten Vorgänge, die die TO-Gemeinschaft der

---

8    Allerdings ist diese Behauptung, wie später noch zu zeigen sein wird, weiter zu differenzieren, weil die einzelnen Etappen der Entwicklung eher Mischtypen als klare Manifestationen eines bestimmten Typs darstellen.

9    Untypisch ist allerdings, daß die Angriffe auf die Ideen der Generativisten nicht mit dem Erscheinen dieser Ideen zusammenfallen, sondern diesen mit einem Abstand von fünf bis sechs Jahren folgten. Die ersten öffentlichen Angriffe (wie u.a. Reichling 1961, Uhlenbeck 1963, Dixon 1963 usw; siehe auch Newmeyer 1986) stammen merkwürdigerweise nicht aus der unmittelbaren Umgebung, sondern aus Europa; diese Tatsache läßt sich aber dadurch erklären, daß die europäische Tradition, die das Studium der Sprache als eine Humanwissenschaft auffaßte und in diesem Sinne auch die Bloomfieldsche Tradition abwies, in den frühen Auslegungen der Ideen der generativen Syntax nichts anderes als eine Weiterentwicklung dieser Tradition zu entdecken glaubte. Bald zeigten sich aber feindselige Reaktionen auch in der nächsten Umgebung, wie etwa Hockett (1966), die dann in einen vehementen Angriff von seiten der Vertreter Post-Bloomfieldschen Denkens mündeten und die nahezu vollständige Isolation der Gruppe der Generativisten nach sich zogen.

10    Für weitere Gründe und die dazu gehörende soziologische Literatur sei auf Newmeyer (1986) verwiesen.

Vertreter der Standardtheorie unbestritten als *Repräsentanten vom Typ 1* erscheinen lassen, erreichten ihren Höhepunkt in der Periode nach Erscheinen des *Aspects...*, denn

> ...this period was characterized by close to total agreement by generative grammarians on all the major issues... (Newmeyer 1986: 55).

In Kenntnis des früher angeführten Bloor-Zitats wird es ausreichen, rein intuitiv auf einige wohlbekannte Fakten hinzuweisen, um einzusehen, daß die TO-Gemeinschaft der Linguisten, die gegenwärtig *die Rektions- und Bindungstheorie* vertreten, durch die Merkmale des Typs 3 gekennzeichnet ist (mit den bereits erwähnten notwendigen Einschränkungen). Man denke nur an die Existenz und Funktionsweise von Zeitschriften wie *Linguistic Inquiry, The Linguistic Review, Natural Language and Linguistic Theory, Linguistics and Philosophy* usw., die fast ausschließlich mit generativistischen Aufsätzen gefüllt sind; man denke an die hochentwickelten Zentren generativer Forschungsprojekte wie etwa Cambridge, Amherst, Tilburg; man denke auch an Organisationen wie GLOW und an die sich daran anknüpfenden jährlichen Konferenzen usw. Die Mitgliedschaft in einem der anerkannten Forschungsinstitute oder die Möglichkeit, die eigenen Beiträge in einer der genannten Zeitschriften zu veröffentlichen oder z. B. auf der GLOW-Konferenz vortragen zu dürfen, bestimmen eindeutig die Position und die Autorität eines heutigen Forschers. Somit muß einleuchten, daß der Grad der internen Organisation der gegenwärtigen TO-Gemeinschaft der Generativisten wesentlich höher ist als im Falle der Standardtheorie, und daraus ergibt sich die Qualifikation "starke Gruppengrenze, starke interne Organisation".

Wie einfach diese Feststellungen auch sind, sie tragen wesentlich dazu bei, einige bislang ungeklärte zentrale Probleme der konzeptuellen Entwicklung der generativen Linguistik unter einem neuen Aspekt zu thematisieren. Bisher haben wir folgendes festgestellt:

(1)(a) Nach Bloor, Douglas u.a. besteht im allgemeinen ein nicht zu leugnender Zusammenhang zwischen möglichen Reaktionen auf Anomalien, die in der konzeptuellen Struktur einer Theorie auftauchen und der sozialen Struktur der TO-Gemeinschaft, die eine bestimmte wissenschaftliche Theorie vertritt.

(b) Im Sinne der im Abschnitt 5.2.1 nachgewiesenen Korrelation zwischen Anomalientoleranz und TO-Erklärungstyp entsprechen regelorientierte TO-Erklärungen einer Intoleranz gegenüber Anomalien, prinzipienorientierte hingegen tolerieren Anomalien.

(c) Die gesellschaftliche Umgebung der Standardtheorie repräsentiert den

Typ 1, die der Rektions- und Bindungstheorie den Typ 3 von Wissenschaftlergemeinschaften.

Aus den Prämissen (1)(a) und (1)(b) dürfte man folgern, daß es gerechtfertigt ist — zumindest im Fall der Standard- bzw. der Rektions- und Bindungstheorie — eine *Entsprechung zwischen einem bestimmten TO-Gemeinschaftstyp und einem bestimmten TO-Erklärungstyp* anzunehmen. Also lautet die Hypothese:

(2)          In der ganzen Geschichte der generativen Linguistik besteht eine Korrelation zwischen TO-Erklärungstyp und TO-Gemeinschaftstyp.

Um die Stichhaltigkeit der Hypothese empirisch zu überprüfen, sei das Problem im Rahmen einer Auseinandersetzung mit gegenwärtigen Auffassungen über die Geschichte der generativen Linguistik rekonstruiert. Unser Nachweis wird daher ein *indirekter* sein: Das Problem des Verhältnisses zwischen TO-Gemeinschaftstyp und TO-Erklärungstyp soll durch die Erarbeitung einer Stellungnahme in der wissenschaftshistorischen Diskussion über die Beurteilung der Entwicklung der generativen Linguistik gelöst werden.

### 5.2.3 Die Entwicklungsstadien der generativen Linguistik

Drei Auffassungen über die Periodisierung der Geschichte der generativen Linguistik sind von Belang. Die allgemein bekannte gängige Ansicht, die von der überwiegenden Mehrheit der Linguisten vertreten und auch in allen neueren Einführungen in die Technik der Rektions- und Bindungstheorie propagiert wird,[11] stellt die Entwicklungstendenzen als einen linearen Vorgang dar, der von einer regelorientierten TO-Erklärungsstrategie zu dem gegenwärtigen prinzipienorientierten Typ von grammatischen Erklärungen führt, und es wird angenommen, daß letzterer einen qualitativ höher zu wertenden Ansatz verkörpert. Wenn man die Tatsache in Betracht zieht, daß, etwa in den letzten acht Jahren das Mehrfache an Publikationen auf dem Gebiet der generativen Linguistik erschienen ist als in den vorangegangenen zwanzig bis fünfundzwanzig Jahren insgesamt, sowie viele Daten, die in der Standardtheorie nicht erfaßt werden konnten — und in denen sich, um nur eines der wichtigsten Beispiele zu nennen, die Vielfalt menschlicher Sprachen manifestiert —, jetzt anscheinend einer angemessenen TO-Erklärung zugänglich sind, dann ist es durchaus

---

11      Vgl. z.B. van Riemsdijk - Williams (1985), Chomsky (1986), Fanselow - Felix (1987), Grewendorf (1988), von Stechow - Sternefeld (1988), Jacobsen (1986) usw.; in diesem Sinne werden etwa "modulare" Erklärungen den "nicht-modularen" auch in Reis (1987), Meibauer (Hrsg.) (1987) gegenübergestellt.

verständlich, wenn Linguisten diese Erfolge der Prinzipienorientiertheit der TO-Erklärungen zuschrieben und die generelle Tendenz mit *Progression* identifizieren.

Dieser Auffassung wurden in letzter Zeit zwei wissenschaftstheoretisch bzw. -historisch geprägte Analysen gegenübergestellt. Die eine stammt von F. J. Newmeyer, der in Newmeyer (1988) für die These argumentiert, daß man anstatt einer linearen Entwicklung vielmehr von einem *zyklischen Wechsel* von regel- bzw. prinzipienorientierten Perioden sprechen sollte. Die andere Analyse, die in Block (1986) am explizitesten dargelegt wurde, führt zur Schlußfolgerung, daß die Entwicklung zwar tatsächlich linear ist, aber die in der konzeptuellen Struktur der generativen Theorie durchgeführten ständigen Revisionen *regressiven* Charakters sind, weil im Laufe dieses Vorgangs eine Reihe von TO-Erklärungsmöglichkeiten, die mit der Standardtheorie verträglich sind, nicht erkannt wurden. Wir wollen nun zeigen, wie sich die den drei unterschiedlichen Auffassungen zugrundeliegenden Annahmen mit Hilfe der in 5.2.2 angeführten Anhaltspunkte (1)(a)-(c) jeweils begründen bzw. widerlegen lassen.

Newmeyer (1988), indem er seine Position der gängigen Annahme über die lineare progressive Entwicklung der generativen Linguistik gegenüberstellt, argumentiert für folgendes:

(a) Anstatt einer graduellen Progression, die von regelorientierten TO-Erklärungsmustern zu prinzipienorientierten führt, läßt sich eine Folge von vier alternierend regelorientierten und prinzipienorientierten Entwicklungsstadien beobachten. In Einklang mit unserer im Abschnitt 2.5 (v) eingeführten Terminologie wollen wir diese vier Stadien als vier TO-Konventionen interpretieren. Es ergeben sich dann folgende TO-Konventionen:[12]

| TO-Konvention | TO-Erklärungstyp | Zeitspanne |
|---|---|---|
| Standardtheorie ($t_1$) | regelorientiert | 1957-967 |
| Generative Semantik ($t_2$) | prinzipienorientiert | 1967-1972 |
| Die lexikalistische Wende ($t_3$) | regelorientiert | 1972-80 |
| Rektions- und Bindungstheorie ($t_4$) | prinzipienorientiert | 1973- |

---

12    Um eine Begriffsverwirrung zu vermeiden, sollen die von Newmeyer analysierten vier Stadien auch im Hinblick auf die TM-Begriffe "modulare TO-Erklärung" vs. "nicht-modulare TO-Erklärung" zusammenfassend charakterisiert werden:

| | prinzipienorientiert | regelorientiert | modular | nicht-modular |
|---|---|---|---|---|
| Standardtheorie | — | + | — | + |
| generative Semantik | + | — | — | + |
| Lexikalismus | — | + | — | + |
| Rektions-und Bindungstheorie | + | — | + | — |

(b) Es gibt keine konzeptuellen Kriterien, die die Entscheidung für eine prinzipien-orientierte bzw. regelorientierte TO-Erklärung als eine in sich mehr wünschenswerte Forschungsstrategie, motivieren würde. Beide sind notwendige Mittel der linguistischen Erkenntnis, und beide haben im Laufe der Geschichte der generativen Linguistik zur Formulierung von relevanten wissenschaftlichen Erkenntnissen beigetragen.

(c) Trotzdem wurden in einer bestimmten Periode entweder regelorientierte oder prinzipienorientierte TO-Erklärungen präferiert.

Newmeyer vermag aber die Frage, worin der Grund für die Entscheidung für eine der beiden Erklärungstypen in einer bestimmten Periode besteht, nicht zu beantworten. Aus (b) folgt, daß die Wahl nicht auf konzeptueller Basis getroffen wird. Der Grund für die unter (c) erwähnte Präferenz müßte deshalb gesellschaftlicher Natur sein, aber daß dies tatsächlich so ist, läßt sich nur dann annehmen, *wenn nachgewiesen werden kann, daß der Wechsel der regel- bzw. prinzipienorientierten Perioden parallel mit dem Wechsel der Typen 1 und 3 von Wissenschaftlergemeinschaften verläuft.*[13] Für diese Annahme soll jetzt argumentiert werden.

Bei der Untersuchung der Standardtheorie unter diesem Aspekt stößt man auf einen *Widerspruch.* Zum einen gibt es in der generativistischen Literatur[14] keinen Zweifel darüber, daß die Standardtheorie typische regelorientierte TO-Erklärungen verlangt. Die Strategie des Standardtheoretikers besteht charakteristischerweise darin, zunächst einige Konstruktionen zu isolieren, und dann eine Transformationsregel anzugeben, die die Oberflächenstruktur der Konstruktionen möglichst genau erfaßt. Zum zweiten läßt sich zeigen, daß die in den *Syntactic Structures* ausgeführten TO-Erklärungsstrategien weder eindeutig regelorientiert, noch eindeutig prinzipienorientiert sind (vgl. auch Newmeyer 1988: 10ff.). Somit erhebt sich die Frage, *warum* der typische Vertreter der Standardtheorie (der "ordinary working grammarian" im Sinne von Fillmore 1972), trotz der prinzipiell offenen Wahl zwischen den beiden TO-Erklärungstypen regelorientierte TO-Erklärungen vorzieht. Newmeyer läßt die Frage offen, aber aus den in 5.2.2 angeführten Feststellungen (1)(a)-(c) folgt eine sehr einfache Antwort. Wenn die Standardtheorie sich tatsächlich in der sozialen Umgebung des ersten Typs von Wissenschaftlergruppen entfaltete und die in solchen Gruppen repräsentierte abweisende Haltung gegenüber Anomalien tatsächlich mit der Regelorientiertheit von TO-Erklärungen korreliert, dann waren in der Standardtheorie prinzipienorientierte TO-Erklärungen wegen der Art und Weise der sozialen Organisation der Gruppe der Generativisten einfach *nicht zugänglich.* Rein konzeptuell ist die Wahl zwischen den zwei TO-Erklärungstypen offen; aber der Typ der TO-Gemeinschaft *schränkte* diese Wahl *ein.* Auf diese Weise verschwindet der oben erwähnte Widerspruch.

---

13   Infolge der heuristischen Beschaffenheit der vorliegenden Überlegungen kann das Ergebnis keine im üblichen Sinne verstandene Bestätigung sein, sondern nur eine Plausibilitätsbehauptung.

14   Vgl. z.B. Chomsky (1986), Reis (1987), van Riemsdijk - Williams (1985), Grewendorf - Hamm - Sternefeld (1987) usw.

Die Annahme einer Parallelität zwischen den gesellschaftlichen Charakteristika des jeweiligen TO-Gemeinschaftstyps und den konzeptuellen Eigenschaften von TO-Erklärungen ist allerdings bei der von Newmeyer diskutierten zweiten Periode, der der generativen Semantik, nicht so einfach nachzuweisen. Es taucht wieder ein — wenngleich andersartiger — Widerspruch auf. Einerseits argumentiert nämlich Newmeyer anhand von detaillierten Beispielen überzeugend dafür, daß die generative Semantik eindeutig eine *prinzipienorientierte* Epoche war, wobei diese Prinzipienorientiertheit zweifellos eine charakteristische Einstellung gegenüber Anomalien aufwies:

> ...the interest lies in how the leading generative semanticians chose to deal with the empirical problems. For the most part, their general reaction was *not to deny that they existed.* Instead, it was to conclude that they would admit to a solution only if the type of data relevant for syntactic theory were expanded. Newmeyer (1988: 30), Hervorhebung von mir, A.K.

Diese Strategie mag zu Recht als eine Realisation der Reaktionen auf Anomalien anmuten, die den oben durch ein entsprechendes Bloor-Zitat veranschaulichten Typ 3 von Wissenschaftlergemeinschaften charakterisieren. Die sich dadurch anbietende Schlußfolgerung aber, wonach die Prinzipienorientiertheit der generativen Semantik sich dadurch erklären ließe, daß zu jener Zeit ein Übergang vom Typ 1 zum Typ 3 stattfand, ist voreilig.

Gewisse Beobachtungen sprechen nämlich andererseits dafür, daß zur Zeit des Kampfes zwischen den Interpretativisten und den generativen Semantikern, bzw. der zeitweiligen Dominanz der letzteren, sich weder die Stärke der Gruppengrenze noch der Grad der Organisiertheit der TO-Gemeinschaft generativer Grammatiker im Verhältnis zu der für die Standardtheorie charakteristischen Situation wesentlich verändert hat, daß es sich dabei also nach wie vor um eine Gruppe mit schwacher interner Organisation und starker Gruppengrenze, d.h. Typ 1 handle. Einer solchen TO-Gemeinschaft, wie wir bereits gesehen haben, sind prinzipienorientierte TO-Erklärungen nicht zugänglich. Wie läßt sich dieser Tatbestand TM-erklären?

Gehen wir von einer TO-Gemeinschaft des Typs 1 aus, die über eine schwache interne Organisation verfügt und von feindseligen Vertretern der Disziplin umgeben ist wie etwa die Gesellschaft der Generativisten in den Jahren 1957-1967, also bis zum Beginn der Entfaltung der generativen Semantik. Wie bereits erwähnt, droht diese TO-Gemeinschaft demjenigen, der an der Formulierung einer Anomalie, einer mit den akzeptierten Lösungsstrategien unverträglichen Art von Problemen festhält, damit, daß er von der Gruppe ausgestoßen wird. Was geschieht aber, wenn man innerhalb einer solchen Gruppe eine interne Grenze zieht, und anstatt einer einzigen Schule oder Interessengemeinschaft zwei annimmt, genauso, wie dies im Falle der Spaltung einer TO-Gemeinschaft von Generativisten in die Gruppen der generativen Semantiker und der Interpretativisten vor sich ging? Wie Bloor betont, führt eine solche Spaltung keineswegs zur Veränderung der

Grundeigenschaften der TO-Gemeinschaft; dennoch wird *eine neue Reaktion auf Anomalien* ermöglicht. Der Grund dafür besteht darin, daß diejenigen, die Gegenbeispiele oder Gegenargumente vertreten, nicht mehr Gefahr laufen, aus der ganzen TO-Gemeinschaft verjagt zu werden, sondern automatisch in die andere Gruppe abgeschoben werden: Offensichtlich ist es genau das, was generative Semantiker wie etwa Ross, Lakoff, Postal oder McCawley erlebten. Obwohl sie die Ergebnisse Chomskys auf eine sehr agressive Weise angriffen und ihre Absicht, diese zu zerstören und zu vernichten, offen verkündeten, war es für die Interpretativisten nicht möglich, die Gegenspieler dadurch zu bekämpfen, daß ihnen mit Verbannung gedroht wurde. Jeder, der zuvor von der TO-Gemeinschaft der Generativisten hätte ausgestoßen werden müssen, fand nun Zuflucht in der anderen Untergruppe. Dadurch ist eine Art Anomalientoleranz ermöglicht worden.

Um jetzt auf die nächste Periode, die lexikalistische, einzugehen, wird man vor ähnliche Schwierigkeiten gestellt wie im vorangehenden Fall. Unsere Hypothese besteht darin, daß ein nicht trivialer Zusammenhang zwischen (i) dem TO-Gemeinschaftstyp, (ii) der Reaktion auf Anomalien und (iii) den zwei charakteristischen TO-Erklärungstypen der generativen Linguistik besteht. Während aber im vorangehenden Fall das Problem in der Fragwürdigkeit der Korrelation zwischen dem Gesellschaftstyp und der Reaktion auf Anomalien bestand, führt jetzt das von uns angenommene Verhältnis zwischen der Reaktion auf Anomalien und dem TO-Erklärungstyp zu Schwierigkeiten. Mit regelorientierten TO-Erklärungen müßte nämlich im Prinzip eine Intoleranz gegenüber Anomalien bzw. Irregularität korrelieren — Newmeyer hebt aber gerade die Suche nach Irregularität als das wichtigste Merkmal der lexikalistischen Syntax hervor:

> The most common strategy used in this period to demonstrate that a process was to be handled lexically rather than transformationally appealed to the principle outlined in Chomsky (1965) that the lexicon is the repository of irregularity in language. ... The concern with irregularity — the demonstration of which was considered to be the linch pin of the argumentation for a lexical treatment — became an obsession of the period. Many linguists of the time seemed to glory in it as, exaggerating a bit, linguistics for them had now become the search for irregularity in language. Newmeyer (1988: 41-43)

Daß dieses Problem jedoch kein ernsthaftes Argument gegen unsere Annahme zu formulieren gestattet, geht gerade aus den Bemerkungen Newmeyers hervor. Wenn nämlich die generelle Strategie des Lexikalismus darin besteht, aus der Annahme, wonach das S-Lexikon die Irregularitäten in der Sprache speichert, darauf zu schließen, daß *jede* ins Auge gefaßte Konstruktion S-lexikalischer Natur ist und demzufolge die Sprache selbst als auf Irregularität fundiert erscheint, dann geht es schließlich darum, die irreguläre Natur der Sprache als eine allgemeine Gesetzmäßigkeit anzuerkennen, von der es keine Ausnahmen gibt. Dies bedeutet, daß das Auftreten der sogenannten Irregularitäten durchaus als die Manifestation einer grundlegenden Eigenschaft der Sprache betrachtet wird, wonach

das, was man mit "irregulär" bezeichnet, nicht mit "anomal" identifiziert werden kann —
eine Anomalie ist in Wirklichkeit das, was der generellen Annahme, daß die Sprache
irregulär sei, widerspricht, und dies ist die These, daß syntaktische S-Strukturen reguläre
Erscheinungen sind. Diese These ist aber genau das, was in der lexikalistischen Periode
nicht toleriert wurde. Es ergibt sich, daß sich auch in der Periode des Lexikalismus ein
relativ abweisendes Verhalten gegenüber Anomalien zeigte, was regelorientierten TO-Erklärungen ziemlich genau entspricht. Diese Tatsache weist folglich darauf hin, daß die
oben ausgeführte These (2), wonach gewisse motivationale Faktoren mit der Wahl zwischen konzeptuell möglichen TO-Erklärungsschemata auf eine relevante Weise korrelieren, auch im Hinblick auf die lexikalistische Epoche gültig zu sein scheint.

Das gegenwärtige Entwicklungsstadium der generativen Linguistik, die Rektions-
und Bindungstheorie, wird in Newmeyers System durch die Dominanz der Prinzipienorientiertheit gekennzeichnet. Aufgrund des oben Gesagten läßt sich diese Tatsache
eindeutig mit den gesellschaftlichen Merkmalen der gegenwärtigen Wissenschaftlergemeinschaft generativer Sprachforscher "starke Gruppengrenze, starke interne Organisation" begründen. Problematisch ist hingegen, daß die Rektions- und Bindungstheorie nicht
die einzige generativistische Forschunsgrichtung ist: Gleichzeitig mit ihr bildeten sich
andere, eher regel- als prinzipienorientierte Ansätze innerhalb des generativen Unternehmens heraus, vor allem Bresnans lexikalisch-funktionale Grammatik (Bresnan (Hrsg.)
1982) und Gazdars generalisierte Phrasenstrukturgrammatik (Gazdar - Klein - Pullum -
Sag 1985). Die Koexistenz dieser Ansätze ist aber, trotz einiger zweifellos heftiger
Ausformulierungen der Positionen (vgl. etwa Bresnans Beiträge in Bresnan (Hrsg.) 1982)
friedlich und erinnert nicht an die antagonistischen Züge des Gegensatzes zwischen den
generativen und den interpretativen Semantikern in der Zeit 1967-1972.

Wie lassen sich diese Fakten erklären? Die friedliche Koexistenz mehrerer miteinander unverträglicher Ansätze reflektiert die Eigenschaften einer TO-Gemeinschaft, deren
jeweilige Untergruppen diese Ansätze vertreten, wobei weder ein Zwang zum Kampf noch
ein Zwang zur effektiven Kooperation zwischen den Gruppen besteht. Die unterschiedlichen Ansichten gefährden einander nicht, jede kann sich in die intendierte Richtung
entwickeln und die eigenen Leitmotive verfolgen. Diese Bedingung wird offensichtlich
beim Typ 2 erreicht, also wenn der Grad an interner Organisiertheit nach wie vor stark ist,
aber die Abgegrenztheit der TO-Gemeinschaft wesentlich geschwächt wird. Daß die
Abschwächung der Grenze im Hinblick auf die Tätigkeit der Vertreter der LFG und der
GPSG tatsächlich der Fall ist, bezeugt auch die Tatsache, daß die Verfechter dieser
Theorien relativ eng mit den Vertretern anderer Disziplinen zusammenarbeiten: Neben der
Entwicklung rein grammatiktheoretischer Aufassungen geht es ihnen zum einen um den
Nachweis der psychologischen Realität der von ihnen erarbeiteten Grammatik, wodurch
eine effektive Zusammenarbeit mit hochqualifizierten Psychologen erforderlich wird, zum

anderen wird auch der Erarbeitung der computertheoretischen Grundlagen eine viel relevantere Rolle zugeschrieben als im Falle der Rektions- und Bindungstheorie, und aus diesem Grunde ist die Unterstützung professioneller Fachleute erforderlich.[15] Offensichtlich handelt es sich bei dem jetzigen Stadium der generativen Linguistik nicht um einen reinen Fall vom Typ 3, sondern um einen Mischtyp, der durch die Überlagerung vom Typ 3 und Typ 2 zustande kam. Die Dominanz der Prinzipienorientiertheit dieser Periode läßt sich dann dadurch erklären, daß die Anhänger der Rektions- und Bindungstheorie den beiden anderen Gruppen gegenüber zahlenmäßig weit überlegen sind und eine TO-Gemeinschaft mit einem hohen Grad an interner Organisation bzw. einer relativ starken Gruppengrenze bilden. Diese Tatsachen bestätigen zwar wiederum die Annahme über die Korrelation zwischen TO-Erklärungstyp und TO-Gemeinschaftstyp, aber dieses Verhältnis kann, genauso wie in den anderen drei Fällen, nicht auf einen mechanischen Determinismus reduziert werden.

Die Analyse hat folgendes gezeigt. Durch die Berücksichtigung der motivationalen Struktur von TO-Gesellschaftstypen läßt sich erstens Newmeyers Annahme bestätigen und es ergibt sich *eine Stellungnahme gegen das Bild von der linearen konzeptuellen Entwicklung der generativen Linguistik.*[16] Daraus geht zweitens *die Plausibilität der Annahme einer Korrelation zwischen TO-Erklärungstyp und TO-Gemeinschaftstyp im allgemeinen* hervor. Dadurch erscheint die Hypothese (2) als akzeptabel.[17]

Bevor die Ergebnisse der in diesem Abschnitt angeführten Analysen im Hinblick auf These (T7) ausgewertet werden, sei noch eines festgehalten. Im Abschnitt 4.2 wurde gezeigt, daß in konzeptueller Hinsicht keine wesentlichen Unterschiede zwischen regelorientierten und prinzipienorientierten TO-Erklärungen bestehen: Zumindest reichen die festgestellten Differenzen zur TM-Erklärung der in der generativen Literatur den beiden Typen zugeschriebenen Unterschiedlichkeit des TO-Erklärungspotentials nicht aus. Wenn man einmal akzeptiert, daß eine wesentliche Eigenschaft der beiden TO-Erklärungstypen ihre grundsätzlich verschiedene Anomalientoleranz ist und diese durch gesellschaftliche Vorgänge bedingt ist, dann legen die Ergebnisse dieses Abschnitts die Schlußfolgerug

---

15    Aufschlußreich in dieser Hinsicht ist die Zusammensetzung der Autoren des Bandes Bresnan (Hrsg.) 1982; nur einige von ihnen sind Linguisten, die anderen sind entweder professionelle Psychologen oder Computerfachleute.

16    Da sowohl die progressive als auch die regressive Beurteilung prinzipienorientierter TO-Erklärungsmuster mit der Annahme der linearen Entwicklung verbunden ist, schließt unsere Schlußfolgerung beide Auffassungen aus.

17    Allerdings dürfen die Argumente, die für (2) sprechen, nicht als unmittelbare empirische Beweise gelten. Unsere Argumentationsstrategie bestand vielmehr darin, daß untersucht wurde, auf welche Weise die Annahme, daß (2) stichhaltig ist, manche Fakten der Wissenschaftsentwicklung der generativen Grammatik TM-erklären kann. Dieses Verfahren ist typisch für einzelwissenschaftliche Ansätze — daß es hier angewendet wurde, zeugt wiederum von der gewöhnlichen einzelwissenschaftlichen Prägung einer modularen Wissenschaftstheorie.

nahe, daß der relevante Unterschied zwischen prinzipienorientierten und regelorientierten TO-Erklärungen tatsächlich *nicht in ihren konzeptuellen*, sondern in ihren *motivationalen* Aspekten wurzelt. Im Lichte dieser Konsequenz erscheinen alle gegenwärtigen Ansätze zur Wissenschaftsgeschichte der generativen Syntax als äußerst fragwürdig und es stellt sich die Notwendigkeit einer grundsätzlichen Neuorientierung der Untersuchungen.[18]

### 5.2.4 Schlußfolgerung

In diesem Abschnitt haben wir versucht, die in der wissenssoziologischen Fachliteratur bekannte "grid-group"-Analyse in unserem TM-modularen Rahmen zu rekonstruieren, um die Natur einer möglichen Schnittstelle zwischen dem konzeptuellen und dem motivationalen TO-Modul grammatischer TO-Erklärungen aufzudecken. Es hat sich zunächst infolge dieser Analyse gezeigt, daß die von Newmeyer aufgrund des Wechsels der prinzipienorientierten und regelorientierten TO-Erklärungstypen unterbreitete Periodisierung der Wissenschaftsgeschichte der generativen Linguistik sich dadurch aufrecht erhalten läßt, daß der Wechsel des TO-Erklärungstyps parallel mit dem Wechsel des entsprechenden TO-Gemeinschaftstyps verlief. Es ergaben sich folgende Resultate:

(i) Die Idee der linearen Entwicklung wurde widerlegt.

(ii) Die zweite und im Hinblick auf unsere gegenwärtige Problemstellung entscheidende Konsequenz besteht darin, daß das Verhältnis zwischen der konzeptuell definierten Erscheinung des TO-Erklärungstyps und dem gesellschaftlich geprägten TO-Gemeinschaftstyp weder deterministisch noch kausal ist, sondern der TO-Gemeinschafstyp mit konzeptuellen Strukturen wie grammatische TO-Erklärungen korreliert (Hypothese (2)).

(iii) Wir können allerdings einen Schritt weitergehen, wenn wir danach fragen, was unter diesem Verhältnis im vorliegenden TM-modularen Rahmen zu verstehen sei. Wie wir gesehen haben, besteht die genannte Korrelation eigentlich darin, daß infolge eines gegebenen TO-Gemeinschaftstyps den Mitgliedern dieser TO-Gemeinschaft gewisse TO-Erklärungstypen eher zugänglich sind als andere. *Daraus ergibt sich nun unmittelbar die These (T7).*

Aufgrund unserer Rekonstruktion der von Douglas in Gang gesetzen "grid-group"-Analysen läßt sich nämlich im TM-modularen Rahmen die Gültigkeit des folgenden universellen TO-Prinzips des motivationalen TO-Moduls annehmen:

(P8)         $F(G, O) = M$

---

18    Deren Details an dieser Stelle allerdings nicht weiter verfolgt werden können.

Dabei steht *G* für "Gruppengrenze", *O* für "Organisiertheit", und *M = (Typ 1, Typ 2, Typ 3, Typ 4)*. Somit besagt (P8), daß *Gruppengrenze und Organisiertheit den Gemeinschaftstyp ergeben.* "Gruppengrenze" bzw. "Organisiertheit" fungieren dabei als *offene TO-Parameter*, die jeweils zwei Werte, nämlich "stark" und "schwach" (oder, um uns der in der TO-modularen theoretischen Linguistik geläufigen Terminologie zu bedienen, "+" und "-") annehmen können. Die Interaktion des motivationalen TO-Moduls mit dem konzeptuellen besteht dann darin, daß der offene TO-Parameter *ct* des konzeptuellen TO-Moduls, der mit den den generativen TO-Tatsachenerklärungen zugrundeliegenden konzeptuellen TO-Prinzipien (P5)-(P7) assoziiert wird, in Abhängigkeit von dem jeweiligen Wert der beiden TO-Parameter des TO-Prinzips (P8) festgelegt wird. Dadurch entstehen TO-Kontexte, die verschiedene Grade der Anomalientoleranz, eine konzeptuelle Eigenschaft, aufweisen. Da zwischen den zwei für die generative Linguistik charakteristischen konzeptuellen Grundtypen von TO-Erklärungen einerseits und zwei Arten von Reaktionen auf Anomalien andererseits, eindeutige Entsprechungen bestehen, sind für den Unterschied zwischen regel- und prinzipienorientierten TO-Erklärungen die jeweiligen Werte der motivationalen TO-Parameter verantwortlich.[19] Das bedeutet, daß in gewissen TO-Kontexten — die durch die Werte der beiden in (P8) enthaltenen TO-Parameter festgelegt werden — nur die semantischen TO-Repräsentationen der Darstellung von S-Regeln im TO-Explanans einer sinnvollen konzeptuellen Interpretation zugänglich sind, in anderen nur die semantischen TO-Repräsentationen der Beschreibungen von S-Prinzipien. Dieser Mechanismus entspricht dann der im Kapitel 2 gegebenen Definition des *Parametrisierungsverhältnisses* zwischen zwei TO-Modulen. *Damit haben wir (T7) hergeleitet.*

Im Sinne des in 5.1 skizzierten Gedankengangs soll die Gültigkeit von (T7) im Hinblick auf zwei weitere Erscheinungen, nämlich den motivationalen Aspekt der grammatischen TO-Begriffsbildung und das Problem der gesellschaftlichen Interessen, erhellt werden.

## 5.3 Der motivationale Aspekt der Begriffsbildung

Was die Grundprinzipien der Begriffsbildung anbelangt, ist es angebracht, auf den im Kapitel 2 bereits angeschnittenen Anhaltspunkt zurückzugreifen. Den Schlüssel zum Verständnis dieser Vorgänge stellt der — dort im vorexplikativen Sinne verstandene —

---

19    Siehe auch die in 5.2.2. angeführten Prämissen (1)(a)-(b).

Begriff des *Modells* dar, dessen Rolle mit Hilfe eines Zitats hier noch einmal verdeutlicht werden soll:

> It is implicit in the very idea that the patterns of objects which are within the reach of our experience can function as models. For consider how models work and what happens when one piece of behaviour is modelled on another. The result is precisely to detach the derivative behaviour from that on which it is modelled. Think here of the carpet weavers. A weaver picks up the way that the pattern goes by watching and working with others. He can then function autonomously and apply and reapply the technique to new cases. He could, for example, set out to weave a carpet bigger than he had ever seen anyone weave before, but he need only have learned and practiced on small ones. Bloor (1976: 90).

Diese Rolle von Modellen wirft drei Fragen auf. Erstens, was sind "Modelle" eigentlich? Zweitens, wie werden solche "Modelle", die — wie im Kapitel 2 bereits betont — an gewisse konkrete Situationen und demnach an Erfahrungen über wahrnehmbare materielle Objekte und Personen gebunden sind, auf neue Situationen übertragen? Und drittens, worin besteht der motivationale Aspekt von Modellen?

Bloor geht auf eine nähere Charakterisierung dessen, was er unter "Modell" versteht, nicht ein. Doch aus der Modularitätsannahme (MH) folgt eine naheliegende und mit den Intentionen Bloors vollkommen in Einklang stehende Darstellung der Begriffsbildung: "Modelle" sind demnach als "mentale Modelle" im Sinne von etwa Johnson-Laird (1980, 1983) und Bierwisch (1983, 1987) aufzufassen.[20] Mentale Modelle erhalten in unserem TM-modularen Rahmen folgende Charakterisierung:

(a) Mentale Modelle kommen dadurch zustande, daß *der Mensch mit seiner materiellen Umwelt in Berührung kommt* und die dadurch gewonnenen Erfahrungen — auf eine bereits im Kapitel 2 skizzierte Weise — in strukturierter Form intern repräsentiert. Die Aufarbeitung der Informationen über die Welt, die Bezeichnungen für materielle Objekte, Vorgänge, Situationen, externe Gegebenheiten verschiedener Art geschieht in Form mentaler Modelle.

(b) Mentale Modelle sind die *konzeptuellen Repräsentationen* von erlebten Situationen, die sowohl auf sensorischen als auch inferentiellen Informationen beruhen. Sie bauen sich aus den konzeptuellen Einheiten *CON* sowie der unter ihnen bestehenden Relationen auf. Im Fall der für uns im gegenwärtigen Zusammenhang interessanten materiellen Objekte geht es darum, daß das mentale Modell eines externen materiellen Objekts mit seiner *konzeptuellen Repräsentation* identisch ist (also ein Element der Klasse *[CON]* verkörpert) und die Lautform eines bestimmten Wortes, mit dessen Hilfe man über das Objekt spricht, sich auf diese Repräsentation bezieht.

---

20    Um den Rahmen der Ausführungen nicht zu sprengen, muß auf die Erörterung des Ausdrucks "mentales Modell" verzichtet werden (s. dazu die oben angegebene Literatur). Es soll lediglich soviel bemerkt werden, daß diese Erscheinung den grundsätzlichen Zusammenhang zwischen Wahrnehmungen und Begriffen erfaßt und einen zwanglosen Berührungspunkt zwischen der gesellschaftlichen Bestimmtheit von Begriffen und den sie steuernden konzeptuellen Prinzipien herstellt.

Aus diesen beiden Eigenschaften von mentalen Modellen lassen sich die Antworten auf die zweite und dritte Frage sehr einfach herleiten. Bloors Antwort auf die zweite Frage lautet: Die sich an materielle Situationen knüpfenden "Modelle" werden durch Analogie und Metapher auf neue, unmittelbar nicht erlebbare Situationen übertragen. Wie wir aber im Kapitel 3 gesehen haben, besteht nach unserem TM-modularen Ansatz der eigentliche Inhalt von analogischen und metaphorischen Verhältnissen darin, daß gewisse (und grundsätzlich nicht nur auf Analogie- und Metapherbildung beschränkte) konzeptuelle Operationen in Kraft treten. *Modelle werden folglich mit Hilfe von konzeptuellen TO-Prinzipien in der im Kapitel 3 bereits behandelten Weise auf neue Bereiche des Verhaltens erweitert.*

Modelle sind, um die dritte Frage aufzugreifen, an Situationen gebunden, in denen die Mitglieder einer TO-Gemeinschaft handeln; diese Situationen bestehen aus den Elementen der durch eine gegebene TO-Konvention determinierten Verhaltensinstanzen sowie aus materiellen Objekten. Aus dem im Kapitel 2 Gesagten folgt nun, daß die *Auswahl* der Modelle grundsätzlich motivational bestimmt ist. Das heißt: Wenn die Verhaltensinstanzen von gewissen Situationen durch eine Konvention $k$ bestimmt sind, dann ist die Erweiterung der sich an diese Verhaltensinstanzen knüpfenden mentalen Modelle ein durch die TO-Prinzipien des *konzeptuellen* TO-Moduls gesteuerter Vorgang, aber die Auswahl der mentalen Modelle, die den Ausgangspunkt zu diesen konzeptuellen Prozessen bildet, beruht auf den TO-Prinzipien des *motivationalen* TO-Moduls. Die Entscheidung darüber, ob aus der Gesamtheit der unmittelbar wahrnehmbaren materiellen Erfahrung diese oder jene konzeptuelle TO-Repräsentation eines Objekts als "Modell" ausgezeichnet und als Ausgangspunkt zur Erweiterung gegebener Kenntnisse auf die der unmittelbaren Erfahrung nicht zugängliche Situationen verwendet wird, hängt davon ab, was in der TO-Gemeinschaft zu einer gegebenen Zeit als wichtig, wertvoll, nützlich, usw. betrachtet wird. Sollten neue Interessen, Werte, Ziele entstehen, werden andere Modelle in den Vordergrund gestellt, wodurch sich dann andere abgeleitete TO-Begriffe entfalten. Im weiteren werden wir unter einem *I-Modell* ("initialen Modell") diejenige konzeptuelle Repräsentation von Eigenschaften von Objekten verstehen, die aufgrund motivationaler Faktoren ausgewählt wurde und den Ausgangspunkt zu konzeptuellen Verschiebungen bildet; die entsprechende wahrnehmbare Eigenschaft sei *I-Eigenschaft* genannt. Nun können wir etwa folgendes TO-Prinzip des motivationalen TO-Moduls formulieren:

(P9)                    $F(Int, E) = E_i$

Dabei steht *Int* für "Interesse", $E$ für eine Menge von Eigenschaften, und $E_i$ für eine I-Eigenschaft, die Element von $E$ ist. (P9) besagt demnach: *Gesellschaftliche Interessen wählen I-Eigenschaften aus.* Wenn — wie im Kapitel 3 ausführlich dargestellt —

konzeptuelle TO-Repräsentationen von TO-Lexemen Funktionen von semantischen TO-Repräsentationen und TO-Kontexten sind, dann besteht die Rolle motivationaler TO-Prinzipien darin, daß sie den TO-Kontext festlegen, in dem ein bestimmtes I-Modell ausgewählt d.h. interpretiert wird und sich überhaupt als eine konzeptuelle TO-Repräsentation gestaltet.[21] Da der Kontext *ct* als ein freier Parameter betrachtet wird, ergibt sich — in Übereinstimmung mit (T7) —, daß auch *im Fall der TO-Begriffsbildung die TO-Prinzipien des konzeptuellen TO-Moduls TO-Parametrisierungen des motivationalen TO-Moduls sind.*

In einem wichtigen Beitrag wies K. Riley folgende Tatsachen nach (Riley 1987):[22]

(a) Das TO-Lexikon der Standardtheorie und das der Rektions- und Bindungstheorie verfügen über das gemeinsame Merkmal, daß die wichtigsten TO-Begriffe sowohl eine durch den TO-Kontext festgelegte Interpretation als auch eine nicht-wissenschaftliche "Alltagsbedeutung" aufweisen.

(b) Sie unterscheiden sich aber beträchtlich insofern, als die nicht-wissenschaftlichen Bedeutungen unterschiedliche Bereiche menschlichen Handelns betreffen. Die TO-Begriffe der Standardtheorie sind konzeptuell mit nicht-wissenschaftlichen S-Begriffen verwandt, die sich auf unmittelbar beobachtbare physikalische Objekte beziehen wie etwa der Mensch und seine ausgezeichneten Eigenschaften und Fähigkeiten (z.B. *Schwester, Tochter, kreativ, "hopping", "support"*) bzw. auf die Zustände menschlichen Bewußtseins (*tief, zugrundeliegend, Oberfläche*). Demgegenüber beziehen sich die nicht-wissenschaftlichen Entsprechungen der TO-Begriffe der Rektions- und Bindungstheorie auf abstrakte Beziehungen zwischen Individuen, denen Beschränkungen bzw. Grenzen auferlegt werden (*Bindung, kommandieren, Bedingung, Filter, regieren, restringieren, Grenze* ("*barrier*") usw.).

(c) Riley stellt auch die Frage, *warum* das TO-Lexikon der Standardtheorie und das der Rektions-und Bindungstheorie diese Unterschiede im Hinblick auf die Bereiche, auf die sich ihre nicht-wissenschaftlichen alltäglichen Interpretationen beziehen, aufweisen. Ihre Antwort ist eindeutig:

> ...researchers working within each theory have been guided by *different priorities and goals*, and these in turn are reflected in the jargon associated with each theory. (Riley 1987: 178, Hervorhebung von mir, A.K.)

Das Ziel der Standardtheorie, das nach Riley die Auswahl der TO-Begriffe bestimmte, ist die Konstruktion einer Theorie, die den kreativen, dynamischen und systematischen

---

21   Siehe dazu auch die im Kapitel 3 angegebene Bestimmung des Verhältnisses zwischen semantischen und konzeptuellen Repräsentationen.

22   Siehe auch Abschnitt 3.2.

Aspekt der Sprachkenntnis, die allerdings regelgeleitet ist, als maßgebend ansieht. Mit der Erarbeitung der Rektions- und Bindungstheorie verfolgte man hingegen das Ziel, die Grammatik einzuschränken.[23]

Wie plausibel Rileys Beobachtungen auch sind, sie vermögen keine Erklärung für die unter (a)-(c) aufgezählten Zusammenhänge zu geben. Der uns zur Verfügung stehende TM-modulare wissenschaftstheoretische Ansatz scheint jedoch eine sehr einfache TM-Erklärung für diese Erscheinungen zu liefern.

Es liegt auf der Hand, die physikalischen Objekte bzw. Relationen (also etwa den Menschen und seine Eigenschaften auf der einen Seite und abstrakte soziale Verhältnisse unter den Menschen auf der anderen Seite) als Phänomene zu betrachten, mit denen man im alltäglichen Leben unmittelbare Erfahrungen machen kann. Die Begriffe, die die genannten unmittelbar wahrnehmbaren Erscheinungen bezeichnen, entsprechen den I-Modellen. Sie lassen sich dann mit Hilfe der im Kapitel 3 beschriebenen konzeptuellen TO-Prinzipien auf TO-Kontexte — so etwa auf einen grammatischen TO-Kontext — beziehen. Diese TO-Prinzipien ergeben, im Sinne des früher beschriebenen konzeptuellen Mechanismus, die entsprechenden grammatischen TO-Begriffe. Nach dieser TM-modularen Interpretation von Rileys Ansatz zeugen ihre Beobachtungen eindeutig davon, daß der Unterschied zwischen dem TO-Lexikon der Standardtheorie und dem TO-Lexikon der Rektions- und Bindungstheorie in der *Auswahl der I-Modelle* liegt. Aus (c) oben folgt dann, daß die Auswahl der I-Modelle durch die jeweiligen Ziele der Wissenschaftlergemeinschaften bestimmt wird, und diese Ziele lassen sich natürlich als eine Art von gesellschaftlichen Interessen interpretieren.[24] Auf diese Weise können alle konzeptuellen Eigenschaften der im Kapitel 3 untersuchten lexikalischen TO-Einheiten mit motivationalen Faktoren in Zusammenhang gebracht werden, wodurch sich die Möglichkeit einer TM-modularen Erklärung der generativen TO-Begriffsbildung ergibt.[25]

---

23    Diese kurzen Bemerkungen dürfen nicht darüber hinwegtäuschen, daß Riley eine subtile Analyse der unterschiedlichen Ziele der beiden Theorien angibt. Diese wollen wir hier im einzelnen nicht referieren. Siehe Riley (1987: 18O ff.). Als Illustration für die Schlußfolgerungen dieses Abschnitts vgl. auch die Fallstudie "Motivationales und Konzeptuelles in der grammatischen Begriffsbildung" im Anhang (Abschnitt 7.4).

24    Wir wollen auf eine ausführliche Begründung dieser Behauptung nicht eingehen, weil ihre Plausibilität sich aus den soziologischen Analysen in Newmeyer (1986a: 86 ff.) unmittelbar ergibt. Es ist nicht unwesentlich zu bemerken, daß aufgrund von Newmeyers Überlegungen nicht nur die TO-Begriffe der Standardtheorie und die der Rektions- und Bindungstheorie unter Hinweis auf gesellschaftliche Intressen TM-erklärt werden können, sondern auch die der generativen Semantik und des Lexikalismus. Es sei beispielsweise an die sehr ungewöhnlichen und kühnen Metaphern erinnert, derer sich die generativen Semantiker bedienten, und die klar durch die kollektiven Interessen dieser Gruppe motiviert waren.

25    Um unsere Argumentation nicht weiter zu komplizieren, wollen wir auf die Frage, wie im allgemeinen TM-modulare Erklärungen aussehen, nicht eingehen. Wir begnügen uns mit den heuristischen Anhaltspunkten, die in den Kapiteln 1 und 2 angegeben wurden.

## 5.4 Gesellschaftliche Interessen

Zwar behauptet das Starke Programm ausdrücklich die wesentliche Rolle von gesellschaftlichen Interessen bei der Gestaltung der konzeptuellen Aspekte wissenschaftlicher Erkenntnis, aber es geht aus den Schriften Bloors und seiner Mitarbeiter *nicht hervor*, wie diese Rolle definiert werden soll und was genau unter dem TM-Ausdruck "gesellschaftliches Interesse" zu verstehen sei.[26]

Es besteht nämlich ein grundlegender und bislang ungelöster Widerspruch zwischen Theorie und Empirie in der auf dem TM-Begriff der Interessen beruhenden Wissenssoziologie. Auf der einen Seite ist die allgemeine epistemologische Plausibilität der Annahme, wonach gesellschaftliche Interessen die Struktur konzeptueller Entitäten irgendwie beeinflussen, ziemlich evident, auf der anderen Seite aber, sobald es darauf ankommt, diese Behauptung durch empirische Fallstudien zu bestätigen, wird sofort ersichtlich, daß der erwartete direkte Zusammenhang nicht nachweisbar ist.[27] Während theoretische Erwägungen darauf schließen lassen, daß zwischen konzeptueller Struktur und Interessen ein kausales Verhältnis besteht, erscheint dieses Verhältnis bei den empirischen Fallstudien als viel schwächer. Der Grund für diese Zweiseitigkeit besteht in einer Vielzahl von Faktoren. Es gibt z.B. keine theoretischen Anhaltspunkte zur Beantwortung von Fragen wie etwa "Was ist unter dem TM-Ausdruck der gesellschaftlichen Interessen zu verstehen?", "Sind diese direkt politischer, ökonomischer, hierarchischer usw. Natur?", "Stellen sie lediglich kognitive Zielsetzungen dar wie z.B. die Herrschaft über die Natur, Voraussagen und Kontrolle der Ereignisse?" usw. Diese und ähnliche Probleme können nur empirisch gelöst werden, und die Lösung wird von Fall zu Fall anders ausfallen. Es hat sich sogar erwiesen, daß die Interpretation von Interessen selbst in einem jeden gegebenen Kontext Gegenstand empirischer Untersuchungen sein kann und soll (Yearley 1982).

---

26    Die bekanntesten Ansätze zur Aufstellung von Theorien der gesellschaftlichen Interessen innerhalb der dem Starken Programm nahe stehenden Tradition finden sich etwa in den Schriften von Barnes (1977, 1982, 1985) sowie MacKenzie (1978, 1981), Woolgar (1981), Mulkay (1979), Yearley (1982), Pickering (1984), Knorr-Cetina (1988) usw. Angesichts der reichen Literatur können wir auf eine detaillierte Darstellung der Forschungslage nicht eingehen.

27    Als Illustration sei hier die theoretisch motivierte Position in Barnes - MacKenzie (1979) dem Ergebnis von MacKenzies detaillierter Fallstudie gegenübergestellt. Während die erstgenannten Autoren einen direkten Determinismus annehmen, fühlt sich Mackenzie gezwungen, die Kausalität des Verhältnisses explizit zu leugnen:

It is evident that ... social interests shaped and particularized the instrumental interests assumed in the biometricians's evaluations, and hence their approach to the problem of association. Barnes - MacKenzie (1979: 60)

I am not claiming that Pearson's social background, for example, caused his ideas. If my analyses of Pearson's writings and of the interests of the professional middle classes are accepted, then all we have is an instance of a 'match' of beliefs and social interests. MacKenzie (1981: 92).

Keine allgemein akzeptierbare Antwort läßt sich auf die Frage nach der Anzahl und Art von Interessen geben usw. — die Liste der grundlegenden Schwierigkeiten ließe sich fortsetzen.[28]

Wenn wir das Problem der gesellschaftlichen Interessen in einem TM-modularen Rahmen interpretieren, ergibt sich die erwartete Konsequenz. Die genannten Fakten scheinen nämlich eindeutig darauf hinzuweisen, daß "gesellschaftliches Interesse" als ein *freier TO-Parameter* fungiert, der im Zusammenhang mit motivationalen TO-Prinzipien wie etwa (P9) erscheint und von Fall zu Fall mit einem anderen Wert belegt werden kann.

Damit wurden alle drei — im Abschnitt 5.1 unter (i) angedeuteten — Erscheinungen, deren motivationale Untersuchung Argumente für (T7) liefern sollte, einer in unserem TM-modularen Rahmen verankerten Analyse unterzogen. Dadurch sind wir im Sinne des Schritts (ii) in 5.1 berechtigt, (T7) wenn auch nicht als bestätigt, doch zumindest als plausibel auszuzeichnen. Folglich können wir versuchen, aus (T7) die Lösung für die bei der Besprechung des konzeptuellen TO-Moduls offen gelassenen Probleme (die unter (iii)(a)-(c) im Abschnitt 5.1 wieder aufgezählt wurden) herzuleiten.

## 5.5 Bewertungskriterien, Tatsachen, Explikate

### 5.5.1 Bewertungskriterien

(T7) legt die Plausibilität der im Abschnitt 4.7 unter (3) angeführten Hypothese nahe.[29] Mit dem konzeptuellen TO-Relevanzprinzip soll nämlich ein (ebenfalls in den konzeptuellen TO-Modul gehörender) TO-Kontext-Parameter assoziiert werden, dessen Werte von der jeweiligen Belegung des in dem motivationalen TO-Prinzip (P9) enthaltenen freien TO-Parameters der gesellschaftlichen Interessen abhängen. Aus dieser TO-Parametrisierungsrelation ergibt sich die Möglichkeit, daß durch die Fixierung des im TO-Prinzip der Relevanz enthaltenen freien TO-Parameters nicht direkt TO-Repräsentationen, sondern für

---

28    Anstatt einer detaillierten Analyse soll genügen, auf Mulkay (1979), Barnes - Law (1976), Woolgar (1981) hinzuweisen, aus deren Auswertung sich die relevanten Schlußfolgerungen herleiten lassen.

29    Auch die im Abschnitt 4.7 unter (1)(a)-(c) angeführten Schwierigkeiten lassen sich lösen. Die in der Wissenschaftsgeschichte der generativen Linguistik beobachtbare Veränderung der TO-Bewertungskriterien bzw. ihre Relativierung auf einen Argumentationszusammenhang erklärt sich mit der Veränderung bzw. der Unterschiedlichkeit der Interessen; ob es in einer bestimmten Periode eine oder mehrere TO-Bewertungskriterien gibt, wird von der Zahl und Art der Interessen festgelegt.

einen Bereich spezifische TO-Regeln determiniert werden.[30] Folglich ist es durchaus berechtigt, anzunehmen, daß die als spezifische methodologische TO-Regeln fungierenden generativen TO-Bewertungskriterien durch die Interaktion des TO-Relevanzprinzips (P4) und des TO-Prinzips (P9) bereitgestellt werden.

Somit läßt sich z.B. leicht erklären, warum etwa in der Standardtheorie Einfachheit und nicht Restriktivität als die Hauptregel der Bewertung von TO-Tatsachenerklärungen galt. Man könnte sich dabei die Interaktion konzeptueller und motivationaler TO-Prinzipien folgendermaßen vorstellen. Der mit (P9) verbundene freie TO-Parameter *Int* wurde in der Standardtheorie mit einem bestimmten Wert $a$, in der Rektions- und Bindungstheorie mit einem Wert $b$ belegt, wobei $a$ und $b$ zwei verschiedene Erkenntnisinteressen sind.[31] Das Parametrisierungsverhältnis zwischen (P9) und (P4) bedeutet dann soviel, daß der Wert des mit (P4) verbundenen freien TO-Parmeters $ct$ in Abhängigkeit von $a$ bzw. $b$ ermittelt wird; dadurch entsteht ein ganz spezifischer, durch den Wert des motivationalen TO-Parameters festgelegter konzeptueller TO-Kontext. Da dieser TO-Kontext — wie im Kapitel 3 ausführlich erläutert — die Interpretation von TO-Ausdrücken bestimmt, wird, falls es sich um $a$ handelt, der TO-Ausdruck "Relevanz" genau im Sinne von "Einfachheit" gedeutet. Im Falle von $b$ ergibt der entsprechende TO-Kontext die Interpretation "Restriktivität".[32] Das universelle konzeptuelle TO-Prinzip (P4) wird dementsprechend in zwei verschiedene TO-Regeln überführt:

(a)"TO-Erklärungen werden unter der Annahme ihrer maximalen Einfachheit ermittelt" bzw.

(b)"TO-Erklärungen werden unter der Annahme ihrer maximalen Restriktivität ermittelt".

Durch die Annahme dieses Mechanismus haben wir das Problem der TO-Bewertungskriterien gelöst.

---

30    Daß dies im Falle des TO-Relevanzprinzips eine plausible Annahme ist, folgt auch aus der Bemerkung von Sperber und Wilson, wonach das Relevanzprinzip nicht repräsentational ist (Sperber - Wilson 1986). Zu den unterschiedlichen Auswirkungen von Parametrisierungen im allgemeinen siehe vor allem Abschnitt 2.5 (ii) und Bierwisch (1981). Vgl. auch den im Kapitel 4 angeführten Hinweis auf die Rolle von Parameterfixierungen bei der Bestimmung des Verhältnisses zwischen Universalgrammatik und einzelsprachlicher Grammatik.

31    Da in der Standardtheorie Chomsky, in Anlehnung an Goodman, "Einfachheit" mit "Systematizität" in Verbindung bringt, ist es naheliegend, das primäre Erkenntnisinteresse der Standardtheorie $a$ als "die systematische Darstellung der Grammatik" zu interpretieren (vgl. Riley 1987 und Forrai 1987). Wie Riley explizit bemerkt, ist das mit $b$ bezeichnete Erkenntnisinteresse der Rektions- und Bindungstheorie mit der möglichst strengen Einschränkung der Grammatik zu identifizieren.

32    Die Interpretation dieses TO-Ausdrucks erfolgt natürlich nach dem im Kapitel 3 beschriebenen Mechanismus von konzeptuellen Verschiebungen und Differenzierungen.

## 5.5.2 Tatsachen

Das zweite offen gelassene Problem ist, in welchem Sinne die unter konzeptuellem Aspekt beschriebenen grammatischen TO-Erklärungen *Tatsachen*erklärungen sind (vgl. 4.8. (3) sowie Frage (iii)(b) in 5.1).

Daß Tatsachen in der Erfahrung unmittelbar und in "roher" d.h. durch die Voraussetzungen des Erkenntnisvorgangs unberührt gelassener Form gegeben sind, ist in der modernen Wissenschaftstheorie niemals ernsthaft behauptet worden. Wie Bloor betont (Bloor 1976), ist dies sogar eine der wenigen Gemeinsamkeiten zwischen Kuhn, der einer der Bahnbrecher der gegenwärtigen Wissenssoziologie war, und Popper, dessen Ansichten lange Zeit als die ausgeprägteste Fassung der Analytischen Wissenschaftstheorie galten und, erwartungsgemäß, von der Wissenssoziologie vehement angezweifelt wurden. Wenn wir die generative Grammatik im Sinne des im Abschnitt 2.5 unter (v) Gesagten als eine komplexe TO-Konvention ansehen, so dürfte sich ergeben, daß grammatische S-Tatsachen konventionell bestimmt sind. Es wurde dort folgendes gezeigt:

(a) Eine TO-Konvention gestaltet sich aus dem Zusammenspiel mehrerer TO-Module.

(b) Eine TO-Konvention $t_i$ determiniert eine Menge $M(t_i)$ von Verhaltensinstanzen.

Was ist die Rolle von motivationalen TO-Faktoren bei der Bestimmung dessen, was in der gegebenen TO-Konvention eine S-Tatsache ist? Die Antwort ergibt sich aus zwei bereits ausführlich diskutierten Annahmen. Erstens wissen wir, daß Konventionen nicht willkürlich, sondern sowohl durch erbfixierte Prinzipien als auch durch die Prinzipien des gesellschaftlichen Lebens bestimmt sind. Zweitens haben wir im Abschnitt 2.4 in Anlehnung an E. von Savignys und R. Bambroughs Ausführungen gesehen, daß die Rolle der erbfixierten Prinzipien in der Eingrenzung der Zahl von möglichen Klassifikationen besteht — die Wahl unter den übrig bleibenden Möglichkeiten wird rein motivational bestimmt. Daraus folgt unmittelbar, daß bei der Bestimmung dessen, was eine grammatische Tatsache ist, die motivationalen TO-Faktoren eine entscheidende Rolle spielen.

Dabei ist wiederum anzunehmen, daß die freien TO-Parameter der motivationalen TO-Prinzipien — z.B. *Int* im Falle von (P9) — zunächst durch einen bestimmten Wert $a$ belegt werden, etwa durch eines der spezifischen Erkenntnisinteressen der Rektions- und Bindungstheorie. Dieses Interesse könnte beispielsweise in der Herleitung der Darstellung von syntaktischen S-Repräsentationen von Sätzen aus der Darstellung von universellen S-Prinzipien liegen. Der Wert des konzeptuellen Parameters $ct$, der mit (P5)-(P7) verbunden ist, wird dann in Abhängigkeit von $a$ ermittelt. Dadurch entsteht ein TO-Kontext, in dem die konzeptuellen TO-Repräsentationen der Beschreibungen von S-Repräsentationen von Sätzen als Darstellungen von Tatsachen interpretiert werden. Da dadurch "Tatsachen" mit dem "Erklärungsbedürftigen" zusammenfallen, verschwindet das im Abschnitt 4.8 erläuterte Dilemma.

Was demnach die generativen TO-Tatsachenerklärungen von anderen wissenschaft-lichen Erklärungen unterscheidet, liegt nicht in ihrer konzeptuellen Struktur, sondern vor allem in der motivational bestimmten Identifikation von ganz bestimmten S-Repräsenta-tionen mit erklärungsbedürftigen S-Tatsachen. Im Lichte des im vorangehenden Absatz geschilderten Mechanismus, der sich aus (T7) ergibt, können wir zwar behaupten, daß genau diejenigen Erscheinungen S-Tatsachen sind, die nach der *Konvention* "generative Linguistik" als solche ausgezeichnet werden. Da aber Konventionen, wie wir gesehen haben, nicht willkürlich sind, sondern durch die Parametrisierungsverhältnisse zwischen TO-Prinzipien, die verschiedenen TO-Modulen angehören, bestimmt werden, ist diese Behauptung keineswegs trivial, sondern stellt vielmehr eine *empirische TM-Hypothese* dar.

### 5.5.3 Explikate

Auf eine ähnliche Weise läßt sich aus dem Gesagten die Antwort auf die Frage herleiten, auf welcher Grundlage ein bestimmtes Element einer TO-Begriffsfamilie als TO-Explikat ausgezeichnet wird. Wir haben im Kapitel 3 bereits gesehen, daß TO-Explikationen sich von den allgemeingültigen konzeptuellen Operationen der Begriffsverschiebung, Begriffs-differenzierung und Metaphorisierung in keinerlei Weise abheben. Aus (T7) folgt, daß es von den motivationalen Faktoren abhängt, wie der Kontext sich gestaltet, in dem eine bestimmte konzeptuelle TO-Repräsentation, d. h. ein TO-Begriff, spezifiziert wird. Wenn nun die herkömmliche Fachliteratur (s. etwa Carnap - Stegmüller 1959, Stegmüller 1979) behauptet, TO-Explikationen seien konventionell bestimmt, so ergibt sich in unserem Rahmen aus der nicht-willkürlichen Bestimmtheit von Konventionen sowie aus dem in Anlehnung an Savigny (1976) ausgeführten Verhältnis zwischen den erbfixierten und den motivational bestimmten Komponenten von Konventionen, daß die Bestimmung dessen, welches Mitglied einer TO-Begriffsfamilie als ein generativ-grammatisches TO-Explikat bzw. welche konzeptuelle Operation als eine TO-Explikation in der generativen Gramma-tik gilt, von der jeweiligen Belegung der in den motivationalen TO-Prinzipien auftauchen-den TO-Parameter abhängt: Davon nämlich, was in der generativen Grammatik in einem spezifischen Fall als ein Interesse gilt, oder, wie ein bestimmtes I-Modell ausgezeichnet wird, oder, ob die Parameter "Gruppengrenze" und "Organisiertheit" mit dem Wert "stark" oder "schwach" belegt werden. Die konzeptuellen TO-Prinzipien (P1)-(P3) enthalten *keine* für die TO-Explikationen der generativen Linguistik spezifischen Charakteristika. Die

Werte des konzeptuellen TO-Parameters *ct* werden von der jeweiligen Belegung der mit den motivationalen TO-Prinzipien verbundenen TO-Parameter abhängen, und der Wert des konzeptuellen TO-Parameters *ct* bestimmt dann diejenigen konzeptuellen TO-Repräsentationen, die als TO-Explikate gelten.


## 5.6  Zusammenfassung

Die Aufgabe dieses Kapitels war es, drei der durch die Überlegungen zum konzeptuellen TO-Modul offen gelassenen Fragen im Hinblick auf die Beschaffenheit von TO-Explikationen und TO-Erklärungen dadurch zu beantworten, daß die Art der Interaktion zwischen dem konzeptuellen und dem motivationalen TO-Modul in bezug auf die grammatischen TO-Erklärungen ermittelt wurde. Nachdem wir die These (T7) in einer Reihe von — jeweils einzeln begründeten — Schritten (die sich auf eine Neufassung der Wissenschaftsgeschichte der generativen Linguistik aufgrund einer "grid-group"-Analyse, auf die motivationalen Aspekte der TO-Begriffsbildung und auf die Beschaffenheit von gesellschaftlichen Interessen bezogen) nachgewiesen haben, ergaben sich unmittelbar die gesuchten Lösungen für die im Abschnitt 5.1 unter (iii)(a)-(c) angeführten Probleme. Dabei wurden die motivationalen TO-Prinzipien (P8) und (P9), die mit den konzeptuellen TO-Prinzipien (P1)-(P7) dadurch interagieren, daß sie die Werte der mit den letzteren verbundenen TO-Parameter angeben, aufgedeckt.

Die TO-Prinzipien (P1)-(P9) stellen universelle Prinzipien menschlichen Verhaltens dar und sind nicht spezifisch für die generative Linguistik. In diesem Sinne wurde in den Kapiteln 3 und 4 lediglich soviel gezeigt, daß die Struktur der in der generativen Linguistik geläufigen TO-Begriffsexplikationen und TO-Tatsachenerklärungen unter konzeptuellem Aspekt einigen unabhängig von der generativen Linguistik motivierten universellen TO-Prinzipien unterliegt; dasselbe gilt auch für die TO-Prinzipien des motivationalen TO-Moduls. Insofern erscheinen die Ergebnisse der Kapitel 3, 4 und 5 beinahe als trivial. Aber ohne den Nachweis dieser scheinbar trivialen Fakten wäre der Nachweis des *nicht-trivialen* Mechanismus, wonach die spezifischen Eigentümlichkeiten der generativen TO-Explikationen und TO-Tatsachenerklärungen aus der jeweiligen Interaktion der universellen TO-Prinzipien im Sinne von (T7) resultieren, nicht möglich. Dadurch erweisen sich all die früheren Versuche, die disziplinspezifischen Eigentümlichkeiten von TO-Erklärungen — falls diese überhaupt anerkannt werden — auf rein konzeptueller Basis zu lokalisieren, als unhaltbar. Zwar sind wir den Einzelheiten, um die Sprengung des vorliegenden Rahmens zu vermeiden, nicht nachgegangen, aber infolge der hier verfolgten Manifestation der Strategie TM-modularen Argumentierens wird grundsätzlich ermöglicht, durch weitere zukünftig auszuführende Einzeluntersuchungen all die Eigenschaften der generativ-linguistischen Erkenntnis herzuleiten, die diese von anderen Konventionen unterscheiden. Damit wurde eines der Grundprobleme der Wissenschaftstheorie der Linguistik — wenn auch nur unter Vorbehalten — einer möglichen Lösung zugänglich gemacht.[33]

---

33    Vgl. auch die im Abschnitt 1.1 und 0.1 angeführten Vorentscheidungen (V1)(a) und (V2)(a).

# 6 Ergebnisse und offene Fragen

## 6.1 Ergebnisse

### 6.1.1 Rückblick

Nachdem in den Kapiteln 1 und 2 aus (MH) und (WMH) die Grundlagen des Untersuchungsrahmens hergeleitet worden waren, ließen sich durch seine Anwendung in den Kapiteln 3 bis 5 folgende Zusammenhänge nachweisen:

(a) Zunächst ging es darum, das Verhältnis zwischen den TO-Explikationen und den TO-Erklärungen unter konzeptuellem Aspekt zu untersuchen. Im Hinblick auf die TO-Explikationen bestand die relevanteste Erkenntnis darin, daß sie aus der semantischen Unterdeterminiertheit der Begriffsbildung hervorgehen und auf konzeptuellen TO-Operationen beruhen, die die Mitglieder einer TO-Begriffsfamilie miteinander verbinden. In diesem Sinne konnten im Kapitel 3 die universellen TO-Prinzipien (P1)-(P3), die die TO-Explikationen bestimmen, nachgewiesen werden. Da die in dieser Weise charakterisierten TO-Explikationen konstitutive Bestandteile der TO-Explanantia von TO-Erklärungen in der generativen Syntax sind, ergaben sich im Kapitel 4 aus den Eigenschaften der ersteren wesentliche Konsequenzen für die konzeptuelle Beschaffenheit der letzteren, wodurch die TO-Prinzipien (P4)-(P7) aufgedeckt werden konnten. Da aber eine Reihe von Fragen offen gelassen wurde, die sich unter konzeptuellem Aspekt nicht beantworten ließen, war es notwendig, die gesellschaftlichen Faktoren der TO-Explikationen und TO-Erklärungen im Rahmen des motivationalen TM-Moduls im Kapitel 5 aufzudecken.

(b) Die wesentliche Erkenntnis dabei war, daß die TO-Prinzipien (P1)-(P7), die das konzeptuelle Verhältnis zwischen den TO-Explikationen und TO-Erklärungen kennzeichnen, parametrisiert sind bezüglich der *unabhängig* von ihnen begründeten motivationalen TO-Prinzipien (P8)-(P9). Durch die Aufdeckung dieses Verhältnisses ist es prinzipiell möglich geworden, aufgrund von *universellen* TO-Prinzipien wissenschaftlicher Erkenntnis die *spezifischen* Züge generativ-linguistischer Theoriebildung zu erforschen, obwohl die systematische Realisierung dieser Möglichkeit in der vorliegenden Arbeit nicht vorgenommen werden konnte.

Im Sinne der Problemstellung (A) erweist es sich jetzt als notwendig, zu zeigen, wie aus diesem Gedankengang, der auf die Untersuchung des Verhältnisses zwischen grammatischen TO-Explikationen und TO-Erklärungen abzielte (vgl. (A)(i) im Abschnitt 0.3), die Auflösung der Dichotomien (D1)-(D6) hervorgeht (vgl. (A)(ii) im Abschnitt 0.3) und wie diese ihrerseits die Antwort auf die Frage, was für eine Wissenschaft die generative Linguistik ist, umreißt ((A)(iii)).

## 6.1.2 Die Auflösung der Dichotomien

**(i) Zu (D1): Erklärende oder nicht-erklärende Wissenschaft?** Es hat sich erwiesen, daß *die Erscheinungen, die in der Gemeinschaft der Generativisten als TO-Erklärungen bezeichnet werden, sich als Verhaltensinstanzen beschreiben lassen, die durch die Interaktion der Prinzipien (P1)-(P9) determiniert sind.* Die die generativen TO-Erklärungen bestimmende relevante Schnittstelle besteht dabei zwischen dem konzeptuellen und dem motivationalen TO-Modul. Infolge dieses TO-Parametrisierungsverhältnisses ist die Struktur generativer TO-Erklärungen nicht auf die Struktur der Erklärungsschemata anderer Wissenschaften zurückzuführen, weil die in den konzeptuellen TO-Prinzipien auftretenden freien TO-Parameter durch den jeweiligen Wert der in den motivationalen TO-Prinzipien vorkommenden Variablen belegt werden; da die Werte der motivationalen TO-Parameter gemeinschaftsspezifisch ermittelt werden, erfolgt die Fixierung der konzeptuellen TO-Parameter ebenfalls auf eine spezifische Weise, die für die gegebene TO-Konvention einer bestimmten Disziplin charakteristisch ist. Wenn demnach angenommen wird, daß alle Verhaltensinstanzen als generative TO-Erklärungen gelten, die durch diese TO-Konvention als solche ausgezeichnet werden, so ergeben sich zwei Konsequenzen. Zum einen werden dadurch die Argumente der Hermeneutiker, die darauf hinauslaufen, daß die generative Linguistik keine erklärende, sondern eine explizierende Wissenschaft sei, weil ihre Möglichkeiten sich auf die Überführung von atheoretischer sprachlicher Intuition in theoretische TO-Regelaussagen beschränken, von vornherein als irrelevant bewertet. Zum zweiten gelangen wir wegen der Nicht-Willkürlichkeit von Konventionen weder zu der trivialen Annahme, wonach die Struktur von generativen Erklärungen von den Postulaten der Theorie bestimmt werde, noch erhalten wir das Resultat, daß ihre Spezifika von einer bloßen Vereinbarung unter den Vertretern der Disziplin abhängen. Die Konklusion, daß die generative Linguistik eine *erklärende Wissenschaft* ist, scheint durch die universellen Prinzipien menschlichen Verhaltens sowie ihrer für die TO-Konvention "generative Linguistik" spezifischen Schnittstellen hinreichend motiviert zu sein.

**(ii) Zu (D2): Gesellschaftswissenschaft oder Naturwissenschaft?** Bereits die im
Kapitel 1 angeführten Überlegungen wiesen darauf hin, daß eine solche Fragestellung
grundsätzlich falsch sei und durch die schlichte Frage "Was für eine Wissenschaft ist die
generative Linguistik?" ersetzt werden soll. In Einklang mit den dort sowie in 2.5
formulierten Vermutungen legen die anschließend durchgeführten Untersuchungen zum
Verhältnis zwischen TO-Explikation und TO-Erklärung die Schlußfolgerung nahe, daß *die
generative Linguistik sich von anderen Konventionen in der Art der Interaktion der den
TO-Erklärungen zugrundeliegenden universellen TO-Prinzipien menschlichen Verhaltens
unterscheidet.* Diese empirischen Untersuchungen zeigten auch, daß — infolge von
(T7) — das *spezifisch* Generativ-Linguistische nicht rein konzeptuell, sondern insofern
*gesellschaftlich* bestimmt ist, als die konzeptuellen TO-Repräsentationen generativer
TO-Begriffe und TO-Erklärungen sich als TO-Parametrisierungen von motivationalen
TO-Prinzipien gestalten.

Dieses Ergebnis hebt sich von der Position anderer Ansätze zur Wissenschaftstheorie
deutlich ab. Fragt man, worin die Unterschiede zwischen den einzelnen wissenschaftlichen
Disziplinen bestehen, so nimmt der Hermeneutiker an, daß diese von dem jeweiligen
*Untersuchungsgegenstand* abhängen; nach der Auffassung der Analytischen Wissenschaftstheorie dürfte es — zumindest im Prinzip — *keine wesentlichen Unterschiede* unter
den im Rahmen verschiedener empirischer Disziplinen zu erzielenden Kenntnisse geben;[1]
der Konstruktive Funktionalismus nimmt schließlich an, daß die wesentlichen Merkmale
einer empirischen Disziplin durch ihre *Entwicklungsstufe* bereitgestellt werden. Unser
Ergebnis stellt sich als die auf die generative Linguistik bezogene Artikulation der im
Abschnitt 1.5 unter (T1)(d) angeführten These des *relativen Pluralismus* dar. Einerseits
wird der unbegrenzten Vielfalt möglicher Arten wissenschaftlicher Erkenntnis dadurch
Rechnung getragen, daß diese TO-Parameter immer von Fall zu Fall, d.h. von Disziplin
zu Disziplin, von Theorie zu Theorie, von Epoche zu Epoche, von Entwicklungsstufe zu
Entwicklungsstufe (was diese Ausdrücke auch immer bezeichnen mögen) usw. anders zu
fixieren sind. Andererseits ist aber der Pluralismus kein absoluter, denn nur solche
Spielarten der Erkenntnis sind möglich, die mit den universellen TO-Prinzipien wissenschaftlicher Erkenntnis verträglich sind.

**(iii) Zu (D3): Faktuell oder nicht faktuell?** Diese Dichotomie wurde im vorangehenden Kapitel durch den Nachweis dessen, daß die den TO-Explananda generativer
TO-Erklärungen zugrundeliegenden S-Repräsentationen in einem ganz bestimmten — im
wesentlichen durch den motivationalen TO-Modul determinierten — Sinne konventionell

---

1    Sehr aufschlußreich in dieser Hinsicht sind etwa die Versuche, die die Struktur literaturwissenschaft-
licher Theorien mit Hilfe der Methoden des wissenschaftstheoretischen Strukturalismus zu rekonstruieren
versuchen; vgl. z.B. Göttner - Jacobs (1978), Balzer - Göttner (1983). Für eine Kritik dieser Ansätze siehe
Finke (1982).

als Tatsachen bezeichnet werden und somit generative TO-Erklärungen als Tatsachenerklärungen gelten, aufgelöst. Die generative Lingustik ist somit eine *faktuelle Wissenschaft*.

**(iv) Zu (D4): Empirisch oder nicht empirisch?** Bei der Beantwortung dieser Frage
sind zwei Gesichtspunkte relevant. Der eine ergibt sich aus der Beschaffenheit generativer
TO-Begriffsbildung. Wenn I-Modelle, wie wir gesehen haben, auf Kontakten mit physi-
kalischen Objekten beruhen, dann ist schließlich ein jeder TO-Begriff, der in grammatische
TO-Explanantia eingeführt wird — wenn auch nicht unmittelbar, sondern durch die
Vermittlung konzeptueller Operationen —, mit der empirischen Wirklichkeit verbunden.
Die generative Linguistik ist in diesem Sinne eine eindeutig *empirische Wissenschaft*.

Um diese Schlußfolgerung mit der Empiriediskussion in der Linguistik in Beziehung
zu setzen, sei zweitens ein typischer Aspekt der dort vorgetragenen Überlegungen heraus-
gegriffen. Eines der wichtigsten Argumente von Itkonen, Ringen und anderen, die für die
nicht-empirische Natur der generativen Linguistik plädierten (Itkonen 1978, Ringen 1975)
lief auf den Nachweis hinaus, daß die Beschaffenheit generativer Grammatiken eindeutige
Analogien mit logischen oder arithmetischen Systemen aufweise. Das Argument läßt sich
folgendermaßen anführen:

(1) Prämissen: (a) Zwischen generativen Grammatiken und arithmetischen bzw. logischen
Systemen besteht eine Analogie.

(b) Die Systeme der Logik und der Arithmetik sind nicht empirisch.

Konklusion:      Die generative Linguistik ist nicht empirisch.

Die Verfechter des anderen Lagers wie etwa Dahl (1980), Janssen (1982), Niiniluoto
(1981), haben sich bemüht, die Konklusion durch die Widerlegung der Prämisse (1)(a)
zurückzuweisen. Wenn nun ein Beobachter der Diskussionen den Eindruck hat, daß ihre
Überlegungen wenig überzeugend sind, dann bleibt nichts anderes übrig als zu versuchen,
die Prämisse (1)(b) anzufechten. Wie im Kapitel 2 in Anlehnung an Bloors Wittgenstein-
Interpretation gezeigt wurde, gibt es sowohl bei Wittgenstein als auch bei Mill gute Gründe
zur Annahme, daß die arithmetischen Begriffe wie etwa die Zahlen auf unmittelbare
Kontakte des Menschen mit materiellen Objekten zurückzuführen sind, genau wie die den
grammatischen TO-Explikationen zugrundeliegenden TO-Begriffe der generativen Linguistik (Abschnitt 5.3). Es ergibt sich dann unmittelbar, daß die Prämisse (1)(a) stichhaltig,
(1)(b) hingegen falsch ist, woraus dann die Konklusion, daß die generative Linguistik
empirisch sei, hervorgeht.

**(v) Zu (D5): Objektiv oder nicht?** Um das Problem und seine Lösung angemessen
darstellen zu können, sei von Andresens Argument ausgegangen. Naturwissenschaftliche
TO-Erklärungsprozesse charakterisiert sie wie folgt:

> Die Objektivität solcher ... Erklärungsprozesse ist gewährleistet dadurch, daß der Forscher die
> logischen Regeln, nach denen die Ableitung vorgenommen wird, befolgen muß. Die Intersubjektivität
> des Forschungsprozesses liegt darin, daß dieser sich nach bestimmten formalen Regeln vollzieht, und
> die wissenschaftlichen Objekte ihre Bedeutung erhalten allein durch den Definitions- und Deduk-
> tionszusammenhang, in dem sie stehen. Die Forschungssubjekte unterliegen der Bedingung, daß sie
> die Fähigkeit erworben haben, nach den in ihrer Disziplin sanktionierten Regeln wissenschaftlich zu
> handeln. Eine Bedeutungsverleihung durch eine wie auch immer geartete Kommunikation des
> Forschungssubjekts mit dem Forschungsobjekt, die dadurch möglich wird, daß das Subjekt ein
> potentielles Objekt ist und umgekehrt, ist verboten. Andresen (1974: 161)

Hingegen soll auf die generative Linguistik folgendes zutreffen:

> In der Linguistik dagegen ist die strikte Subjekt-Objekt-Spaltung im Forschungsprozeß aufgehoben.
> Als Objekt fungiert die Kompetenz (=Sprecherintuition) des idealen Sprecher-Hörers, die zu beschrei-
> ben Aufgabe der Theorie ist. Subjekt ist ein kompetenter Sprecher-Hörer, der aufgrund der Tatsache,
> daß er das Regelsystem, das er beschreiben will, selbst internalisiert hat — bzw. einen Informanten
> zur Verfügung hat, für den das gilt — zu einer solchen Beschreibung fähig ist. Andresen (1974: 162)

Die Frage ist nun, ob der TO-Begriff "Kompetenz" sich auf etwas Objektives bezieht
oder nicht.

Voraussetzung für die Antwort ist die Klärung dessen, was unter "objektiv" zu
verstehen sei. Eine solche Klärung unternimmt Bloor, indem er durch eine Analyse der
Kriterien, die Frege für Objektivität aufstellte, zeigt, Objektivität sei weder im rein
Physikalischen noch im psychologisch Fundierten verankert, sondern sie sei mit dem
Sozialen gleichzusetzen: Unter Objektivität sei eine Art *institutionalisierter Glaube* zu
verstehen (Bloor 1976).

Unsere Überlegungen im Abschnitt 5.3 sowie die im Anhang angeführte Fallstudie
"Motivationales und Konzeptuelles in der grammatischen Begriffsbildung" legen über den
Kompetenzbegriff zweierlei nahe. Erstens, daß dieser TO-Begriff auf Kontakte mit einem
materiellen Objekt (nämlich dem Menschen) zurückzuführen ist. Diese Tatsache trägt zwar
zur Lösung des Empirieproblems bei, sie wäre aber nur dann ein hinreichender Anhaltspunkt zu einer eventuellen Widerlegung des von Andresen vorgetragenen Arguments,
wenn die Objektivität eines Gegenstands durch seinen Bezug zu dem Materiellen zu
ermitteln wäre. Da dies, wie im vorangehenden Absatz erwähnt, nicht der Fall ist, wollen
wir auf den zweiten Gesichtspunkt rekurrieren, wonach die I-Modelle, die dem Kompetenzbegriff zugrundeliegen, nicht willkürlich ausgewählt wurden, sondern durch wohlde-
finierbare motivationale Prozesse bedingt sind. Wenn nun nicht jede beliebige Klassifikation der Eigenschaften des Menschen als I-Modell fungieren kann, sondern nur einige
gesellschaftlich festgelegte und im Laufe sozialer Interaktionen institutionalisierte Züge,
dann tut das in dieser Form Ausgewählte allen von Frege genannten heuristischen Anfor-

derungen gegenüber Objektivität Genüge: Es ist intersubjektiv, ist individuell nicht veränderbar, wird von allen Mitgliedern der Gemeinschaft als existent akzeptiert, und die Mitglieder der Gemeinschaft können darüber Vorstellungen haben, die sich entweder als richtig oder als falsch erweisen. Wenn man demnach den TO-Begriff der Sprachkompetenz als ein Konstrukt ansieht, das konventionell festgelegt ist (wobei die beteiligte Konvention durch das Zusammenspiel der erbfixierten und sozial bedingten TO-Prinzipien wissenschaftlichen Verhaltens bedingt ist), ist es vollkommen gleichgültig, ob der Forscher sie durch Beobachtung externer Prozesse untersucht oder durch die Bewußtmachung seiner internalisierten Kenntnisse.

Wichtig ist dabei, daß hier ohnehin die normative Verankerung der Objektivität sichtbar wird. Dies ist aber kein Argument gegen die Stichhaltigkeit der Bestimmung von "Objektivität"; ganz im Gegenteil. Denn zum einen darf man den Zusammenhang des Kompetenzbegriffs mit materiellen Objekten nicht vergessen. Zum zweiten aber ist es gerade die Normativität, d.h. die gesellschaftlich sanktionierte Auswahl ganz bestimmter I-Modelle, die die Erfüllung der Anforderung sichert, daß das Objektive unabhängig von willkürlichen Entscheidungen der Mitglieder der Gemeinschaft existieren und erforscht werden muß.

Ein scheinbar widersprüchliches Ergebnis ist, daß der erste Satz des ersten Andresen-Zitats eigentlich richtig ist: Die Objektivität des TO-Erklärungsprozesses der mit dem Kompetenzbegriff verbundenen Erscheinungen ist tatsächlich durch die (logischen) TO-Regeln der Forschung gewährleistet. Aber diese TO-Regeln sind, wie wir gesehen haben, keine *a priori* Bedingungen der Rationalität, sondern sie sind durch die TO-Parametrisierungsrelationen zwischen dem konzeptuellen und dem motivationalen TO-Modul determinierte Konventionen. Nun zeigt sich, daß der Ausdruck "institutionalisierter Glaube" in unserem Kontext andersartige Implikationen hat als bei Bloor: Während in Bloors Theorie nicht klar ist, was für ein Verhältnis zwischen "Glaube" und "Institution" besteht, ergibt sich aus (WMH), daß es sich dabei um eine TO-Parametrisierungsrelation handeln soll — wobei "Glaube" dem konzeptuellen und "Institution" dem motivationalen TO-Modul angehört. Deutet man Objektivität in diesem Sinne, so erweist sich die Sprachkompetenz als eindeutig objektiv. Aber die Frage, genau welche TO-Prinzipien bei der Bestimmung des Objektiven miteinander interagieren, soll zunächst offen bleiben.

**(vi) Zu (D6): Gesetz oder Norm?** Ein springender Punkt der Empiriediskussion zwischen den Hermeneutikern und den Analytikern war die Frage, ob einzelsprachliche S-Regeln gesetzesartigen oder normativen Charakters sind. Analytiker wie Niiniluoto, Janssen, Lieb, Botha, Wunderlich, Wang, Dahl usw. versuchten nachzuweisen, daß die in den TO-Explanantia generativer TO-Erklärungen auftretenden Regelaussagen Gesetzesaussagen sind und demzufolge durch raumzeitliche Gegenbeispiele falsifiziert werden können, woraus sich dann die Empirizität einer Grammatik ergibt. Im Gegensatz dazu argumentieren etwa Itkonen, Andresen, Ringen und andere für die Annahme, daß Regeln normativ seien. Normen können aber durch raumzeitliche Gegenbeispiele nicht falsifiziert werden, und deshalb kennt man eine Norm immer mit Gewißheit. Folglich seien generative Grammatiken nicht empirisch.

Aus dem in den Kapiteln 2, 3 und 4 Ermittelten folgt hingegen, daß beide Argumente falsch sind, weil zwischen Normativität und Nicht-Empirizität einerseits bzw. Gesetzesartigkeit und Empirizität andererseits nicht diejenige eindeutige Beziehung besteht, die beide Positionen annehmen. Einzelsprachliche TO-Regelaussagen sind nämlich keine TO-Gesetzessaussagen, sondern Normaussagen, die generative Linguistik aber ist — wie oben bereits erörtert — eine empirische Wissenschaft.

Die These, wonach TO-Regelaussagen keine Gesetzesaussagen sind, läßt sich mit Hilfe von zwei unabhängigen Argumenten begründen. Zum einen haben wir im Kapitel 2 ausführlich dafür argumentiert, daß sprachliche S-Regeln nicht dazu zwingen können, auch zukünftige Instanzen in einer mit früheren Verwendungen der S-Regel konformen Form zu verarbeiten, sondern sie können lediglich die *Annahme* unterstützen, daß auch die zukünftigen Fälle sich der S-Regel entsprechend verhalten werden — dies ist ja das Wesen des Paradoxons, das Kripke Wittgenstein unterstellt, sowie der Erscheinung, die Bloor als Wittgensteins Finitismus bezeichnet. Aber eine solche Annahme ist *keine Gewißheit*. Deshalb besteht die zwingende Kraft einer S-Regel lediglich darin, daß ganz bestimmte I-Modelle ausgewählt werden. Ändert sich die Auswahl der I-Modelle, so ändert sich auch das Befolgen der S-Regel.

Zum anderen ist im Abschnitt 4.6 aus den den generativen TO-Explikationen zugrundeliegenden konzeptuellen Mechanismen die Schlußfolgerung hergeleitet worden, daß die in den TO-Explanantia generativer TO-Erklärungen vorkommenden Darstellungen von S-Prinzipien keine allquantifizierten Gesetzesaussagen sein können. Da, wie Forschungen zum Spracherwerb bezeugen, S-Regeln dadurch zustandekommen, daß die in den S-Prinzipien enthaltenen freien S-Parameter in Abhängigkeit von den jeweiligen Daten, die dem Kind zur Verfügung stehen, fixiert werden, und diese Fixierung, je nach der zur Verfügung stehenden Erfahrung, von Fall zu Fall anders sein kann (siehe u.a. Fanselow - Felix 1987), ist es durchaus vernünftig, eine S-Regel lediglich als eine Verbindung von Einzeltatsachen anzusehen, anstatt sie mit einer allquantifizierten Generalisierung zu identifizieren. Im TO-Erklärungsvorgang muß demnach die Argumentation von Einzelfall zu Einzelfall fortschreiten.[2]

Damit sind alle sechs im Abschnitt 0.2 genannten Dichotomien aufgelöst worden,

---

2    Die Auffassung, daß das, was herkömmlicherweise "Gesetz" genannt wird, eigentlich eine Verbindung von Einzelfällen ist, ist bereits bei Mill vorzufinden und wurde neuerdings sowohl in Hesse (1974, 1985) als auch in Bloor (1976) aufgegriffen. In Kertész (1990d) befindet sich eine Fallstudie über den AG/PRO-Parameter (Hyams 1986, 1988), die die Auswirkungen dieser Annahme für die generative Linguistik zu veranschaulichen versucht.

wodurch man aufgrund der durchgeführten Untersuchungen eine partielle Antwort auf die Frage, *was für eine Wissenschaft die generative Linguistik ist,* geben kann. Die Lösung des Grundproblems (A) lautet also:

(LA)   Die gegenwärtige generative Linmguistik (Rektions- und Bindungstheorie) ist eine *empirische* und *erklärende* Wissenschaft mit einem *objektiven* Untersuchungsgegenstand, die *Fakten* durch die Suche nach allgemeinen S-Prinzipien und der aus ihnen durch S-Parameterfixierungen herleitbaren *normativ* geprägten einzelsprachlichen S-Regeln erforscht.

Zwar gestattet diese Schlußfolgerung eine eindeutige Stellungnahme in der wissenschaftstheoretischen Diskussion zur Linguistik, doch sie stellt *nicht das Endresultat,* sondern vielmehr *den Anfang* einer angemessenen Charakterisierung der generativen Linguistik dar. Eine solche Charakterisierung wäre dadurch zu erzielen, daß aufgrund der in These (T7) formulierten Interaktion der TO-Module wissenschaftlichen Verhaltens all die relevanten TO-Parametrisierungen ermittelt werden, die die spezifischen Eigentümlichkeiten dieses Verhaltensbereichs konstituieren. In dieser Hinsicht erweisen sich die in Form der Dichotomien (D1)-(D6) thematisierten Probleme, die in der bisherigen wissenschaftstheoretischen Diskussion eine zentrale Stelle eingenommen haben, deutlich als *Scheinprobleme.* Aufgrund der in dieser Arbeit vertretenen Bestimmungen der in den Dichotomien (D1)-(D6) vorkommenden TM-Begriffe wie "Empirizität", "Objektivität"[3] usw. sind so gut wie *alle* Einzelwissenschaften empirisch, objektiv, erklärend, faktuell usw. Deshalb können diese TM-Begriffe nicht zu einer relevanten Charakterisierung von einzelwissenschaftlichen Konventionen dienen.[4] Die oben angeführte Auflösung der durch die Gesichtspunkte der einschlägigen Literatur erzwungenen Dichotomien dient lediglich als Hinweis darauf, daß es grundsätzlich möglich ist, die Instanzen generativ-linguistischer TO-Erklärungen einerseits durch die Interaktion der TO-Module des Verhaltens, andererseits als einen autonomen Verhaltensbereich wissenschaftstheoretisch zu erklären. In dem vorliegenden Rahmen müssen wir uns mit der Erkenntnis begnügen, daß durch die Auflösung der Dichotomien eine *stark partikularisierende Wissenschaftstheorie* der Linguistik prinzipiell *möglich,* und durch den Nachweis der Irrelevanz dieser Dichotomien auch *notwendig* ist. Eine solche Wissenschaftstheorie muß *ganz andere Fragestellungen* ins Auge fassen als die in der gegenwärtigen Forschungslage diskutierten Dichotomien (D1)-(D6).

---

3  Allerdings trifft diese Behauptung auf "normativ" nicht zu.

4  Diese Konsequenz ergibt sich selbst dann, wenn man — wie wir — "einzelwissenschaftlich" im vorexplikativen Sinne versteht.

### 6.1.3  Weitere Ergebnisse

Die in diesem Buch verfochtene TM-modulare Wissenschaftstheorie ist zwar am Beispiel der theoretischen Linguistik erarbeitet worden, aber infolge der Tragweite von (WMH) stellt sie einen Ansatz zur allgemeinen Wissenschaftstheorie dar. Über die in den vorangehenden Überlegungen teils explizit ausgeführten, teils implizit vorhandenen Implikationen für die wissenschaftstheoretische Methodologie hinaus soll jetzt zusammenfassend gezeigt werden, in welcher Weise unser Ansatz zu gegenwärtig ausgetragenen Diskussionen im Bereich der allgemeinen Wissenschafts- und Erkenntnistheorie beitragen kann.

**(i) Die Zweiseitigkeit wissenschaftlicher Erkenntnis.** Eine der wichtigsten Konsequenzen der methodologischen Wende in der Wissenschaftstheorie besteht in der Abkehr von der lange Zeit hindurch vertretenen Auffassung, daß Wissenschaft eine ausgezeichnete Position im menschlichen Denken einnehme, weil sie, im Gegensatz zum alltäglichen Denken, den *a priori* Kriterien der Rationalität Genüge tue. Indem die naturalistischen, die pragmatischen und die soziologischen Ansätze eine methodologische Wende in der Wissenschaftstheorie hervorriefen, zeichnete sich das Bedürfnis ab, wissenschaftliche Erkenntnis *in das Gesamtverhalten des Menschen* einzubetten, wo sie zwar über gewisse Spezifika verfügt, diese Spezifika aber nur aus den Vorgängen des alltäglichen Lebens erklärt werden können. In dieser Hinsicht könnte das wichtigste Verdienst einer TM-modularen Wissenschaftstheorie darin liegen, daß sie einen umfassenden und durch einzelwissenschaftliche Forschungsergebnisse — wenn auch zugegebenermaßen nur partiell — unterstützten Untersuchungsrahmen liefert, der ermöglicht, diese grundsätzliche Zweiseitigkeit wissenschaftlicher Erkenntnis zu erfassen: Die Tatsache, daß sie durch dieselben Prinzipien determiniert ist, die das menschliche Verhalten im allgemeinen bestimmen und ihre relative Autonomie, wonach sie sich gerade durch das Zusammenspiel der allgemeingültigen Prinzipien des Verhaltens als ein eigenständiger und spezifischer Verhaltensbereich gestaltet. Dies ist der Effekt der (WMH), und daß letztere auch bei praktischen Analysen von Einzelerscheinungen funktioniert, haben die vorangehenden Untersuchungen über die generativen TO-Explikationen und TO-Erklärungen zu veranschaulichen versucht. Methodologisch gesehen, fügt sich daher ein TM-modularer Ansatz in die allgemeinen Entwicklungstendenzen der Wissenschaftstheorie ein, aber er geht über andere Theorien insofern hinaus, als er dieser Zweiseitigkeit durch sehr einfache und wenige Ausgangspostulate — nämlich lediglich durch (MH) und (WMH) — gerecht wird, die trotzdem eine reiche und differenzierte Beschreibung wissenschaftlichen Verhaltens gewährleisten.

**(ii) Die Darstellung von sozialen Vorgängen in der Wissenschaft.** Auf den ersten Blick — und dies weist auf ein zweites Ergebnis hin — mag eine wissenssoziologisch fundierte modulare Wissenschaftstheorie als widersprüchlich erscheinen: Wenn nämlich die Module menschlichen Verhaltens als *kognitive Systeme* behandelt werden (vgl. 2.5), dann untersucht eine soziologische Wissenschaftstheorie nicht die externen sozialen Gegebenheiten, sondern ihre internalisierten mentalen Repräsentationen — folglich wird die Soziologie auf die kognitive Psychologie reduziert. Bei näherer Betrachtung hingegen wird sich erweisen, daß dies gegenwärtig als einzige Möglichkeit erscheint, sowohl den konzeptuellen als auch den gesellschaftlichen Aspketen der wissenschaftlichen Erkenntnis auf eine systematische Weise Rechnung zu tragen. Der springende Punkt dabei ist die Frage, ob eine solche TM-modulare Wissenschaftstheorie die individuellen oder die *kollektiv* entwickelten kognitiven Systeme als Gegenstand hat. Im ersten Fall würde unser Ansatz das Programm der Naturalisten umfassen, das u.a. gerade dadurch scheitert, daß es wissenschaftliche Erkenntnis lediglich aus den erbfixierten Prinzipien des Geistes abzuleiten trachtet. Daraus, was im 2. Kapitel über Konventionen ermittelt wurde, folgt aber, daß unser Versuch unter dem Begriff des kognitiven Systems kollektiv ermittelte mentale Modelle versteht. Erkennt man das einmal an, so wird sofort ersichtlich, daß diese unsere Neuinterpretation des wissenssoziologischen Programms keineswegs unnatürlich ist. M. Hesse kommt, wenn auch aufgrund andersartiger Argumente, zu einem ähnlichen Schluß:

> A *cognitive system* is a collective mental schema modelling some aspects of the world, issuing in mimetic ritual and /or appropriate action to realize human purposes. ... let us suppose that the institutions that are studied in 'sociology of science' are cognitive in this wider sense, and concentrate attention on how they realize generalized criteria of pragmatic success. ... *The subject matter of sociology of knowledge is taken to be cognitive in the generalized sense described.* Hesse (1988: 17-18, Hervorhebung von mir, A.K.)

Wenn man diese Gesichtspunkte als heuristische Richtlinien für künftige Forschungen ansieht, erscheint die Idee der Modularität insofern als fruchtbar, als sie zwar über die Grenzen des Starken Programms weit hinausgeht, aber dem von Hesse genannten Desideratum Genüge tut, indem sie wissenssoziologische Vorgänge als Interaktion kognitiver Systeme darstellt.

**(iii) Die Darstellung konzeptueller Vorgänge in der Wissenschaft.** Die intuitiven Grundgedanken, die zu den in den vorangehenden Kapiteln angebotenen Lösungsvorschlägen für einige Probleme geführt haben, sind zum Teil nicht originell, indem sie spezifische Ausprägungen einiger heuristischer Vermutungen darstellen, die in der wissenschaftstheoretischen Literatur der letzten Jahre in verschiedener Form bereits angedeutet wurden. Diese betreffen vor allem den Mechanismus der Begriffsbildung, dessen Beschreibung ausdrücklich linguistische Mittel verlangt. In diesem Fall handelt es sich um eine TM-Explikation begrifflicher Verhältnisse, die in der neueren wissenschaftstheoretischen Fachliteratur betont, erforscht und mit analogischen, metaphorischen, und Familienähnlichkeitsrelationen identifiziert wurden (vgl. z.B. Bloor 1976, Helman (Hrsg.) 1988). Als wir dafür argumentiert haben, daß — als Konsequenz der These der Reflexivität, vgl. Abschnitt 2.5 — dieselben Erscheinungen als Ergebnisse *konzeptueller Operationen* mit Hilfe des von M. Bierwisch erarbeiteten Apparates darzustellen sind, so wurden damit technische Mittel bereitgestellt, die in der Wissenschaftstheorie bislang nicht vorhanden waren.[5]

**(iv) Eine TM-Explikation des Verhältnisses zwischen dem Sozialen und dem Konzeptuellen.** Eine TM-modulare Wissenschaftstheorie bietet eine klare Lösung für eines der in der internationalen wissenschaftstheoretischen Szene am heftigsten diskutierten zentralen Probleme an: Für das Problem, wie das Verhältnis zwischen sozialen und konzeptuellen Vorgängen in der Wissenschaft konzipiert werden soll. Die Skala der in der Diskussion unterbreiteten Lösungsversuche reicht von der Irrelevanz sozialer Faktoren (Lakatos 1971, Laudan 1984 usw.) über die soziale Verwertung der Natur ("the social use of nature", Bloor 1982: 297) und vage Parallelitäten (Bloor 1983) bis zu einem kausalen Verhältnis (Bloor 1976, Barnes 1977). Unsere bereits im Abschnitt 2.5 formulierte Hypothese (HSP), wonach die konzeptuellen TO-Prinzipien der wissenschaftlichen Erkenntnis Parametrisierungen der motivationalen TO-Prinzipien sind, ist eine klare TM-Explikation des ins Auge gefaßten Verhältnisses, die auf einer allgemeinen Annahme in bezug auf das menschliche Verhalten (nämlich (MH)) beruht. Diese TM-Explikation erkennt die Rolle des Sozialen bei der Gestaltung wissenschaftlicher Erkenntnis an. Aber weder ist das Verhältnis des Sozialen zum Konzeptuellen kausal und deterministisch, noch begnügt sich unsere TM-Explikation mit der Feststellung von schwer darstellbaren vagen Parallelitäten, die zu TM-Erklärungszwecken wenig geeignet sind. In Form der Parametrisierungsrelation erfaßt sie vielmehr den intuitiven Grundgedanken, wonach es sich bei dem ins Auge gefaßten Verhältnis um das *Ineinandergreifen* bzw. um die Interaktion zweier relativ autonomer Teilsysteme handelt. Außerdem wird nicht die ausschließliche Relevanz des Sozialen für die konzeptuellen Aspekte wissenschaftlicher Erkenntnis behauptet; vielmehr folgt aus (WMH), daß dabei alle Module, die im allgemeinen menschlichen Verhaltensinstanzen zugrundeliegen, von Relevanz sein können. Daß im spezifischen Bereich grammatischer TO-Erklärungen und TO-Explikationen die Interaktion konzeptueller und motivationaler TO-Prinzipien die entsprechenden Verhaltensinstanzen zu bestimmen scheint, ist kein Postulat, sondern eine empirische Hypothese, die sich in Zukunft entweder als falsch oder als wahr erweisen kann.

Diese kurze — und keineswegs vollständige — Aufzählung einiger weiterführender Gesichtspunkte einer TM-modularen Wissenschaftstheorie darf aber nicht darüber hinwegtäuschen, daß ein solcher Ansatz mit zahlreichen fundamentalen Schwierigkeiten beladen ist. Einige der schwerwiegendsten Mängel seien im nächsten Abschnitt genannt.

---

5    Vgl. Hesse (1988a) zum Hinweis auf die Notwendigkeit der Erarbeitung von linguistischen Mitteln zur Darstellung wissenschaftlicher Begriffsbildung.

## 6.2 Offene Fragen

### 6.2.1 Die Autonomie von TM-Modulen

Naturgemäß weist eine TM-modulare Wissenschaftstheorie alle Schwächen der TO-modularen theoretischen Linguistik auf — diese Schwächen schlagen sich aber wegen der unmittelbaren erkenntnistheoretischen Konsequenzen in einer äußerst zugespitzten Form nieder und werden auch durch Probleme ergänzt, die — infolge der Differenzen zwischen den von der theoretischen Linguistik und der Wissenschaftstheorie ins Auge gefaßten Untersuchungsziele — nur in der letztgenannten auftauchen. Beispielsweise schien in den sechziger Jahren, zur Zeit der erfolgreichen Anwendung regelorientierter TO-Erklärungen, ein großes Verdienst der generativen Linguistik die strenge Formalisierbarkeit von Regelformulierungen und strukturellen Beschreibungen gewesen zu sein. In der gegenwärtigen prinzipienorientierten Periode muß man hingegen eigentlich auf jede Art Formalisierung verzichten: Die Argumentation verläuft aufgrund von intuitiv leicht zugänglichen und vor allem heuristisch begründeten, informell formulierten Beschreibungen von S-Prinzipien, die ein loses Netzwerk bilden. Analog dazu gelang es uns auch in der vorliegenden Arbeit nicht, die TO-Repräsentationen und die ihnen zugrundeliegenden TO-Prinzipien des konzeptuellen und des motivationalen TO-Moduls in einer formalisierten Form darzustellen. Der Grund dafür ist, daß in der generativen Linguistik genauso wie in einer möglichen TM-modularen Wissenschaftstheorie, die empirischen Kenntnisse, die uns gegenwärtig zur Verfügung stehen, zur strengen Formalisierung der Theorie nicht ausreichen. Im Prinzip braucht diese Tatsache allein keine destruktiven Konsequenzen nach sich zu ziehen; doch in der Praxis führt sie bedauerlicherweise bereits auf dem zentralsten Gebiet modularen Argumentierens zu kaum zu bewältigenden Schwierigkeiten.

Es handelt sich dabei vor allem um die Frage, unter welchen Umständen man die relative Autonomie eines Moduls einer bestimmten (d.h. S-, TO-oder TM-) Ebene annehmen kann. Besonders zugespitzt stellt sich dieses Problem in bezug auf die Beschaffenheit von *TM-Prinzipien.*

Das Anliegen vom Kapitel 1 bestand in der Ermittlung der Charakteristika einer Wissenschaftstheorie der Linguistik, die die Mängel früherer Ansätze nicht aufweist. Durch eine Untersuchung des Verhältnisses zwischen Objekt- und Metatheorie in der generativen Linguistik haben wir die Thesen (T1)(a)-(d) ermittelt, die, zum Zweck der Illustration, an dieser Stelle noch einmal angeführt werden sollen:

(T1)(a)     Mit der generativen Linguistik ist nur eine Wissenschaftstheorie vereinbar, die eine Einzelwissenschaft ist.

(b)            Mit der generativen Linguistik ist nur eine Wissenschaftstheorie verein-
               bar, die konstruktiv ist.

(c)            Diese Wissenschaftstheorie ist intradisziplinär.

(d)            Sie ist relativ pluralistisch.


Es liegt auf der Hand, diese Thesen als *TM-Prinzipien zu interpretieren, die die
Verhaltensinstanzen wissenschaftstheoretischer Erkenntnis determinieren.* Problematisch
dabei ist zunächst, in welchem Sinne diese TM-Prinzipien einen relativ autonomen Bereich
konstituieren. Es hat sich nämlich gezeigt, daß (T1)(a)-(d) zwar auf die TM-Ebene gehören,
aber nicht unabhängig von den Vorgängen der TO-Ebene sind. Im Gegenteil: Sie wurden
ausschließlich durch ihr *Zusammenspiel* mit den letzteren motiviert (s. Abschnitt 1.2).
Diese Tatsache allein spricht aber nicht gegen ihre relative Autonomie:

> Es erscheint wenig sinnvoll, ein Prinzip nur dann als eigenständig zu betrachten, wenn es keinerlei
> motivierenden Zusammenhang mit Eigenschaften anderer Komponenten aufweist. Vielmehr muß
> umgekehrt angenommen werden, daß die erklärende Rolle eines Prinzips dadurch verstärkt wird, daß
> es als charakteristischer Spezialfall mit definierten Randbedingungen auf unabhängig begründete
> Gesetzmäßigkeiten zurückgeführt werden kann. Bierwisch - Lang (1987: 674-675)

Es ist dennoch fraglich, inwieweit man berechtigt ist, bei (T1)(a)-(d) von TM-Prinzipien zu sprechen, weil die zu ihrer Ermittlung verwendeten Argumente sowohl theorie-
interner Explizitheit als auch faktischer Unterstützung entbehren und lediglich als Resultat
*heuristischer Überlegungen* angesehen werden können.

Unter anderem ergibt sich das Problem, welche TM-Parameter man mit diesen
TM-Prinzipien verbinden kann. Man könnte versucht sein, eine sich unmittelbar anbietende *ad hoc* Lösung vorzuschlagen. Der relevante TM-Parameter von (T1)(a) wäre demnach
"einzelwissenschaftlich", der zwei Werte, nämlich [+empirisch] und [-empirisch] annehmen kann. Bei (T1)(b) ist der Parameter "konstruktiv", der — wie dies die Untersuchungen
von P. Finke nahelegen (Finke 1982) — entweder mit dem Wert [+paradigmatisch] oder
[-paradigmatisch] belegt werden kann. Bei (T1)(c) sind [+reflexiv] und [-reflexiv] die zwei
möglichen Werte des TM-Parameters "intradisziplinär". Bei (T1)(d) scheint sich vorläufig
kein TM-Parameter anzubieten — deshalb müßte die Interaktion dieses TM-Prinzips mit
anderen TM-Prinzipien auf einer exhärenten Relation (vgl. 2.5 (d3)) beruhen.[6] Die
Plausibilität dieser Annahmen wäre dadurch verstärkt, daß der Vorgang, der im Kapitel 1
"Spezifizierung" der Thesen (T1)(a)-(d) genannt und anschließend im Kapitel 2 durchgeführt wurde, nun als eine *Fixierung* dieser TM-Parameter aufgrund von Erfahrungsdaten,
die diesmal der Forschungslage der allgemeinen Wissenschaftstheorie entstammen, er-

---

6    Allerdings ließen sich Anhaltspunkte zur Ermittlung des TM-Parameters durch die in Hesse (1985) in
bezug auf die literarische Interpretation angeführten Überlegungen begründen.

scheinen dürfte; dies geht dann analog zur Fixierung von Parametern auf der S-Ebene vor sich.[7] Durch eine Analyse des im Kapitel 2 angeführten Gedankenganges ließe sich leicht nachweisen, daß eine solche Fixierung zugunsten der Werte [+empirisch], [+paradigmatisch], [+reflexiv] tatsächlich erfolgt ist. Mag eine solche Interpretation als noch so plausibel und wünschenswert erscheinen, ein Beweis für ihre Haltbarkeit steht, angesichts der genannten Mängel unseres TM-modularen Ansatzes, noch aus.

Aus der Problematik der Autonomie von TO-und TM-Modulen gehen eine Reihe von weiteren offenen Fragen hervor.[8] Anhand zweier Beispiele soll — ohne die Fülle der sich ergebenden Schwierigkeiten nur annäherungsweise anschneiden zu können — gezeigt werden, wie sie mit Problemen, die typisch für eine *spezielle Wissenschaftstheorie* der generativen Linguistik sind, und mit solchen, die *allgemeine erkenntnistheoretische Fragen* betreffen, verbunden ist.

### 6.2.2 Konstruktivität

Im Zusammenhang mit den Vorentscheidungen (V2)(a)-(b) ergab sich im Abschnitt 1.2 die Möglichkeit der Konstruktivität einer TM-modularen Wissenschaftstheorie. Das wichtigste Merkmal eines konstruktiven Eingriffs der Metatheorie in die objekttheoretischen Vorgänge besteht dabei darin, daß das Desiderat (V2)(b) erst *nach* der Erfüllung von (V2)(a) verfolgt werden kann; d.h. die metawissenschaftliche Konstruktivität ist erst auf der Grundlage von TM-Beschreibungen bzw. TM-Erklärungen bezüglich der TO-Vorgän-

---

7    Dies bezieht sich etwa auf den Spracherwerb, im Laufe dessen das Kind die vorgegebenen S-Parameter durch Daten aus seiner Umgebung fixiert.

8    Ein wichtiges Problem ist die Frage, ob sich alle für eine einzelwissenschaftliche Wissenschaftstheorie wichtigen objektwissenschaftlichen Fakten in Form von TO-Parametrisierungsrelationen zwischen TO-Modulen erfassen lassen. Höchstwahrscheinlich wird die Antwort negativ ausfallen. Es ist deshalb fraglich, ob eine solche Wissenschaftstheorie Erscheinungen, die nicht als TO-Parametrisierungen dargestellt werden können, überhaupt behandeln kann.
Weiterhin erinnert die hier unterbreitete Ausdehnung einer Grundhypothese der theoretischen Linguistik auf die Wissenschaftstheorie an die Versuche der 60-er und 70-er Jahre, die den Begriff der "Kompetenz" bzw. einige Grundannahmen des Standardmodells der generativen Linguistik auf andere Bereiche übertrugen — wie etwa die Poetik, die Textlinguistik, die Kommunikationstheorie, die Literaturwissenschaft, die Psychologie. Der Weg, den diese Ansätze zeigten, erwies sich später in fast allen Fällen als ungangbar und könnte mit Schoopman "negative cross-fertilization" bezeichnet werden (Schoopman 1986). Die Gefahr einer solchen "negativen Befruchtung" ist allerdings im Falle des Verhältnisses zwischen (MH) und (WMH) relativ gering, weil dadurch lediglich "leere" Schemata von Mechanismen auf die wissenschaftliche Erkenntnis übertragen werden; dabei kommt es gerade auf die *Unterschiedlichkeit und Eigenständigkeit* der einzelnen Bereiche des Verhaltens an. Es ist zu hoffen, daß eine konsequente Anwendung von (WMH) nicht in ein mechanisches Weltbild mündet.

ge möglich. Da es nach dem vorliegenden Ansatz keine allgemeingültigen *a priori* Werte
der wissenschaftlichen Rationalität gibt, sondern die Werte, die auf einem bestimmten
Gebiet richtungsgebend sind, sich aus der für dieses Gebiet charakteristischen Interaktion
der Prinzipien menschlichen Verhaltens auf eine spezifische Weise ergeben, sind keine
vorgegebenen Definitionen der Anhaltspunkte möglich, nach denen sich die Konstruktivität der Metatheorie richten soll. In unseren bisherigen Überlegungen wurde zu zeigen
versucht, wie die deskriptive bzw. explanatorische Aufgabe einer TM-modularen Wissenschaftstheorie zu lösen sei. Daher erhebt sich jetzt die Frage, wie man sich aufgrund dieser
Ergebnisse die Konstruktivität von TM-Modulen in bezug auf die objektwissenschaftlichen Probleme der TO-Ebene vorstellen soll. Als eine erste Näherung seien drei Möglichkeiten zur Realisierung der Aufgaben einer konstruktiven TM-Theorie genannt.

Die erste betrifft *abweichendes* Verhalten in einer bestimmten TO-Konvention.
Wenn ein Vertreter der Analytischen Wissenschaftstheorie feststellt, daß ein Wissenschaftler, z.B. ein generativer Linguist, nicht den vorgeschriebenen Normen der Rationalität
gemäß vorgeht, bezeichnet er dieses Vorgehen als irrational und rät ihm, darauf zu
verzichten. Die Konstruktivität einer einzelwissenschaftlich geprägten Wissenschaftstheorie ist ganz anderer Art. Nachdem der Metatheoretiker in einem ersten Schritt durch die
Formulierung von empirischen TM-Erklärungen die in einer *bestimmten* TO-Konvention
geltenden Normen der Rationalität festgestellt hat, kann er sehr wohl ermitteln, welche
objektwissenschaftlichen Problemlösungsstrategien von diesen TO-Regeln abweichen.
Dies läuft aber lediglich auf die Feststellung einer *Abweichung* hinaus und nicht auf die
Auszeichnung dieses Verhaltens als *unrichtig*. Das anomale Verhalten kann somit durch
die Analyse der Bedingungen, unter denen bestimmte Wissenschaftler zu den vom Konsens
abweichenden Verhaltensinstanzen gelangten, *TM-erklärt* werden. Solche TM-Erklärungen können sich sowohl auf die individuelle Psychologie des Wissenschaftlers beziehen
als auch auf die spezifischen sozialen Umstände, finanzielle, wirtschaftliche und politische
Zwänge, auf die hierarchische Zusammensetzung der Mikrogemeinschaft, die ihn umgibt
und auf die lokalen Interessen, die ihn steuern mögen. Der Eingriff des Metatheoretikers
in die objekttheoretischen Vorgänge erschöpft sich in diesem Fall darin, daß er aufgrund
der von ihm aufgedeckten TO-Fakten dem Objektwissenschaftler *voraussagen* kann,
welche weiteren Komplikationen, Schwierigkeiten, Probleme sich aus seinem abweichenden Verhalten ergeben werden. Aber die Entscheidung darüber, ob der Objektwissenschaftler das Risiko eingehen soll, sein deviantes Verhalten trotz der vorausgesagten
Konsequenzen aufrecht zu erhalten, trifft nicht der Wissenschaftstheoretiker, sondern
bleibt dem Objekttheoretiker überlassen. Dieser Mechanismus hat nichts mit *Rechtfertigung* im Sinne der Analytischen Wissenschaftstheorie zu tun; der Schlüsselbegriff ist
vielmehr "TM-Voraussage" und eine sich daran anknüpfende TO-Entscheidung für oder
gegen gewisse Verhaltensmuster.

Wenn eine einzelwissenschaftlich verfahrende Wissenschaftstheorie auch keine Rechtfertigungen formulieren kann, so kann sie gewisse objektwissenschaftliche Strategien in einem spezifischen Sinne *bestätigen*. Dies ist der Fall des *normalen* objektwissenschaftlichen Verhaltens. Ein instruktives Beispiel für diese Art Konstruktivität haben wir bereits im Kapitel 4 in Form des "(WMH)-Paradoxons" ins Auge gefaßt. Das Paradoxon bestand darin, daß wir im Sinne von (WMH) die Universalität von TO-Prinzipien annehmen mußten. Aus der konsequenten Untersuchung dieser Prinzipien folgte aber, daß Prinzipien im allgemeinen nicht als allquantifizierte Gesetzesaussagen beschrieben werden können, und das widersprach der Ausgangshypothese. Es hat sich gezeigt, daß dieses Paradoxon nur auf eine einzige Weise *konsistent* aufgelöst werden kann und daß die mit dieser Lösung einzig verträgliche Strategie der generativen Linguistik die Suche nach TO-Erklärungen ist, die S-Parametrisierungen darstellen. Die Lösung eines TM-Problems, das sich zunächst im Hinblick auf die Analyse von TO-Begriffen stellte, lieferte somit eine Bestätigung der objekttheoretischen Annahmen der generativen Syntax. In diesem Sinne ist es durchaus berechtigt, von einer empirisch angelegten metatheoretischen Bestätigung einer objekttheoretischen Annahme zu sprechen.[9] Dieser Prozeß ist zwar zirkulär, aber nicht schädlich.[10] Vielmehr handelt es sich dabei lediglich um die heuristische und durch Rückkopplungen durchgeführte ständige Revision bzw. Überprüfung des Netzwerks von provisorischen Erklärungsvorschlägen. Der einzige Unterschied zwischen dieser metawissenschaftlichen Erscheinung und der in der theoretischen Linguistik angesprochenen Strategie (die "Rätsellösen" genannt wird) besteht lediglich darin, daß in unserem Fall am Vorgang der Lösung objektwissenschaftlicher Probleme nicht nur TO-, sondern auch TM-Module beteiligt sind. Wenn man aber (im Sinne des Abschnitts 2.5) einmal akzeptiert, daß Module einheitlich als kognitive Systeme fungieren, die verschiedenen Ebenen zugewiesen werden können, und daß unter den Modulen, die verschiedenen Ebenen angehören, Parametrisierungsverhältnisse bestehen können, ist an dieser Erscheinung nichts auszusetzen.

Das letzte Beispiel, das hier erwähnt werden soll, bezieht sich auf Problemlösungen gleich welcher Art. Akzeptiert man den von Bierwisch und Lang betonten Zusammenhang:

> Autonome Teilsysteme und Strukturebenen der Theorie entsprechen unter diesem faktischen Gesichtspunkt autonomen Teilsystemen in der realen Struktur mentaler Zustände und Prozesse. Bierwisch - Lang (1987: 676)

---

9   Die methodologische TO-Regel, die zunächst durch TM-Analysen spezifiziert wird, könnte als die "Suche nach TO-Erklärungen aufgrund von Parametrisierungen zwischen den S-Prinzipien des Sprachverhaltens" bezeichnet werden. Die Lösung des metawissenschaftlichen Paradoxons ergab somit, daß innerhalb der TO-Konvention ein Linguist nur dann in Einklang mit den metawissenschaftlichen Richtlinien handelt, wenn er diese TO-Regel befolgt.

10   Weitere Aspekte dieser Zirkularität werden im folgenden Abschnitt im Zusammenhang mit dem Wahrheitsbegriff behandelt.

so müßte man imstande sein, aus der Aufdeckung der für die einzelnen theoretischen Ebenen geltenden Eigentümlichkeiten auf die Eigenschaften der S-Ebene zu *schließen*, wodurch empirische TM-Untersuchungen der TO-Theoriestruktur zur Lösung von Problemen beitragen würden, die auf der TO-Ebene auftreten. Im Lichte der in den vorangehenden Kapiteln vertretenen Auffassung scheint aber diese Art metawissenschaftlicher Konstruktivität viel komplizierter zu sein. Zum einen geht aus der im Kapitel 3 ermittelten Beschaffenheit wissenschaftlicher TO-Begriffe hervor, daß diejenigen unter ihnen, die als "Explikate" in TO-Beschreibungen und TO-Erklärungen Eingang finden, keine exakten Ausdrücke, sondern Mitglieder von TO-Begriffsfamilien sind, die durch konzeptuelle Operationen wie Begriffsverschiebung oder -differenzierung miteinander auf eine indirekte Weise — d.h. durch die Vermittlung der semantischen Repräsentation — verbunden sind; sie können daher auch über keine universelle Referenz verfügen. Zum zweiten lief die Argumentation im Kapitel 5 u.a. darauf hinaus, daß die I-Modelle, die einen direkten Bezug zu physikalischen Objekten haben, durch Vorgänge im motivationalen TO-Modul, vor allem durch gesellschaftliche Interessen, ausgewählt wurden. Daraus folgt, daß die im obigen Zitat erwähnte "Entsprechung" zwischen autonomen S- und TO-Modulen nur eine durch gesellschaftliche Interessen und konzeptuelle Operationen unter möglichen Mitgliedern einer TO-Begriffsfamilie *vermittelte* Relation sein kann. Aus diesem Grund lassen sich weder allgemeingültige Muster noch algorithmische logische Schemata zur Festlegung der Spielarten des Schließens von der TM- auf die TO-Ebene  angeben; es können nur konzeptuelle Verschiebungen von der TM-Ebene auf die TO-Ebene stattfinden.[11] Es kann sich dabei nicht um logisch gültige Schlüsse handeln, sondern vor allem um analogische Relationen, deren partikuläre Ausprägungen von der jeweiligen Art der konzeptuellen Operationen, deren Ergebnisse sie sind, festgelegt werden. Die Aufdeckung dieser Spielarten müßte offensichtlich die Aufgabe einer spezifischen Heuristik sein. Somit mündet die Konstruktivität einer TM-modularen Wissenschaftstheorie sowie der damit verbundene Anwendungsaspekt metatheoretischer Reflexion in die Notwendigkeit der Erarbeitung einer *modularen Heuristik*. Ob und inwieweit man unserer Behauptung, wonach eine TM-modulare Wissenschaftstheorie in der von (V2)(b) verlangten Weise konstruktiv ist oder nicht, zustimmen kann, läßt sich erst in der Praxis einer allmählich zu verwirklichenden modularen Heuristik entscheiden. Von einer solchen Praxis sind wir gegenwärtig jedoch weit entfernt. Daß es im Rahmen der vorliegenden Untersuchungen nicht möglich ist, die Grundprinzipien und vor allem die Funktionsweise einer solchen Heuristik in einer weiterführenden Weise festzulegen, ist ihr größtes Defizit. Die Aufhebung dieses Defizits ist die Richtung, in die die hier angesetzten Überlegungen fortgesetzt werden sollten.

---

11    Anhaltspunkte zur Lösung der Frage, welche Arten von Schlüssen dabei zur Sprache kommen können, lassen sich etwa Klein (1987) und Kertész (1990a) entnehmen.

### 6.2.3 Wahrheit

Der zuletzt angeschnittene Bereich des Verhältnisses zwischen der S-, TO-und TM-Ebene der Modularität wirft unmittelbar die Frage auf, unter welchen Bedingungen die Wahrheit einer TO- oder TM-Aussage ermittelt werden kann. Es gibt nämlich mehrere Gründe dafür, daß der in der herkömmlichen Wissenschaftstheorie präferierten Korrespondenztheorie der Wahrheit sowohl in einem TO-als auch in einem TM-modularen Rahmen nur auf eine indirekte Weise — wenn überhaupt — Relevanz zukommen kann.

Der erste Grund geht aus den Eigentümlichkeiten *wissenschaftlicher TO-Begriffe* hervor. Da wissenschaftliche TO-Begriffe, mit denen man über die empirische Realität redet, semantisch unterdeterminiert sind und nicht über eine konstante und universell gültige Referenz verfügen, sondern je nach dem konzeptuellen Bereich, auf den sie bezogen werden, variieren, kann von einer "Entsprechung zwischen den Fakten und der Theorie" (in welchem Sinne auch immer) keine Rede sein. Dennoch weisen die miteinander durch konzeptuelle Operationen verbundenen Elemente — wenn auch indirekte — Bezüge zur "Realität" auf: Sie stehen mit I-Modellen in Verbindung und diese sind auf unmittelbare Kontakte mit physikalischen Gegenständen zurückzuführen.[12]

Der zweite ergibt sich aus den bereits diskutierten Problemen des Nachweises von autonomen TO-Modulen und entspringt daher den Mängeln *TO-modularer Theoriebildung*. Unabhängig davon, welche Struktur TO-Begriffe aufweisen, deutet die Praxis[13] der generativen Linguistik darauf hin, daß beim gegenwärtigen Stand der Forschung in einer TO-modularen Theorie wegen Mangels an zuverlässiger empirischer Evidenz in erster Linie theorieinterne Erwägungen, die von heuristisch bedingten ständigen Revisionen begleitet werden, über die Bewertung der Thesen entscheiden.[14]

Schließlich geht es um die *Wissenssoziologie* selbst. Im Kapitel 2 haben wir gesehen, daß die wissenssoziologische Fundierung einer TM-modularen Wissenschaftstheorie eine wissenssoziologische Interpretation der Schriften Wittgensteins erfordert. In der Wittgenstein-Literatur wird die These, wonach der späte Wittgenstein nicht die Korrespondenz-

---

12     Dadurch wird eine Art "eingeschränkter Realismus" impliziert. Auf der einen Seite können linguistische TO-Begriffe über keine direkte und universell bestimmte Referenz verfügen. Auf der anderen Seite drücken sie immer die jeweiligen mit den zur Verfügung stehenden Daten verträglichen Klassifikationen der sprachlichen S-Objekte aus. S. dazu auch Hesse (1988a).

13     Diese Praxis wird in der generativen Literatur bekanntlich als "Rätsellösen" bezeichnet. TO-Erklärungen werden — wie widerspenstig die neue Erfahrung auch sein mag — dadurch angegeben, daß Annahmen solange modifiziert werden, bis man ein relativ konsistentes Theoriegefüge erhält.

14     Daß die gegenwärtig zur Verfügung stehende empirische Evidenz nicht ausreicht, um die TO-modulare theoretische Linguistik als eine ausgeprägte und zuverlässige empirische Theorie, sondern lediglich als ein heuristisches Mittel anzusehen, widerspricht natürlich nicht der Behauptung, daß sie im Abschnitt 6.2 spezifizierten Sinne *empirisch* sei. Dasselbe bezieht sich auch auf unseren TM-modularen Ansatz, vgl. auch die im Abschnitt 6.2.1 diskutierten Probleme.

theorie, sondern eine Version der Kohärenztheorie der Wahrheit vertreten habe, ausführlich diskutiert. Die instruktivste Behandlung dieses Problems findet sich in Walker (1985), woraus sich ähnliche Konsequenzen für die Wittgenstein-Interpretation des Starken Programms ergeben.

Diese Tatsachen dürften darauf schließen lassen, daß es die Kohärenztheorie der Wahrheit sei, von der man anstelle der Korrespondenztheorie Gebrauch machen sollte. Abgesehen von der Vagheit des Kohärenzbegriffs, worauf jetzt nicht eingegangen werden soll, implizieren jedoch alle drei oben genannten Argumente *für* die Kohärenztheorie — wenn auch auf unterschiedlichen Abstraktionsebenen und mit einem unterschiedlichen Grad an epistemologischer Relevanz — Konsequenzen, die *dagegen* sprechen.

Das erste Argument wirft die bekannten epistemologisch fundierten allgemeinen Einwendungen gegen die Kohärenztheorie auf.[15] Das zweite fordert die Entscheidung darüber, ob man unter Kohärenz das *Wesen* der Wahrheit oder ein Wahrheits*kriterium* versteht. Schließlich zeigt Walker, daß Wittgensteins Wahrheitsauffassung wenn auch nicht in sich widersprüchlich, so doch in einem bestimmten Sinne "albern" sei, was — zumindest im Prinzip — ähnliche Folgen für Bloors Starkes Programm nach sich ziehen mag.[16] Wie unterschiedlich diese Schwierigkeiten auch erscheinen mögen, alle wurzeln in dem folgenden tieferliegenden generellen Problem.

Nehmen wir an, uns steht eine gewisse Methode *ME* zur Verfügung, mit deren Hilfe wir die Wahrheit von Aussagen ermitteln — dies sei die Methode der Kohärenzanalyse, wobei wir die Frage offen lassen, ob diese das Wesen der Wahrheit definiert oder ein Wahrheitskriterium angibt. Worauf beruht ihre Anwendung? Zwei Antworten sind möglich. Entweder begründen wir *ME* dadurch, daß sie Wahrheiten liefert — in diesem Fall geraten wir in einen *Zirkel*. Oder wir müssen unsere Annahme, daß *ME* wahre Aussagen liefert, damit begründen, daß sie von *ME* selbst als wahr anerkannt wird, und die Behauptung, daß dies so ist, muß wieder auf derselben Methode beruhen — wir erhalten damit einen *unendlichen Regreß*.[17]

Zum Problem der Zirkularität läßt sich folgendes sagen. Wenn immer eine neue Aussage im konzeptuellen TO-Netzwerk auftaucht, besteht die Gefahr, daß — falls diese Aussage mit gewissen Bestandteilen des bereits Akzeptierten verträglich ist, mit anderen aber in Konflikt gerät —, sie in das Netzwerk aufgenommen wird, während die ihr

---

15    Eine ausführliche Diskussion dieser Einwendungen findet sich in Bonjour (1985) und Moser (1985).

16    Allerdings wurde in Kertész (1990) gegen diese Konsequenz argumentiert.

17    Daß dieses Problem bei der Diskussion des Wahrheitsbegriffs auftaucht, ist natürlich trivial. Es entsteht bei der Begründung einer jeden Methode, ob es sich dabei um die Wahrheit von Aussagen, die Deduktion oder die Induktion handelt. Doch die Möglichkeiten seiner Lösung sind insofern nicht-trivial, als sie aus den fundamentalen Eigenschaften einer TM-modularen Wissenschaftstheorie resultieren, selbst wenn diese nicht für eine solche *allein* charakteristisch sind.

widersprechenden Elemente fallen gelassen werden. Es kann sich daher nicht um etablierte Wahrheiten handeln, sondern um Aussagen, die — *ceteris paribus* — *provisorisch* als wahr gelten. Indem bei der Revision des Netzwerks die Entscheidung für die Beibehaltung von bestimmten Aussagen getroffen wird, spielt sich zwangsläufig eine *rückläufige Neubewertung* dieser als "provisorisch wahr" ausgezeichneten Aussagen ab, die infolge dieses Vorgangs in ihrer angenommenen Wahrheit bekräftigt werden und einen neuen Status erhalten: Sie sind nunmehr "wahrer" oder "weniger falsch" als vorher. In einem nächsten Bewertungszyklus können dieselben Aussagen natürlich revidiert und schließlich aus dem Netzwerk ausgeschlossen werden, aber das Ausschlaggebende ist, daß — wenn sie beibehalten werden — am Ende eines Bewertungszyklus' *nicht die Ausgangsposition wiederhergestellt*, sondern eine qualitativ andere Ebene erreicht wird. Die Existenz eines Zirkels ist nicht zu leugnen — doch er ist nicht schädlich.

Daß dieser Lösungsvorschlag mit der TO-modularen Organisation der generativen Linguistik in Einklang steht, ergibt sich unmittelbar aus zwei Tatsachen. Erstens weist die in der gegenwärtigen theoretischen Linguistik verwendete Strategie des "Rätsellösens" auf der TO-Ebene genau auf diesen Prozeß der ständigen rückläufigen Neubewertung bereits erzielter Ergebnisse hin. Auch die im Kapitel 4 und im vorangehenden Abschnitt diskutierte Auflösung des Paradoxons der (WMH) deutet eindeutig das praktische Funktionieren dieses Mechanismus in der Relation "TO-Theorie : TM-Theorie" an. Zweitens ergibt sie sich aus der Art von TO-Explikationen. Die konzeptuellen TO-Repräsentationen von lexikalischen TO-Einheiten kommen dadurch zustande, daß die ihnen zuzuweisende semantische TO-Repräsentation auf einen (in den konzeptuellen TO-Modul gehörenden) TO-Kontext bezogen wird, wodurch ein bestimmtes Mitglied einer TO-Begriffsfamilie ausgewählt wird. Da bei der Hinzufügung einer jeden neuen Aussage die Veränderung des TO-Kontextes erfolgt, verändert sich die Interpretation des TO-Lexems, und das zieht konzeptuelle Verschiebungen oder Differenzierungen nach sich. Folglich findet man in jedem Bewertungszyklus ein anderes Netzwerk von TO-Begriffen und der diese enthaltenden TO-Aussagen vor. Der Zirkel mündet nicht in das Anfangsstadium, sondern in ein qualitativ anderes Netzwerk, was gegen seine Schädlichkeit spricht.

Und nun zum Regreß. In dem vorliegenden Rahmen lassen sich grundsätzlich zwei Lösungsmöglichkeiten dieses Problems herleiten: Die eine weist auf die Notwendigkeit der Erweiterung des kohärentistischen Wahrheitsbegriffs um einen pragmatischen hin, die andere beruht auf der Reduktion des Problems auf die Konsensustheorie der Wahrheit.

Der Ausweg, den die wissenssoziologische Fundierung der Wissenschaftstheorie vorschlägt, ergibt sich aus ihrer praxisorientierten Wahrheitsauffassung:

> The indicator of truth that we actually use is that the theory works. ... The indicator of error is the failure to establish and maintain this working relationship of succesful prediction. Bloor (1976: 33)

Wenn man eine kohärentistische Wahrheitsauffassung dementsprechend um einen pragmatischen Wahrheitsbegriff ergänzt, wird der Regreß offensichtlich unterbrochen. Es ergibt sich die Notwendigkeit, zwei Bewertungszyklen zu definieren: Eine theorieinterne und eine auf "Erfolg" ausgerichtete pragmatische.

Die zweite Lösungsmöglichkeit läuft auf den Nachweis hinaus, daß das Problem der Kohärenztheorie sich auf den Konsensusbegriff der Wahrheit reduzieren läßt. Wahr wäre nach dieser Auffassung alles, was aufgrund der in einer Gemeinschaft gültigen Konventionen als solches ausgezeichnet wird.[18] Wären Konventionen identisch mit willkürlichen Übereinstimmungen, so würde das oben diskutierte Schema des Zirkels bzw. des Regresses wieder anwendbar sein.[19] Da aber Konventionen sowohl durch erbfixierte Prinzipien als auch durch gesellschaftliche Faktoren wie etwa gesellschaftliche Interessen gesteuert sind, wird der Zirkel wie auch der Regreß unterbrochen.

Es entfaltet sich also folgendes Bild. Man kann zwar nicht kategorisch verkünden, daß die Bewertung von Aussagen nach ihrem Wahrheitswert ohne jeglichen Bezug zu den "Fakten der Realität" vor sich gehe; die I-Modelle, die dann durch verschiedene begriffliche Operationen zu komplexen TO-Begriffsfamilien erweitert werden, stehen ja im Kontakt mit physikalischen Gegenständen. Aber sobald die Auswahl der I-Modelle stattgefunden hat, sind es vor allem Mechanismen der Kohärenztheorie, die die Bewertung von Aussagen steuern. Die sich demzufolge ergebende Wahrheitstheorie ist aber nur dann konsistent vertretbar, wenn sie entweder um einen pragmatischen Wahrheitsbegriff ergänzt oder auf eine Konsensustheorie reduziert wird.

Sind wir demnach gezwungen, anzuerkennen, daß eine wissenssoziologisch fundierte TM-modulare Wissenschaftstheorie ein kompliziertes Zusammenspiel von verschiedenen Wahrheitsbegriffen voraussetzen muß, so finden wir uns vor Problemen mit weitreichenden erkenntnistheoretischen Konsequenzen gestellt, die an dieser Stelle nicht einmal genannt, geschweige denn, gelöst werden können.

---

18    Bloors Überlegungen zum Wahrheitsbegriff, die sowohl Hinweise auf den kohärentistischen als auch auf den pragmatischen Wahrheitsbegiff enthalten, führen zur folgenden Feststellung:

> Doubtless the feeling will linger that some form of lewdness has been committed. *It will still be said that truth has been reduced to mere social convention.* This feeling is the motive force behind all the detailed arguments against the sociology of knowledge... . These arguments have been faced and rejected, but perhaps the feeling remains. *Let us therefore take it as a phenomenon in its own right* and try to explain its presence. Bloor (1976: 39) Hervorhebung von mir, A.K.

19    Der Regreß: Eine Aussage wird aufgrund einer Übereinstimmung als wahr angenommen, aber die Behauptung, daß Übereinstimmung bestehe, muß eine weitere Übereinstimmung sein, und die Behauptung, daß dies so ist, muß wiederum auf einer Übereinstimmung beruhen usw. Der Zirkel: Wenn Wahrheit auf Übereinstimmung beruht, dann wird die Übereinstimmung dadurch begründet, daß sie Wahrheiten liefert.

## 6.3 Schlußbemerkung

Selbst wenn die im Abschnitt 6.1 aufgezählten Ergebnisse dieser Arbeit durch weitere Überlegungen, deren Argumente sowohl empirisch als auch logisch zwingender wären als die hier vorgetragenen, bestätigt werden könnten, scheint die fundamentale Natur der im Abschnitt 6.2 exemplarisch herausgegriffenen Schwierigkeiten einen TM-modularen Ansatz zur Wissenschaftstheorie, und somit auch das vorliegende Werk als Ganzes, auf den ersten Blick kaum zu rechtfertigen. Aber wenn man Wissenschaftstheorie nicht als ein überwissenschaftliches Unterfangen, dessen Richtlinien von vornherein als gesichert angenommen werden, sondern als eine "gewöhnliche" empirische Einzelwissenschaft, die nur eine unter anderen ist, betreiben will, dann muß man sich an den Gedanken gewöhnen, daß *metawissenschaftliche Erkenntnis mit all der Unsicherheit beladen ist*, die empirische Erkenntnis auch auf anderen Gebieten — so u.a. in der theoretischen Linguistik — kennzeichnet. Wir können gegenwärtig keine bessere syntaktische Theorie konstruieren als eine TO-modulare, obzwar der zentrale Begriff des Moduls "leer", vorexplikativ, intuitiv ist, und die Modularitätsannahme selbst jeglicher empirischer Rechtfertigung ermangelt. Trotzdem scheint eine auf (MH) basierende syntaktische Theorie zumindest insofern angemessen zu funktionieren, als sie zur Formulierung der in dieser Arbeit untersuchten Art von TO-Erklärungen geeignet ist. Nur mit diesem Recht könnte man vermuten, daß eine TM-modulare Wissenschaftstheorie in der Praxis ebenfalls funktionieren mag, wenngleich man nicht einmal die TO-Module wissenschaftlichen Verhaltens in einer empirisch überzeugenden Weise definieren kann. Dementsprechend ließ sich (WMH) nicht direkt begründen, sondern für ihre Plausibilität wurde durch die Anwendung einer spezifischen Form hypothetisch-deduktiven Argumentierens plädiert: Wir haben zu zeigen versucht, daß unter der Annahme, daß (WMH) wahr ist, einige zentrale Probleme der Erkenntnis- und Wissenschaftstheorie neuartigen Lösungen zugänglich gemacht werden können, wodurch ein zwar nicht unproblematisches, aber relativ kohärentes Wissenschaftsbild entsteht. Die Hypothese, daß eine wissenssoziologisch fundierte TM-modulare Wissenschaftstheorie legitim ist, kann man nicht beweisen. Gegenwärtig ist nur zu hoffen, daß dies auch für die entgegengesetzte Annahme gilt.

# 7 Anhang: Fallstudien

## 7.1 Fallstudien zu Kapitel 1

Es erscheint als problematisch, daß im Abschnitt 1.2 die Eigenschaften "Konstruktivität" und "Einzelwissenschaftlichkeit" im wesentlichen durch eine reine Begriffsanalyse hergeleitet wurden. Gibt es aber *empirische* Beweise dafür, daß eine Wissenschaftstheorie, die diese Merkmale aufweist, durch *die Praxis* einer Z-modularen theoretischen Linguistik tatsächlich legitimiert wird?

Die Annahme der Gleichberechtigung zwischen, sagen wir, einem ZO-Modul der Syntax, der Wortbedeutung usw. auf der einen und dem ZM-Modul der Wissenschaftstheorie auf der anderen Seite im Hinblick auf "konstruktive" Lösungen von objekttheoretischen ZO-Problemen ist nämlich vor allem deshalb anfechtbar, weil in der übrigens recht armen Fachliteratur über die Z-Module der theoretischen Linguistik stillschweigend angenommen wird, daß sie derselben Ebene angehören: Anscheinend gibt es keine Evidenz für die Annahme, daß ein Z-Modul, der einer Metaebene angehört, in ähnlicher Weise mit Z-Modulen der Objektebene interagieren kann wie diese unter sich. Das bisher Gesagte läßt sich deshalb nur dann aufrecht erhalten, wenn nachgewiesen werden kann, daß diese Annahme mit den generellen Eigenschaften einer Z-modular aufgebauten theoretischen Linguistik in Einklang steht. Aus diesem Grunde ist es angebracht, zu untersuchen, ob *unabhängig* von Hypothesen in bezug auf die Eigenschaften eines *wissenschaftstheoretischen* Z-Moduls sich Schnittstellen zwischen einem Z-Modul der Objekt- und einem der Metaebene in der theoretischen Linguistik finden lassen, die ähnlich geartet sind wie die Schnittstellen zwischen Z-Modulen, die sich lediglich auf der objektwissenschaftlichen Ebene befinden.[1]

---

[1] Allerdings gibt es auch einfache Tatsachenargumente für die Annahme eines konstruktiven Zusammenspiels zwischen einem V-Modul, der einer Objektebene angehört und einem, der auf der Metaebene zu lokalisieren ist. Bezieht man z.B. den Status der angewandten Linguistik auf die Modularitätshypothese, so ergibt sich, daß gewisse Subsysteme der Linguistik, d.h. eines TO-Moduls, in die Vorgänge des Sprachverhaltens, also eines S-Moduls eingreifen können. Dasselbe läßt sich auch bei anderen Disziplinen, etwa bei dem Versuch einer "angewandten Literaturwissenschaft" wie in Finke (1982) dargelegt, feststellen.

## Fallstudie: Sprechaktverben in einer modularen theoretischen Linguistik

In dieser Fallstudie geht es um das Verhältnis zwischen dem Z-Modul, der sprachliche Handlungen als Gegenstand hat, und dem Z-Modul der Wortbedeutung im Ansatz von M. Bierwisch, der das paradigmatische Beispiel für eine generativistisch geprägte modulare theoretische Linguistik darstellt. Dabei soll folgende Frage gestellt und beantwortet werden: *Welche Stellung nehmen Sprechaktverben im Sprachverhalten ein?*

Zunächst sollen die Grundbegriffe desjenigen Z-Moduls kurz zusammengefaßt werden, der sprachliche Handlungen als Untersuchungsgegenstand hat. Dieser ist vor allem dadurch gekennzeichnet, daß eine scharfe Trennungslinie zwischen den Bereichen der Sprache und der Kommunikation gezogen wird, wobei Sprechakten die Aufgabe zukommt, beide Gebiete miteinander in einer spezifischen Weise zu verbinden. Das bedeutet, daß ein Sprechakt eine sprachliche Äußerung zum Träger eines kommunikativen Sinns macht; dieser ist jedoch keine sprachliche Erscheinung, sondern wird dem Bereich der sozialen Interaktion zugewiesen. Dieser Gedanke läßt sich durch folgende Begriffe präzisieren (Bierwisch 1980).

Eine *sprachliche Äußerung u* besteht aus einer *Inskription ins*, die ein physikalisch beschreibbares Signal repräsentiert, und aus einer *sprachlichen Struktur ls*. Letztere umfaßt drei Elemente, nämlich eine *phonetische Repräsentation pt*, eine *morpho-syntaktische Repräsentation syn* und eine *semantische Repräsentation sem*:

(1)        u =<ins,<pt, syn, sem>>

Die semantische Repräsentation *sem* determiniert eine *Äußerungsbedeutung m* mit Hilfe eines Kontexts *ct*, der zur Interpretation von *u* herangezogen wird. Ein Tripel, bestehend aus einer sprachlichen Äußerung *u*, ihrer Äußerungsbedeutung *m*, und dem Kontext *ct*, ist eine *kontextinterpretierte Äußerung mu*:

(2)        mu = <ins, <<pt, syn, sem >,ct, m>>

Die bisher definierten Strukturen gehören in den Bereich der Sprache. Wenn man sich nun dem Gebiet der Kommunikation zuwendet, so läßt sich ein *kommunikativer Akt ca* als eine bedeutungstragende Tätigkeit *ma* bestimmen, dem ein *kommunikativer Sinn cs* in bezug auf einen Interaktionsrahmen *ias* zugeordnet ist:

(3)        ca =<ma, ias, cs>

Ein Sprechakt läßt sich dann wie folgt definieren:

(4)                    sa = <ins,<<<pt, syn, sem>, ct, m>, ias, cs>>

Die grundlegende Behauptung von Bierwisch ist, daß die beiden letzten Elemente dieser Struktur, *ias* und *cs,* dem Reich des Kommunikativen zugeordnet und demnach *sprachwissenschaftlichen Mitteln nicht zugänglich seien.* Deshalb soll der kommunikative Sinn einer Äußerung vom Zusammenspiel zwischen der kontextinterpretierten Äußerung und dem Interaktionsrahmen abhängen, wobei letzterer durch die Regeln, Prinzipien und Bedingungen sozialer Interaktion bestimmt wird. Das Verhältnis zwischen *mu* und *ias* kann nur aufgrund einer angemessenen Theorie der sozialen Interaktion erklärt werden, die jedoch gegenwärtig nicht existiert (vgl. Bierwisch 1980: 15).

Bierwisch betont, daß in diesem System Sprechaktverben, zumindest was ihre *deskriptive* Funktion anbelangt, *keine Sonderstellung* zukomme; sie müssen genauso behandelt werden wie alle anderen Verben. Daraus erwächst die Aufgabe, die semantische Repräsentation von Sprechaktverben im Z-Modul der Wortsemantik mit Hilfe der dafür bestimmten Mittel anzugeben.

Dabei sind zunächst zwei Ebenen der semantischen Repräsentation zu unterscheiden (Bierwisch 1983a). Die erste ist die klassifikatorische Semantik, sie ist intuitiv mit dem traditionellen Begriff des *genus proximum* zu identifizieren. Die zweite Ebene entspricht den *differentia specifica* und enthält Informationen, die Unterschiede zwischen den Elementen einer semantischen Klasse kennzeichnen.

Die semantische Repräsentation einer lexikalischen Einheit auf der klassifikatorischen Ebene baut auf zwei Grundannahmen auf. Erstens spielt die Hypothese eine wichtige Rolle, daß die Mittel der Komponentenanalyse mit denen der modelltheoretischen Semantik kombinierbar sind. Zweitens wird angenommen, daß lexikalische Einheiten in einem bestimmten Sinne semantisch unterdeterminiert sind und daß sie demnach keine scharf umgrenzte "Grundbedeutung" haben — die Bedeutungen ergeben sich vielmehr durch eine Reihe von konzeptuellen Operationen (Bierwisch 1983). Ohne auf die Einzelheiten einzugehen (hierzu s. Kertész 1988a, 1989), sei die in (5) angegebene Komponentenanalyse als die partielle semantische Repräsentation von Sprechaktverben auf der klassifikatorischen Ebene vorgeschlagen.[2]

(5)

^y [^x [Tun (x, z) & SPRECHAKT (z) & INTENDIEREN (x, CAUS (z, WERDEN (AKZEPTIEREN (y, z')))))]]

---

2    Die Einzelheiten der Formel (5) spielen beim Nachweis unserer These keine Rolle; in diesem Sinne wurde auch auf die Einbeziehung modelltheoretischer Aspekte verzichtet. In Winkler (1987) findet sich z.B. eine andere Analyse, die unserem Zweck genauso gut dienen könnte wie (5).

Es soll lediglich soviel bemerkt werden, daß die freie Handlungsvariable $z$ der semantischen Unterdeterminiertheit von lexikalischen Einheiten Rechnung trägt. Diese Variable wird erst dann mit einem Existenzquantor gebunden, wenn der Kontext eine bestimmte Handlung festlegt (s. auch Bierwisch 1983a).

Auf der Ebene der Distinktheit wird angenommen, daß die semantischen Differenzen unter den einzelnen lexikalischen Einheiten durch eine Art *Alltagstheorie* über die Handlungen, die die Verben beschreiben, determiniert werden. Wenn nun $P_1, P_2,...,P_n$ Propositionen einer solchen Alltagstheorie sind, die diejenigen Eigenschaften einzelner Handlungsarten darstellen, die die diese Handlungen beschreibenden Verben voneinander unterscheiden, so hat die Theorie die Form

$$(6) \qquad \forall z \, (P_i(z))$$

wobei $z$ über Handlungen variiert. Ersetzt man jetzt den Allquantor durch den Abstraktor, so wird die Alltagstheorie in den Alltagsbegriff

$$(7) \qquad {}^\wedge z \, (P_1 \, \& \, P_2 \, \& ... \& \, P_n)$$

überführt (s. auch Bierwisch 1983a).

Zur Ermittlung der Propositionen der die einzelnen Sprechaktverben kennzeichnenden Alltagsbegriffe bieten sich einige Anhaltspunkte an. Man kann z.B. die Sprechaktverben dadurch differenzieren, daß man die Teilnehmer des durch die einzelnen Verben beschriebenen Aktes spezifiziert: Das Verb "beten" z.B. gestattet nur einen ganz bestimmten Rezipienten des beschriebenen Aktes. Oder "anflehen" weist auf die Machtverhältnisse bzw. Autoritätsverhältnisse zwischen den Teilnehmern der durch das Verb beschriebenen Handlung hin. Andere Verben geben auch ganz bestimmte Charakteristika der Interaktionsmuster der Handlungen an, die sie beschreiben: "legalisieren" umreißt z.B. einen juristischen, "beichten" einen religiösen, "werben" einen kommerziellen Interaktionsrahmen usw. Um schließlich die Art der Repräsentation auf dieser Ebene zu veranschaulichen, sei ein letztes Beispiel angeführt, das den Unterschied zwischen *sagen* und *sprechen* etwa wie folgt kennzeichnet:

$$(8) \qquad \text{sprechen: } {}^\wedge z \, [P_1 = \text{im Fokus von } z \text{ steht die Sprechhandlung selbst \& } P_2$$
$$= z \text{ ist lang \& ... ... \& } P_n]$$
$$\text{sagen: } {}^\wedge z \, [P_1 = \text{im Fokus von } z \text{ steht der Sprecher \& ...\& } P_n]$$

(S. dazu noch Dirven et al. 1982 und Verschueren 1984, 1985).

Wie oberflächlich diese Hinweise auch sein mögen, sie reichen aus, um die eingangs

gestellte Frage nach der Position von Sprechaktverben in der hier untersuchten Variante
der modularen theoretischen Linguistik wieder aufzugreifen. Da laut Bierwischs Annahme
Sprechaktverben sich von anderen Verben ihrer deskriptiven Funktion nach nicht unterscheiden, dienen sie zur Bezeichnung einer Klasse von Handlungen, nämlich Sprechhandlungen. Sprechakte stellen eine durch Formel (4) gekennzeichnete Struktur dar. Diese
Struktur enthält Elemente, die, wie der kommunikative Sinn und vor allem der Interaktionsrahmen von Äußerungen, der Grundannahme von Bierwisch entsprechend mit linguistischen Mitteln nicht erforscht werden können. Daraus ergibt sich, daß die semantische
Repräsentation von Sprechaktverben Informationen enthält, die sich auf einen Teil der
Prinzipien, Regeln oder Bedingungen sozialer Interaktion beziehen, und diese spielen bei
der Gestaltung des kommunikativen Sinns von Äußerungen eine wesentliche Rolle.
Einerseits, da die semantische Repräsentation von Sprechakten eine freie Variable enthält,
die erst in der kontextinterpretierten Äußerung (also mit Bezug auf den Kontext) gebunden
und somit durch den Hinweis auf einen bestimmten Sprechakt spezifiziert wird, sind die
in dieser Repräsentation enthaltenen semantischen Komponenten als Merkmale zu bewerten, die *generelle* Bedingungen zur Ausführung von Sprechakten angeben. Folglich stellen
sie eine relevante Teilklasse dessen dar, was Bierwisch "Bedingungen der sozialen
Interaktion" nennt. Andererseits lassen die oben angeführten illustrativen Beispiele gut
erkennen, daß die Ebene der Distinktheit Informationen repräsentiert, die einige *spezifische*
Eigenschaften von bestimmten Interaktionsschemata von Äußerungen kennzeichnen. Es
ergibt sich, daß es, im Gegensatz zu der Ausgangshypothese von Bierwisch, doch Fälle
gibt, in denen gewisse Aspekte des Interaktionsrahmens linguistisch erfaßt werden können,
nämlich durch die semantische Analyse von Sprechaktverben. Deshalb müssen zwei
Grundannahmen des Z-Moduls, der Aussagen über Sprechhandlungen umfaßt, modifiziert
werden: (i) Bestimmte Teile des Interaktionsrahmens von Äußerungen sind rein linguistisch erfaßbar, und (ii) Sprechaktverben nehmen dadurch eine Sonderstellung ein, daß sie
linguistische Informationen über diese Elemente enthalten. Dementsprechend führt die
Fallstudie zu folgendem Ergebnis.

Erstens: Da im Falle der Sprechaktverben der Z-Modul der semantischen Repräsentation lexikalischer Einheiten sich relativ zum Z-Modul der sozialen Interaktion auf der
Metaebene befindet, ergibt sich, daß in der theoretischen Linguistik durchaus ein Zusammenspiel zwischen einem Z-Modul, der der Objekt-, und einem, der der Metaebene
angehört, stattfinden kann.

Zweitens: Das Grundproblem der Theorie sprachlichen Handelns besteht darin, daß
das Verhältnis zwischen einer kontextinterpretierten Äußerung und ihrem kommunikativen Sinn spezifiziert werden muß. Bierwisch nimmt an — und das ist sein Lösungsvorschlag —, daß dieses Verhältnis nicht durch sprachliche Faktoren allein, sondern durch
gewisse Bedingungen und Prinzipien sozialer Interaktion geprägt sei, die ihrerseits mit

linguistischen Mitteln nicht erforscht werden können. Auch innerhalb des Z-Moduls der Wortbedeutung stellte sich ein Grundproblem, nämlich das der semantischen Repräsentation lexikalischer Einheiten, d.h. in dem vorliegenden Fall, der Sprechaktverben. Indem für das letztgenannte Problem eine Lösung vorgeschlagen wurde, ließen sich Schlußfolgerungen in bezug auf das Grundproblem der Beschreibung sprachlicher Handlungen herleiten, dessen angenommene Lösung dadurch in einem nicht unbedeutenden Maße modifiziert wurde. Es folgt nun, daß *aus der Lösung eines Problems auf der Metaebene auf die Modifizierung eines Lösungsvorschlags für ein Problem auf der Objektebene geschlossen werden konnte. Mit anderen Worten: Die Metaebene übte eine eindeutig konstruktive Funktion auf die Objektebene aus.*

***

Damit ist bestätigt, daß in der theoretischen Linguistik ein konstruktives Zusammenspiel zwischen einem Z-Meta- und einem Z-Objektmodul zustandekommen kann.[3] Nimmt man nun an, daß das Verhältnis zwischen einem wissenschaftstheoretischen und einem objektwissenschaftlichen Z-Modul analog zu der Relation zwischen dem Z-Modul der Wortsemantik und dem Z-Modul sprachlicher Handlungen in der obigen Fallstudie ist, so ergibt sich aufgrund eines einfachen *Analogieschlusses* die Möglichkeit, daß ein wissenschaftstheoretischer Z-Modul in bezug auf einen objektwissenschaftlichen *in genau dem Sinne konstruktiv ist wie übliche Problemlösungen in einer Z-modular organisierten Disziplin.* Eine Wissenschaftstheorie, die als ein Z-Modul der theoretischen Linguistik konzipiert wird, kann genauso der Förderung objektwissenschaftlicher Erkenntnis dienen, wie die objektwissenschaftlichen Z-Module selbst.

Da diese Schlußfolgerung mit Hilfe eines Analogieschlusses hergeleitet wurde, und Analogieschlüsse logisch nicht zwingend sind, kann sie lediglich bezeugen, daß mit der Z-modularen Organisation der theoretischen Linguistik eine konstruktive Wissenschaftstheorie verträglich ist. Im Fall der Eigenschaft "einzelwissenschaftlich" kann man jedoch einen Schritt weiter gehen, indem die nachfolgende empirische Fallstudie dafür spricht, daß mit der Z-modularen Organisation der theoretischen Linguistik *nur eine einzelwissenschaftlich verfahrende Wissenschaftstheorie vereinbar ist.*

---

3    Allerdings gehören beide in der Fallstudie behandelten Z-Module der objektwissenschaftlichen Ebene an. Innerhalb der letzteren könnte man dementsprechend zwischen ZOO- und ZOM-Modulen differenzieren. Da diese Differenzierung im weiteren keine Rolle spielen wird, verzichten wir auf ihre systematische Einführung.

**Fallstudie:        Das Erklärungspotential vortheoretischer Informationen in der
Linguistik**

## 1 Das Problem

Eines der interessantesten Forschungsprojekte zur Pragmatik der Gegenwart ist der von J.
Verschueren entwickelte *metapragmatische* Ansatz, der — von der Beobachtung ausgehend, daß Sprechaktverben wie "sagen", "sprechen", "fragen", "mitteilen", "klagen" usw.
in ihrer deskriptiven Verwendung Sprechakte bezeichnen — durch die Untersuchung der
semantischen Struktur von Sprechaktverben Informationen über die Natur sprachlichen
Handelns ermitteln will. Dieser Ansatz weist folgende Eigentümlichkeiten auf:

(i) Er ist insofern *vortheoretisch*, als bei der Datenanalyse ein theoretisches Voka-
bular vermieden wird, um eine Überladenheit der Beobachtungen durch kulturelle und
gesellschaftliche Faktoren soweit wie möglich zu vermeiden. Dies schließt natürlich eine
spätere theoretische Erweiterung der Konzeption nicht aus (Vgl. z.B. Verschueren 1985:
22-23).

(ii) Da angenommen wird, daß jedes Sprechaktverb in seiner deskriptiven Verwendung einen oder mehrere Typen von Sprechakten beschreibt und jeder Typ von Sprechakten eine mögliche Funktion der Sprache darstellt, wird von dem Projekt erwartet, daß es
*funktionale TO-Erklärungen* für pragmatische Fakten liefert (Vgl. z. B. Verschueren 1980:
42).

(i) und (ii) widersprechen der durch die Analytische Wissenschaftstheorie und die
Hermeneutik geprägten Standardauffassung in zweierlei Hinsicht:[4]

(a) Einer der bekanntesten Gemeinplätze dieser Standardauffassung ist die Einsicht,
daß es keine theorieneutralen TO-Erklärungen gibt; darüber hinaus, wie es in Kiefer (1985)
gezeigt wurde, ist selbst *die Struktur* linguistischer TO-Erklärungen theoriebeladen.
Demnach erscheint es als ein sehr fragwürdiges Unternehmen, von einem vortheoretischen
Ansatz wissenschaftliche TO-Erklärungen zu erwarten.

(b) Auch die Systematisierung und die Interpretation von Informationen kann nicht
in einer theorieunabhängigen Weise erfolgen. Da die Beantwortung der Frage, ob und
inwieweit die Informationen, die man durch das metapragmatische Projekt erhalten kann,
funktionale TO-Erklärungen zu liefern vermögen, ohne die Systematisierung der Daten
nicht geleistet werden kann, ist es unmöglich, auf einen theoretischen Rahmen zu verzichten.

Es stellt sich also folgende Frage: Wie kann man das Erklärungspotential vortheoretischer Information testen? Man könnte annehmen, dieses Problem sei dadurch zu lösen,
daß man die von dem metapragmatischen Ansatz ermittelten Daten in eine linguistische

---

4      S. u.a. Ringen (1975) für die Darlegung der wissenschaftstheoretischen Standardauffaussung, auf die
sich in der linguistischen Grundlagendiskussion sowohl die Hermeneutiker als auch die Analytiker bezogen.

Theorie eingibt — was dann zu tun ist, ist, einfach abzuwarten, ob dadurch funktionale TO-Erklärungen für sprachliche Handlungen abgegeben werden können oder nicht. Eine solche Strategie führt aber nicht zu dem erwarteten Ergebnis, denn man darf das Erklärungspotential von Informationen, die von einer Theorie systematisiert und interpretiert werden sollen, mit dem Erklärungspotential der Theorie selbst nicht verwechseln. Daß es sich um ganz verschiedene Erscheinungen handelt, muß intuitiv klar sein: Man denke nur an die frühe Version der generativen Grammatik, die keine neuen Fakten entdeckt, sondern lediglich die von dem Deskriptivismus übernommenen Daten neu systematisiert und neu interpretiert hat, wobei die TO-Erklärung dieser Daten angestrebt wurde. Natürlich läßt sich nicht jede Art von Information so systematisieren, daß sie sich zu wissenschaftlichen TO-Erklärungen eignet, selbst dann nicht, wenn die Theorie, in der sie interpretiert wird, eine erklärende Theorie ist. Somit ergibt sich die Frage, wie man das Erklärungspotential vortheoretischer Information testen kann, *ohne daß* dieses mit dem Erklärungspotential der Theorie, in die diese Information notwendigerweise eingebettet werden muß, vermischt wird. Es liegt auf der Hand, zur Lösung dieses Problems folgende Strategie anzuwenden:

Man muß die Informationen, die uns Verschuerens Untersuchungen liefern, in eine linguistische Theorie eingeben, die *die Möglichkeit funktionaler TO-Erklärungen global ausschließt*. Sollte es uns dennoch gelingen, nachzuweisen, daß die Semantik von Sprechaktverben die Formulierung von funktionalen TO-Erklärungen in bezug auf sprachliche Handlungen lokal ermöglicht, so wäre damit bewiesen, daß diese Tatsache nicht aus dem Erklärungspotential der Theorie, sondern aus den in die Theorie eingeführten (ursprünglich als "vortheoretisch" gekennzeichneten) Informationen resultiert. Demnach bietet sich folgender Gedankengang an.

In einem ersten Schritt soll eine linguistische Theorie gesucht werden, die die Möglichkeit der funktionalen TO-Erklärung pragmatischer Faktoren nicht anerkennt: Eine solche ist der Ansatz von M. Bierwisch. Da in den Beiträgen zu diesem Ansatz auf das Problem der funktionalen TO-Erklärungen nicht eingegangen wird, muß man zunächst zeigen, daß dieser Rahmen funktionale TO-Erklärungen für sprachliche Handlungen tatsächlich ausschließt. Zweitens müssen die Informationen, die Verschuerens Untersuchungen geliefert haben, innerhalb der von Bierwisch und seinen Mitarbeitern erarbeiteten Theorie der Wortbedeutung rekonstruiert werden. In einem dritten Schritt soll dann untersucht werden, ob die so rekonstruierte Information imstande ist, zur Formulierung funktionaler TO-Erklärungen beizutragen. Schließlich soll das Ergebnis in bezug auf das eingangs aufgeworfene Problem des Verhältnisses zwischen Modularität und Einzelwissenschaftlichkeit ausgewertet werden.

## 2 Funktionale TO-Erklärungen in einer modularen theoretischen Linguistik

Wenn man nun versucht, die Bestandteile von funktionalen TO-Erklärungen im Hinblick auf die Strukturen zu ermitteln, die in der vorangehenden Fallstudie referiert wurden, so ist ersichtlich, daß potentiell jedes Element eines Sprechakts als Explanandum dienen kann. Aber was die sprachlichen Handlungen anbelangt, ist klar, daß es sich um die Funktion von kontextinterpretierten Äußerungen handelt: Man muß erklären, warum eine bestimmte kontextinterpretierte Äußerung in dem gegebenen interaktionalen Rahmen geäußert wurde (für Einzelheiten s. Kertész 1988a, 1989 sowie in diesem Zusammenhang auch Leech 1983). Ohne auf die wissenschaftstheoretische Problematik der Explikation des Begriffs der funktionalen TO-Erklärung im allgemeinen einzugehen, dürfte eine funktionale TO-Erklärung aufgrund von Bierwischs Begriffen etwa folgende Form haben:

(1)             Die Funktion der kontextinterpretierten Äußerung *mu* in dem Interaktionsrahmen *ias* ist das Hervorbringen des kommunikativen Sinns *cs*.

Es ergibt sich nun die wichtige Beobachtung, daß man in einer modularen theoretischen Linguistik nur dann etwas über die Funktion einer kontextinterpretierten Äußerung aussagen kann, wenn Informationen über den Interaktionsrahmen zur Verfügung stehen — *cs* ergibt sich ja dadurch, daß einer kontextinterpretierten Äußerung *mu* ein Interaktionsrahmen *ias* zugeordnet wird. Die Untersuchung des Interaktionsrahmens ist aber nach Bierwisch innerhalb der Linguistik nicht zu vollziehen; folglich ist es unmöglich, mit linguistischen Mitteln sprachliche Handlungen funktional zu erklären. Somit scheint bewiesen zu sein, daß in der modularen theoretischen Linguistik funktionale TO-Erklärungen nicht zugelassen sind.

## 3 Das Erklärungspotential vortheoretischer Information

Der nächste Schritt in der Argumentation ist die Rekonstruktion der Informationen im Rahmen der modularen theoretischen Linguistik, die durch Verschuerens vortheoretische Überlegungen ermittelt wurden. Die dabei zu rekonstruierenden vortheoretischen Informationen sind die folgenden:

(a) Verschueren differenziert zwischen den sprachlichen Handlungen, die durch ein entsprechendes Sprechaktverb beschrieben werden, und denjenigen, die das Durchführen der Beschreibung beinhalten. Nach Verschueren sind auf rein intuitiver Grundlage Bedingungen (die er *A-Bedingungen* nennt) anzugeben, die die einzelnen beschriebenen sprachlichen Handlungen, und dadurch die Bedeutungen der zur Beschreibung verwendeten Sprechaktverben, abgrenzen. Beispielsweise geben die A-Bedingungen des Verbs "beten" an, daß in der durch dieses Verb beschriebenen Handlung nur ein ganz bestimmter Adressat möglich ist — in Verschueren (1984, 1985) finden sich zahlreiche Beispiele.

(b) Es lassen sich, ebenfalls auf einer vortheoretischen Stufe, die Ergebnisse der semantischen Komponentenanalyse anwenden, um die Grundbedeutungen der Sprechaktverben zu erfassen (Verschueren 1980, 1985).

Die unter (b) angegebenen Informationen lassen sich nun auf der Ebene der klassifikatorischen Semantik rekonstruieren, wodurch man etwa dieselbe Repräsentation erhält, die in der vorangehenden Fallstudie unter (5) zu sehen ist. Die Informationen des Typs (a) finden natürlich in die Ebene der Distinktheit Eingang (Verschueren gibt zahlreiche Parameter an, deren Rekonstruktion sehr einleuchtend sein dürfte; s. auch Kertész 1988a, 1989). Dadurch ergibt sich, analog zu dem in der vorangehenden Fallstudie angeführten Gedankengang, daß — im Gegensatz zu Bierwischs Annahme — diese Informationen, die linguistischer, genauer gesagt semantischer Natur sind, gewisse Aspekte des Interaktionsrahmens durchaus erfassen können.

Das bisher Ermittelte läßt sich in bezug auf die erklärende Kraft vortheoretischer Informationen wie folgt auswerten.

Erstens: Wie im Abschnitt 2 dieser Fallstudie gezeigt wurde, schließt Bierwischs Auffassung die Formulierung von funktionalen TO-Erklärungen deshalb aus, weil für solche TO-Erklärungen Kenntnisse über den sozialen Interaktionsrahmen nötig sind, diese sind aber mit linguistischen Mitteln nicht zu erwerben. Der oben dargelegte Gedankengang hat jedoch gezeigt, daß durch das Studieren der Bedeutungsstruktur von Sprechaktverben gerade solche Informationen gewonnen werden können. Demnach erweist sich in diesem *speziellen* Fall die Untersuchung des Interaktionsrahmens als eine ausgesprochen linguistische — genauer gesagt semantische — Aufgabe.

Zweitens: Diese Schlußfolgerung ergab sich als Resultat eines Versuchs, die durch Verschuerens Forschungen ermittelten vortheoretischen Informationen im Rahmen der modularen theoretischen Linguistik zu rekonstruieren.

Drittens: Es folgt also, daß die vortheoretische Information *im Prinzip* imstande ist, funktionale TO-Erklärungen für sprachliche Handlungen zu liefern. Da diese Informationen Kenntnisse über die sozialen Interaktionsbedingungen enthalten, die für die Formulierung von funktionalen TO-Erklärungen unverzichtbar sind, ist die Möglichkeit funktionaler TO-Erklärungen nicht der erklärenden Kraft der Theorie zu verdanken, sondern dem eigenen Erklärungspotential der in der Theorie rekonstruierten Daten.

Dieses Ergebnis ist natürlich sehr bescheiden: Anstatt handfeste funktionale TO-Erklärungen anzugeben oder anstatt die Überlegenheit von Verschuerens Ansatz gegenüber anderen Verfahren nachzuweisen, deutet es lediglich auf die *Möglichkeit* von funktionalen TO-Erklärungen in einem vortheoretischen Rahmen hin. Dennoch ist dieses Ergebnis nicht ganz trivial:

Im Hinblick auf die modulare Linguistik ist es nicht trivial, denn es besagt das Gegenteil dessen, was die Annahmen dieses Ansatzes prognostizieren. Und es ist nicht trivial in allgemein-wissenschaftstheoretischer Hinsicht, denn es führt zur Formulierung neuer Probleme und zur Revision einiger bekannter Problemstellungen.

Nachdem wir also eine zwar bescheidene, aber immerhin positive Lösung der Frage nach dem Erklärungspotential vortheoretischer Informationen erhalten haben, fragt sich nun, wie dieses Resultat im Hinblick auf das Problem der Einzelwissenschaftlichkeit der Metatheorie einer modularen theoretischen Linguistik zu deuten ist.

## 4 Fazit: Modularität und Wissenschaftstheorie

Die im Abschnitt 3 dieser Fallstudie verfolgte Strategie — wonach also nachgewiesen wurde, daß in einer Theorie, die funktionale TO-Erklärungen global ausschließt, diese in einem lokalen Bereich der Theorie doch formuliert werden können — würde eindeutig die *Inkonsistenz* dieser Theorie bezeugen, *wenn* die Theorie die von ihr untersuchten Verhaltensinstanzen als Produkt eines einheitlichen Systems darstellen würde. Daß der obige Gedankengang jedoch nicht die Widersprüchlichkeit der modularen theoretischen Linguistik nachweist, sondern ein neuartiges und unerwartetes Ergebnis nahelegt, ist *ausschließlich* der Tatsache zu verdanken, daß die modulare Linguistik die untersuchte Verhaltensinstanz nicht als ein einheitliches System, sondern als das Resultat des Zusammenwirkens zweier separater Systeme — nämlich des Systems der Wortbedeutung und des Systems der sozialen Interaktion — darstellt. Da beide entsprechenden Z-Module als relativ autonome, in sich geschlossene, eigenständige Teiltheorien gelten, handelt es sich hier keineswegs um einen Widerspruch innerhalb der Theorie, sondern es geht lediglich darum, daß die zwei Z-Module eine Schnittstelle aufzeigen, wobei der eine Z-Modul (nämlich der der Wortsemantik) den anderen *restringiert*. Diese Art Interaktion ist eine definitorische Eigenschaft der Z-modularen Organisation der theoretischen Linguistik. *Somit ergibt sich die Konsistenz der modularen Linguistik und die anscheinende Rechtfertigung unseres Verfahrens ausschließlich aus den konstitutiven Grundeigenschaften der Z-Modularität.*

Aus der im Abschnitt 1 begründeten Strategie folgt somit, daß auch vortheoretische Informationen über ein Erklärungspotential verfügen können. Dies steht in strengem Gegensatz zu den als bereits erwiesen hingenommenen Prämissen der wissenschaftstheoretischen Standardauffassung (wie sie im Abschnitt 1 dieser Fallstudie unter (a) und (b) angeführt worden sind). Es folgt deshalb, daß die übliche Wissenschaftstheorie mit dem Aufbau und Funktionieren einer Z-modular organisierten theoretischen Linguistik *unverträglich* ist. Es bieten sich nun zwei Möglichkeiten zur Bewertung dieses Befundes an:

(a) Die erste Möglichkeit wäre anzunehmen, daß die bislang geltende wissenschaftstheoretische Betrachtungsweise richtig ist und deshalb unser Ergebnis einer strengen Revision unterzogen werden müsse. Dagegen spricht jedoch, daß das obige Ergebnis *ausschließlich* den Eigentümlichkeiten der Z-Modularität zu verdanken war. Die Z-Modularität der hier untersuchten theoretischen Linguistik ist eine *unbestrittene Tatsache, die empirisch bestätigt werden kann.* Ist man also nicht imstande, die These über den Z-modularen Aufbau der theoretischen Linguistik zu widerlegen, so muß man zwangsläufig eine andere Möglichkeit in Betracht ziehen.

(b) Wenn nämlich, erstens, unser Ergebnis auf den Eigenschaften der Z-Modularität beruht, zweitens, die Z-modulare Organisation der theoretischen Linguistik ein *Faktum* ist, und drittens, unser Ergebnis der herkömmlichen wissenschaftstheoretischen Auffassung widerspricht, dann kann die vor allem durch die Auseinandersetzung zwischen den Hermeneutikern und den Vertretern der Analytischen Wissenschaftstheorie gekennzeichnete herkömmliche Betrachtungsweise in bezug auf die theoretische Linguistik nicht aufrecht erhalten werden.

Es bleibt uns also nichts anderes übrig, als für die Bewertung (b) Stellung zu nehmen. Denn das gemeinsame Merkmal der die bislang geltende wissenschaftstheoretische Betrachtungsweise konstituierenden Richtungen ist die Tatsache, daß die Wissenschaftstheorie als etwas "Überwissenschaftliches" angesehen wird, wobei das Ziel die Rechtfertigung wissenschaftlicher Erkenntnis aufgrund von *a priori* Kriterien der Rationalität ist. Das ist im Sinne von (b) mit der Z-modularen Organisation der theoretischen Linguistik nicht vereinbar. Die Eigenschaften der Z-Modularität und die daraus hervorgegangenen Einsichten in bezug auf das wissenschaftstheoretische Problem der funktionalen TO-Erklärungen in der modularen Linguistik sind Fakten, und sie ergaben sich aufgrund einer *empirischen* Analyse. *Ergo* ist die Z-modulare Organisation linguistischer Theorien nur mit einer Wissenschaftstheorie vereinbar, die *a posteriori* und einzelwissenschaftlich verfährt.

An dieser Stelle könnte die Argumentation abgeschlossen werden. Doch das wäre falsch: Die Schlußfolgerungen, die in diesem Abschnitt angeführt wurden, enthalten einen *entscheidenden Fehler.* Wenn nämlich (a) Z-Modularität tatsächlich eine *konstitutive* Eigenschaft der theoretischen Linguistik ist, und (b) die Tatsache, daß infolge der semantischen Analyse von Sprechaktverben die Möglichkeit von funktionalen TO-Erklärungen nachgewiesen werden konnte, ohne Inkonsistenz zu erzeugen, *einzig und allein* der Z-Modularität zu verdanken ist, so hätte das Ergebnis, wonach durch die Interaktion zweier Z-Module im speziellen Fall der Sprechaktverben funktionale TO-Erklärungen möglich sind, auch *unabhängig* von der Rekonstruktion der von Verschueren angegebenen vortheoretischen Informationen erzielt werden können. Es ist also falsch zu behaupten, daß durch die im Abschnitt 1 dieser Fallstudie umrissene Strategie das Erklärungspotential der Theorie und das Erklärungspotential von Verschuerens Daten auseinandergehalten wurden. Folglich haben wir nicht bewiesen, daß in der Linguistik vortheoretische Informationen über eine erklärende Kraft verfügen können.

Offenbar sind wir nun gezwungen, das Ergebnis der Analyse als grundsätzlich revisionsbedürftig zu erklären. Aber das zieht die Widerlegung der These, daß mit der Z-modularen Organisation der theoretischen Linguistik nur eine einzelwissenschaftlich geprägte Wissenschaftstheorie verträglich ist, nicht nach sich. Da der springende Punkt *die Z-Modularität* ist, läßt sich die Frage, inwieweit aufgrund der im Abschnitt 1 angegebenen Strategie vortheoretische Informationen über ein Erklärungspotential verfügen können, ausschließlich in Kenntnis der Funktionsweise einer Z-modularen theoretischen Linguistik beantworten. Die Eigenschaften der Z-Modularität, die dabei eine Rolle spielen, können jedoch nicht aus den laut der Standardauffassung der Wissenschaftstheorie als allgemeingültig betrachteten Maßstäben der Wissenschaftlichkeit abgeleitet werden. In dieser Hinsicht stellt die Plausibiltät des Gegenarguments die beste Evidenz für die Annahme dar, daß die Wissenschaftstheorie der Z-modularen theoretischen Linguistik *nur eine Einzelwissenschaft sein kann.*

## 7.2  Fallstudien zu Kapitel 3

Mit Hilfe der folgenden zwei Fallstudien wird der eigentliche Effekt der These (T4)(a) präzisiert. Die erste zeigt, daß *Exaktheit keine notwendige Bedingung des TO-Explikats in der generativen Grammatik ist.*

### Fallstudie: Gebundene Anapher und c-Kommando

Bei der Neuformulierung des Problems der Koreferenz entwickelte T. Reinhart folgenden Gedankengang (Reinhart 1983, 1983a). Ihr Problem besteht darin, warum im Fall von anaphorischen Beziehungen ein syntaktisches Kriterium (nämlich die Bedingung, die bestimmt, unter welchen Umständen ein Pronomen eine Anapher sein kann) für eine semantisch determinierte Klasse von NPn (nämlich quantifizierte NPn) gelten soll.

Sie zeigt zunächst, daß zwischen einer quantifizierten Nominalphrase und einem Pronomen eine anaphorische Beziehung nur dann möglich ist, wenn das Pronomen sich innerhalb der *c-Kommando-Domäne* der quantifizierten NPn befindet. Zweitens argumentiert sie dafür, daß auch auf reflexive Pronomen ähnliches zutrifft: Ein R-Pronomen ist als eine Anapher zu interpretieren, wenn es von einer NP c-kommandiert wird. Drittens wird auf die Erscheinung der "sloppy identity" eingegangen. "Sloppy identity" findet sich beispielsweise bei der Interpretation des Satzes (1) (Reinhart 1983a: 150, 1983: 67):

| | |
|---|---|
| (1) | Felix hates his neighbours and so does Max. |
| (2) | Max hates Felix's neighbours. |
| (3) | Max hates Max's neighbours. |

(2) und (3) stellen die zwei Interpretationen des zweiten Teilsatzes von (1) dar. Um (3) zu erhalten, müssen wir annehmen, daß der erste Konjunkt von (1) die offene Formel *x hates x's neighbours* enthält, die in dem ersten Konjunkt von *Felix*, in dem zweiten von *Max* ausgefüllt wird. Das heißt, es muß ein Operator vorhanden sein, der die Variablen bindet:

(4)    $(^\wedge x(x$ hates $x$'s neighbours$))$(Felix$)$ and $(^\wedge x(x$ hates $x$'s neighbours$))$(Max$)$

Diese Interpretation, die "sloppy identity" genannt wird, erfüllt genau dieselben Bedingungen wie die Beziehung zwischen einer quantifizierten NP und einem Pronomen, indem die "sloppy identity" Interpretation nur dann erzielt wird, wenn das Antezedens das Pronomen c-kommandiert. Um diese Annahme nachzuweisen, führt Reinhart eine Reihe von Beispielen an, die davon zeugen, daß die "sloppy-identity" Interpretation genau in denselben S-Kontexten möglich ist, in denen ein anaphorisches Verhältnis zwischen einer quantifizierten NP und einem Pronomen auftreten kann, wobei die wesentliche Erkenntnis darin besteht, daß Entsprechungen zwischen den "sloppy identity" Interpretationen und den Interpretationen der gegebenen Sätze als anaphorische Relationen zwischen einem Pronomen und einer quantifizierten NP zu beobachten sind. Dies scheint eine äußerst wichtige Verallgemeinerung zu sein, die *durch die Einführung des TO-Ausdrucks "c-Kommando" in der von Reinhart explizierten Form ermöglicht wurde.*

Auf der anderen Seite aber ist die Formulierung der Regel, die diese Entsprechung angeben soll, *nicht möglich.* Es ergeben sich nämlich folgende Schwierigkeiten, die die von Reinhart vorgeschlagene TO-Explikation des TO-Ausdrucks "c-Kommando" als fragwürdig erscheinen lassen (vgl. auch Reinhart 1983: 81 ff.):[5]

(i) In einigen Fällen ist eine gebundene Anapher auch dann erlaubt, wenn das Antezedens ein Determinant einer possessiven NP ist:

| | |
|---|---|
| (5)(a) | Felix'$_i$s mother loves him$_i$ and so does Siegfried's mother. (sloppy) |
| (b) | Everyone'$_i$s mother kissed him. |

Dies steht mit Reinharts c-Kommando-Begriff nicht im Einklang.

(ii) Im Falle von "experiencing verbs" kann das Objekt das Pronomen, das zum Subjekt gehört, kontrollieren, obwohl jenes dieses nicht c-kommandiert:

---

5    Allerdings gibt es zahlreiche Versuche zur Behebung dieser Schwierigkeiten durch eine Verfeinerung des c-Kommando-Begriffs.

(6)(a)                    Jokes about his$_i$ wife upset Max$_i$, but not Felix. (sloppy)

  (b)                    The jokes about her$_i$ boss pleased each of the secretaries$_i$.

  (c)                    The jokes about each other$_i$ amused the neighbours$_i$.


(iii) Nominalphrasen, die in gewissen Typen von Präpositionalphrasen auftreten, scheinen ein Pronomen außerhalb der PP zu c-kommandieren:


(7)(a)                    I talked with the neighbours$_i$ about each other$_i$.

  (b)                    I talked with every student$_i$ about his$_i$ problems.

  (c)                    I talked with Max$_i$ about his$_i$ problems, but not with Bill. (sloppy)


"C-Kommando" könnte diesen Tatsachen nur in einer modifizierten Form Rechnung tragen. Man sieht, daß diese Probleme eine Kalkülisierung des TO-Ausdrucks "c-Kommando" in der Form des von Reinhart vorgeschlagenen TO-Explikats von vornherein ausschließen.

Es ergibt sich deshalb, daß die TO-Explikation *nicht einmal die Formulierung einer TO-Regelaussage gestattet, die das Verhältnis zwischen quantifizierten NPn mit Anapher und "sloppy identity" erfaßt, geschweige denn, eine "exakte" Formulierung zu ermöglichen: Das TO-Explikat erlaubt höchstens das Aneinanderreihen von parallelen Beispielen.*

Doch das Wesentliche dabei ist, daß durch die Einführung des TO-Explikats von "c-Kommando" in dem von Reinhart vorgeschlagenen Sinne *das ursprüngliche Problem gelöst wird*, die ins Auge gefaßten Erscheinungen werden einer TO-Erklärung zugänglich. Aus der Beziehung zwischen quantifizierten NPn mit Anapher und "sloppy identity" ergibt sich nämlich, daß die Klasse, auf die das syntaktische Kriterium zutrifft, vollkommen unabhängig von den semantischen Eigenschaften der NP ist, die sie enthält. Sie betrifft vielmehr alle Nominalphrasen und bestimmt, wann ein Pronomen als eine gebundene Variable erscheinen kann.

Durch diese Lösung wird ermöglicht, drei Erscheinungen, die vorher als voneinander vollkommen unabhängige Strukturen behandelt worden sind, nämlich die Reflexivierung, Anapher mit einer quantifizierten NP als Antezedens und "sloppy identity", unter dasselbe Phänomen zu subsumieren, indem sie dieselbe Bedingung der gebundenen Anapher erfüllen. Anaphorische Konstruktionen lassen sich demnach ausschließlich aufgrund des Mechanismus erklären, der Pronomina als gebundene Variablen behandelt. Ein solcher Mechanismus kann etwa wie folgt formuliert werden:


(8)                    Koindiziere ein Pronomen P mit einer c-kommandierenden NP $a$, wobei

                               $a$ nicht unmittelbar von COMP oder S' dominiert werden darf, unter der

                               Bedingung, daß

(a)    falls P ein R-Pronomen ist, *a* in seiner minimalen regierenden Kategorie enthalten sein muß, und

(b)    falls P kein R-Pronomen ist, *a* außerhalb seiner minimalen regierenden Kategorie sein muß. (Vgl. Reinhart 1983a: 158-9, 1983: 71)

Die wichtige Konsequenz dieses Resultats besteht darin, daß die Problematik der Anapher von der der Koreferenz abgekoppelt wurde, und dadurch ist ermöglicht worden, TO-Erklärungen für Erscheinungen zu formulieren, die die in den früheren Ansätzen vorgeschlagene Kontra-Indizierung nicht behandeln konnte.

Zusammenfassend läßt sich also folgendes feststellen. Einerseits ist das von Reinhart in Reinhart (1983, 1983a) eingeführte TO-Explikat von "c-Kommando" — trotz der Verwendung einer logischen Symbolsprache — so wenig exakt,[6] daß er nicht einmal die Ausformulierung der S-Regelmäßigkeiten gestattet. Andererseits ist er "fruchtbar" im Sinne Carnaps, weil er die Lösung eines zentralen theoretischen Problems bzw. die TO-Erklärung von als sehr problematisch angesehenen Konstruktionen ermöglicht. Wenn man die Tatsache anerkennt, daß "c-Kommando" einer der Schlüsselbegriffe der gegenwärtigen generativen Syntax ist, der nicht nur auf dem Gebiet der Anapherforschung auftaucht, sondern in TO-Erklärungen auf allen Gebieten der Grammatik Eingang findet, so ist die Schlußfolgerung gerechtfertigt, daß "Exaktheit" keine notwendige Eigenschaft eines TO-Explikats ist. Damit scheint der erste Teil der These (T4)(a) empirisch untermauert zu sein.

∗∗∗

Es soll nun am Beispiel des Konfigurationalitätsbegriffs für den zweiten Teil von (T4)(a) argumentiert werden, wonach *Exaktheit auch keine hinreichende Eigenschaft* des TO-Explikats ist: Selbst wenn die ursprüngliche Widersprüchlichkeit der Verwendung eines TO-Ausdrucks durch seine Axiomatisierung innerhalb eines logisch konsistenten Kalküls in der Weise aufgehoben wird, wie das die Beschaffenheit des Widerspruchs verlangt, ergibt sich kein fruchtbares TO-Explikat.

---

6 Die Behauptung, der c-Kommando-Begriff sei inexakt, widerspricht natürlich der Intuition der meisten Linguisten. Wenn wir aber unter Exaktheit Kalkülisierbarkeit verstehen (siehe auch Carnaps Kriterium 2), ist diese Behauptung nicht unplausibel.

**Fallstudie: Ist das Deutsche konfigurational?**

## 1 Das Problem

Bereits seit den ersten Versuchen zur Anwendung des Chomskyschen Inventars auf das
Deutsche blieb die Frage unbeantwortet, ob das Deutsche sich überhaupt in das Gramma-
tikmodell einfügen läßt, das grammatische Relationen mit Hilfe von TO-Lexemen, die auf
strukturelle Positionen Bezug nehmen, definiert. In dieser Hinsicht schien die von K. Hale
eingeführte Unterscheidung zwischen *konfigurationalen* und *nicht-konfigurationalen*
Sprachen viel zu versprechen, weil man davon eine Stellungnahme in bezug auf diese Frage
und die Erarbeitung eines den Eigentümlichkeiten des Deutschen gerecht werdenden
Paares von TO-Lexemen erwarten konnte. So wurde das Problem neuformuliert und auf
die Frage reduziert, *ob das Deutsche eine konfigurationale oder eine nicht-konfigurationale Grundstruktur aufweist.* Diese Frage ist von fundamentaler Bedeutung: Ohne sie zu
beantworten, können, um zugespitzt zu formulieren, *keine* syntaktischen Analysen deutscher Sätze angegeben werden: Selbst die einfachsten Strukturbeschreibungen setzen eine
Antwort voraus.

## 2 Hales Explikationsversuch

Bekanntlich expliziert Hale die beiden TO-Lexeme durch die Angabe einer Reihe von
Kriterien (Hale 1983):

(1)                 *nicht-konfigurational:* (a) reiche Kasusmarkierung, (b) freie Wortfolge,
                    (c) keine NP-Bewegung, (d) keine expletiven Elemente, (e) diskontinu-
                    ierliche Konstituenten, (f) PRO-drop.
                    *konfigurational:* (a) armes Kasussystem, (b) strenge Wortfolgeregeln,
                    (c) NP-Bewegung, (d) expletive Elemente, (e) keine diskontinuierlichen
                    Konstituenten, (f) PRO-drop kommt selten vor.

Wider Erwartung läßt sich aber die Frage, ob das Deutsche konfigurational oder
nicht-konfigurational ist, aufgrund dieser Kriterien nicht entscheiden. Wie nämlich u.a. G.
Webelhuth darauf hingewiesen hat, kennzeichnen einige Kriterien das Deutsche als
konfigurational, andere als nicht-konfigurational, und es gibt auch Kriterien, bei denen
wegen des uneinheitlichen Datenmaterials nicht entschieden werden kann, ob sie auf das
Deutsche zutreffen oder nicht (Webelhuth 1985). Deshalb ist eine konfigurationale und
eine nicht-konfigurationale Analyse des Deutschen gleichermaßen gerechtfertigt.
       Es stellt sich die Frage, warum Hales TO-Explikation der beiden TO-Lexeme nicht
zur TO-Erklärung der problematischen Strukturen führen konnte. Der Grund dafür scheint
darin zu liegen, daß die Verwendung der TO-Lexeme "Konfigurationalität" bzw. "Nicht-

Konfigurationalität" je zwei implizite *Widersprüche* aufweist. Deshalb sind sie ungeeignet, in das TO-Explanans von TO-Erklärungen in einer "fruchtbaren Weise" eingeführt zu werden.

Der erste Widerspruch besteht darin, daß die beiden Kategorien sowohl als *klassifikatorische* als auch als *komparative* TO-Begriffe erscheinen können. Auf der einen Seite ordnen sie die natürlichen Sprachen in zwei disjunkte Klassen ein, indem es heißt, daß eine gegebene Sprache entweder konfigurational oder nicht-konfigurational ist. Auf der anderen Seite ist aber von vornherein klar, daß *die* konfigurationale Sprache — wenn sie überhaupt existiert — ein sehr seltener Fall sein dürfte; auch die eindeutig konfigurational genannten Sprachen weisen einige untypische Eigenschaften auf. Deshalb ist es sinnvoll zu sagen, daß eine bestimmte Sprache einen typischeren Fall der Konfigurationalität darstellt als eine andere. Konfigurationalität bzw. Nicht-Konfigurationalität scheinen also auch komparative Relationen zu sein. Klassifikatorische und komparative TO-Begriffe unterscheiden sich aber beträchtlich voneinander: Erstere sind einstellige, letztere mindestens zweistellige Relationen. Solange nicht geklärt ist, in welchem Sinne die beiden Kategorien klassifikatorisch bzw. komparativ sind, ist die TO-Begriffsverwendung widersprüchlich.

Es läßt sich auch ein zweiter Widerspruch beobachten. Einerseits strebt Hale nämlich die Aufstellung von *Kriterien* an, die konfigurationale bzw. nicht-konfigurationale Sprachen eindeutig charakterisieren. Die Unlösbarkeit des Konfigurationalitätsproblems in bezug auf das Deutsche zeigt andererseits deutlich, daß diese Kriterien äußerst vage sind und nicht einmal als notwendige, geschweige denn, als hinreichende Bedingungen angesehen werden können. Vielmehr stellen sie lediglich *heuristische Orientierungsprinzipien* dar, die aufgrund einer sehr kleinen Menge von strukturellen Analysen, nämlich vor allem anhand des Englischen bzw. des Warlpiri ermittelt wurden. Solche Orientierungsprinzipen eignen sich nicht zur Durchführung von präzisen Einzelanalysen; sie können lediglich dazu verwendet werden, die Kennzeichnung einer Sprache als konfigurational bzw. nicht-konfigurational durch die Angabe von *paradigmatischen Beispielen* und einer Ähnlichkeitsrelation herbeizuführen.

Erkennt man diese zwei Widersprüche an, so ergibt sich auch rein intuitiv, daß Hales Versuch zur Einführung der beiden TO-Lexeme *nicht als TO-Explikation angesehen werden kann.* Unsere eigentiche Aufgabe besteht also darin, "Konfigurationalität" jetzt dadurch zu explizieren, daß die beiden Widersprüche aufgehoben werden. Ausgehend von den Eigentümlichkeiten der beiden Widersprüche soll deshalb versucht werden, einen Explikationsversuch der TO-Lexeme "konfigurational" bzw. "nicht-konfigurational" zu unterbreiten, der der klassischen Adäquatheitsbedingung der Exaktheit insofern Genüge tut, als er Hales widersprüchliche TO-Lexeme durch solche ersetzt, die *innerhalb eines konsistenten logischen Kalküls axiomatisch definiert werden können.*

**3  Ein exakter Explikationsversuch: Die Aufhebung der Widersprüche**
Zur Aufhebung des ersten Widerspruchs bieten sich drei Möglichkeiten an:

(a) "Konfigurational" bzw. "nicht-konfigurational" werden als rein klassifikatorische TO-Begriffe expliziert, ihre komparative Verwendungsweise wird ausgeschlossen;

(b) Man expliziert sie als rein komparative TO-Begriffe, wobei ihre klassifikatorische Deutung nicht anerkannt wird;

(c) Es wird versucht, beiden Verwendungsweisen Rechnung zu tragen, dabei muß aber der Status sowohl der klassifikatorischen als auch der komparativen Züge der TO-Begriffe auf eine widerspruchsfreie Weise geklärt werden.

Die Lösungen (a) und (b) würden der TO-Begriffsanalyse, die wir uns vorgenommen haben, eine rein normative Funktion zuweisen, indem sie dem Linguisten vorschreiben, wie er die TO-Begriffe verwenden soll. Da wir in diesem Stadium der Fallstudie so vorgehen müssen, wie es die herkömmliche Wissenschaftstheorie, die rekonstruktiv verfährt, verlangt, soll die TO-Explikation teils normativ, teils deskriptiv ausgerichtet sein. Deshalb ist nur die Lösung (c) adäquat, weil sie einerseits der tatsächlichen Verwendungsweise der TO-Lexeme gerecht zu werden versucht — insofern ist sie deskriptiv —, andererseits aber auch die Eliminierung der latenten Inkonsistenz anstrebt — deshalb ist sie auch normativ.

Was den zweiten Widerspruch angeht, so gibt es lediglich zwei Möglichkeiten zu seiner Behebung, nämlich:

(a) Hales Kriterien werden tatsächlich zu notwendigen und hinreichenden Bedingungen verfeinert;

(b) Man versucht die TO-Explikation auf paradigmatische Beispiele und eine Ähnlichkeitsrelation aufzubauen.

Die dritte Möglichkeit wäre, in Analogie zur Behebung des erstgenannten Widerspruchs, die gleichzeitige Berücksichtigung beider Lösungsvorschläge; das ist aber kein gangbarer Weg, weil eine Ähnlichkeitsrelation die Angabe von notwendigen und hinreichenden Bedingungen von vornherein ausschließt. Da Hales Kriterien, wie bereits gezeigt, in ihrer gegenwärtigen Form ungeeignet sind, einen Fortschritt in der Konfigurationalitätsdebatte zu erzielen und ferner ihre Präzisierung als exakte Bedingungen aufgrund der zur Verfügung stehenden Daten gegenwärtig nicht möglich ist, soll der Explikationsversuch auf Lösung (b) beruhen.

Eines bleibt noch zu klären, bevor auf die Einzelheiten der TO-Explikation eingegangen wird. Bis jetzt sind die TO-Lexeme "konfigurational" und "nicht-konfigurational" auf Sprachen bezogen worden. Sprachen als solche sind aber äußerst komplexe Gebilde, die weder unmittelbar beobachtet noch in ihrer Ganzheit miteinander verglichen werden können. Deshalb bilden ja auch nicht Sprachen die Daten für syntaktische Analysen, sondern Sätze, d.h. Ketten; nur diese können direkt analysiert und aufeinander bezogen werden. Also erscheint es angebracht, die Extension der Prädikate "konfigurational" und "nicht-konfigurational" zunächst nicht mit Sprachen, sondern mit Ketten zu identifizieren (vgl. z. B. Chomsky 1981).

Angesichts dieser Anhaltspunkte ist die Möglichkeit, "konfigurational" und "nicht-konfigurational" schlechthin zu explizieren, von vornherein ausgeschlossen. Deshalb besteht die einzige uns zugängliche Möglichkeit darin, einen Hilfsbegriff, nämlich den der "konfigurationalen Ähnlichkeit" einzuführen, und durch seine TO-Explikation dann in einem zweiten Schritt "konfigurational" und "nicht-konfigurational" zu definieren. Damit wurde das Problem auf die Kalkülisierung des Ähnlichkeitsbegriffs reduziert.

Um beliebige Paare von Ketten miteinander vergleichen zu können, soll eine vierstellige Relation $a, b\ c, d$ auf der Menge der Ketten $M$ definiert werden, die zu lesen ist als "Die Ketten $a$ und $b$ sind untereinander höchstens so konfigurational ähnlich wie die Ketten $c$ und $d$". Eine solche Relation läßt sich nach Kutschera (1975) mit Hilfe von sechs Axiomen kalkülisieren, die in unserem Kontext folgendermaßen dargestellt werden können:[7]

| | |
|---|---|
| (2) | $a,b \leq c,d \lor c,d \leq a,b$ |
| (3) | $a,b \leq c,d\ \&\ c,d \leq e,f \rightarrow a,b \leq e,f$ |
| (4) | $a,b \leq c,d \rightarrow b,a \leq c,d$ |
| (5) | $a,b \leq c,d \rightarrow a,b \leq d,c$ |
| (6) | $a,b \leq c,c$ |
| (7) | $a,b = a,a \rightarrow a,c = b,c$ |

Dabei gelten folgende Definitionen:

| | |
|---|---|
| (8) | $a,b = c,d =_{def} a,b \leq c,d\ \&\ c,d \leq a,b$ |
| (9) | $a,b < c,d =_{def} -c,d \leq a,b$ |
| (10) | $a{\sim}b =_{def} \forall x(a,x = b,x)$ |

Unsere Aufgabe besteht jetzt darin, aufgrund der in dieser Weise festgelegten komparativen Relation zwei klassifikatorische TO-Begriffe, nämlich "konfigurational" und "nicht-konfigurational" einzuführen, die als Klassen $K_1$ und $K_2$ extensional dargestellt werden sollen. Dabei beziehen wir uns auf zwei Unterklassen $E$ und $W$, die jeweils paradigmatische Beispiele für die Klassen $K_1$ und $K_2$ umfassen: Die Beispielsklasse $E$ für $K_1$ könnte z.B.

---

7     Die Axiome (2)-(5) besagen, daß die Relation der konfigurationalen Ähnlichkeit ein komparativer TO-Begriff im Sinne einer Quasireihe ist. Da Identität maximale Ähnlichkeit bedingt, besagt (6), daß es für diese Relation maximale Elemente gibt. Schließlich besagt (7), daß zwei Ketten mit maximaler konfigurationaler Ähnlichkeit bezüglich der konfigurationalen Ähnlichkeit nicht unterscheidbar sind. Zu diesen Eigenschaften s. auch Kutschera (1975: 197).

eine Menge von Ketten des Englischen, die Beispielsklasse $W$ für $K_2$ eine Menge von Ketten des Warlpiri sein. Für die beiden Beispielsklassen $E$ und $W$ soll gelten, daß

(11)             $E$ und $W$ nicht leer sind und

(12)             $a \, \varepsilon \, E \, \& \, b \, \varepsilon \, W \rightarrow -a \sim b$

Die Klasse $K_1$ soll nun als Menge der Ketten bestimmt werden, die Elementen von $E$ konfigurational ähnlicher sind als den Elementen der Klasse $W$; und $K_2$ wird bestimmt als Menge der Elemente, die Elementen von $W$ konfigurational ähnlicher sind als den Elementen von $E$. Wir definieren also:

(13)             $a \, \varepsilon \, K_1 =_{def} \exists x(x \, \varepsilon \, E \, \& \, \forall y(y \, \varepsilon \, W \rightarrow y, a < x, a \,))$

(14)             $a \, \varepsilon \, K_2 =_{def} \exists x(x \, \varepsilon \, W \, \& \, \forall y(y \, \varepsilon \, E \rightarrow y, a < x, a \,))$

Nach diesen Definitionen wird die Klasse der konfigurationalen Ketten als die Menge von Ketten bestimmt, die wenigstens einem Element von $E$, d.h. einer Kette des Englischen, konfigurational ähnlicher sind als allen Ketten des Warlpiri; in analoger Weise werden auch die nicht-konfigurationalen Ketten in bezug auf die Klasse $W$ ermittelt. Die Definitionen (13) und (14) erfüllen die Forderung, daß

(15)             $E \subset K_1 \, ; \, W \subset K_2$

(16)             $a \, \varepsilon K_1 \, \& \, b \, \varepsilon K_2 \rightarrow \quad -a \sim b$

Mit Hilfe des *komparativen* TO-Begriffs der konfigurationalen Ähnlichkeit konnten wir also die *klassifikatorischen* TO-Begriffe "konfigurational" und "nicht-konfigurational" durch die Angabe von *paradigmatischen Beispielen* festlegen. Dementsprechend sind beide Widersprüche in der gewünschten Weise behoben worden.

Wenn wir nun aufgrund des in dieser Weise eingeführten TO-Explikats die Frage entscheiden wollen, ob das Deutsche konfigurational ist oder nicht, bietet sich folgendes Verfahren an.

Es sei eine Menge $D$ von grammatischen Sätzen des Deutschen gegeben. Weiterhin stehen uns zwei Beispielsklassen zur Verfügung: Eine Menge $E$ von grammatischen Sätzen des Englischen und eine Menge $W$ von grammatischen Sätzen des Warlpiri. Wir nehmen an, daß $E$ eine Teilmenge der Menge der konfigurationalen Ketten $K_1$ und $W$ eine Teilmenge der nicht-konfigurationalen Ketten $K_2$ ist. Laut Definitionen (13) und (14) ist dann ein Element $d_1$ von $D$ genau dann konfigurational, wenn es für ein Element $e$ aus $E$ und für jedes Element $w$ aus $W$ gilt, daß $w$ und $d_1$ untereinander weniger konfigurational ähnlich sind als $e$ und $d_1$; und ein Element $d_2$ von $D$ ist genau dann nicht-konfigurational, wenn es für ein Element *w* von *W* und für jedes Element *e* von *E* gilt, daß *e* und $d_2$ untereinander weniger konfigurational ähnlich sind als *w* und $d_2$. Wenn eine Untermenge $D_1$ von *D* sich in der Weise als konfigurational herausgestellt hat, braucht man natürlich nicht mehr auf die Elemente von *E* Bezug zu nehmen; $D_1$ kann dann im weiteren selbst als eine Beispielsklasse für konfigurationale Ketten dienen, so daß nicht nötig ist, Ketten von verschiedenen Sprachen miteinander zu vergleichen. Das gleiche trifft auf eine mögliche nicht-konfigurationale Untermenge $D_2$ von *D* zu — auch hier kann auf die Berücksichtigung der ursprünglichen Beispielklasse *W* verzichtet werden.

Aufgrund der Fakten, die über die Eigentümlichkeiten des Warlpiri bekannt sind, könnte sich beispielsweise ergeben, daß die *meisten* Ketten der Menge *D* der Teilmenge $D_1$, d.h. dem konfigurationalen Typ zuzuweisen sind; nur *einige* gehören zu der nicht-konfigurationalen Teilmenge $D_2$. Wie läßt sich entscheiden, ob das Deutsche eine konfigurationale oder nicht-konfigurationale *Sprache* ist? Die Beantwortung dieser Frage ist keine Sache der Statistik. Die Antwort ergibt sich von selbst durch eine nochmalige Anwendung des oben geschilderten Mechanismus, wobei die einzige zusätzliche Bedingung darin besteht, daß als Extension der Prädikate "konfigurational" und "nicht-konfigurational" diesmal nicht eine Menge von Ketten, sondern eine Menge von Mengen von Ketten vorausgesetzt wird. Nimmt man an, daß *E* ein paradigmatisches Beispiel für eine Menge grammatischer Sätze einer konfigurationalen Sprache und *W* eine Menge grammatischer Sätze einer nicht-konfigurationalen Sprache darstellt, so ist eine Sprache *S* genau dann konfigurational, wenn für *E*, *W* und eine Menge *G* von grammatischen Sätzen von *S* gilt, daß *G* und *W* untereinander weniger konfigurational ähnlich sind als *G* und *E*; und *S* ist genau dann nicht-konfigurational, wenn *G* und *E* untereinander weniger konfigurational ähnlich sind als *G* und *W*. Aufgrund unserer obigen Vermutung über das Verhältnis zwischen $D_1$ und $D_2$ wird sich dann das Deutsche in diesem Sinne als eine konfigurationale Sprache erweisen.

Kann nun dieses Verfahren zur Bewältigung der Aufgaben beitragen, die ein Germanist zu lösen hat, wenn er die Struktur von gegebenen Sätzen ermitteln soll? Man nehme beispielsweise folgenden Satz, der in der Konfigurationalitätsdebatte mehrmals sowohl mit als auch ohne VP analysiert worden ist.[8]

(17)             Das ist ein Buch, das zu lesen ich mir vorgenommen habe.

Wenn man Ketten als die Extension der TO-Begriffe "konfigurational" und "nicht-konfigurational" betrachtet, dann wird sich höchstwahrscheinlich ergeben, daß der Satz (17) den Ketten in *W* konfigurational ähnlicher ist als den Ketten in *E*; deshalb scheint die nicht-konfigurationale Analyse von (17) adäquater zu sein:

---

8      Für die beiden alternativen Strukturbäume siehe Riemsdijk (1984), Webelhuth (1985).

(18)

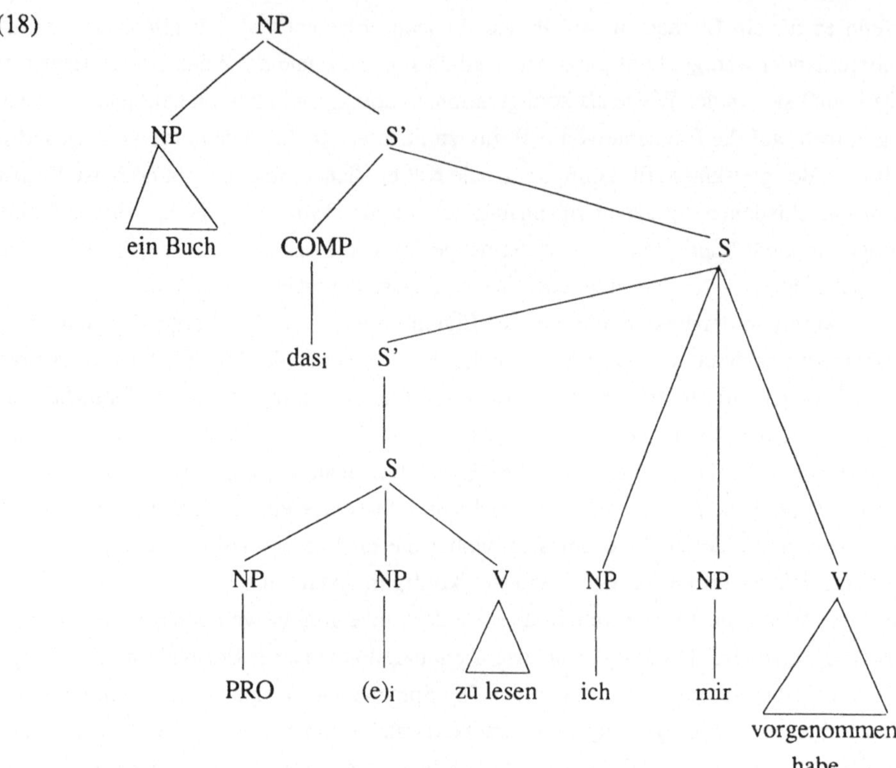

Werden die TO-Begriffe "konfigurational" und "nicht-konfigurational" auf einer
Menge von Mengen von Ketten definiert, wird sich eher eine konfigurationale Analyse
anbieten, denn die Menge der Ketten des Deutschen läßt sich aufgrund des geschilderten
Verfahrens als konfigurational kennzeichnen:

(19)

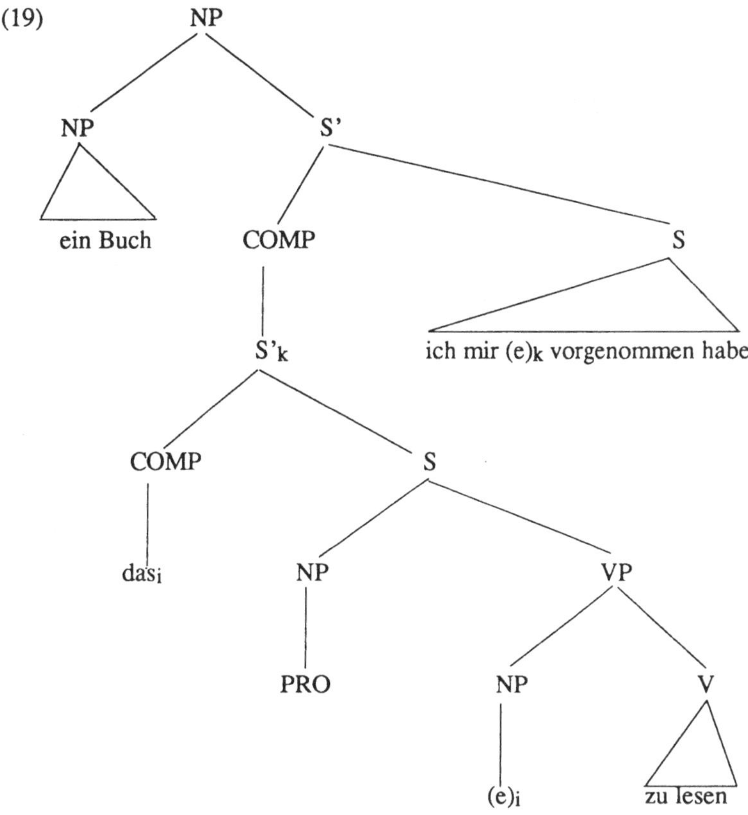


Die Argumentation mündet somit in einen Widerspruch.

Es ergibt sich deshalb folgendes. Den Ausgangspunkt der bisher durchgeführten Argumentation bildeten zwei Widersprüche in der Verwendung des Konfigurationalitätsbegriffs. Die Eigenschaften der Widersprüche wiesen eindeutig auf den Weg ihrer Aufhebung hin. Indem wir uns diesen Weg vor Augen gehalten haben, schlugen wir in Anlehnung an Kutschera (1975) eine TO-Explikation der TO-Lexeme vor, die in dem herkömmlichen Sinne *exakt* ist, d.h. als Bestandteil eines axiomatisch dargelegten Kalküls ausgezeichnet werden kann. Doch diese TO-Explikation erweist sich als *unfruchtbar*, weil sie zur Lösung des Problems, das ihre Einführung notwendig machte, nicht beitragen kann; trotz ihrer Exaktheit weist sie einem gegebenen Satz zwei einander widersprechende Strukturbeschreibungen zu. Daraus folgt, daß *Exaktheit kein hinreichendes Merkmal von TO-Explikationen sein kann, weil trotz einer logisch konklusiven Eliminierung des in einem TO-Explikandum inhärenten Widerspruchs das kalkülisierte TO-Explikat nicht zu Feststellungen führt, die in TO-Erklärungen Eingang finden können.*

***

Es ist angebracht, an dieser Stelle darauf hinzuweisen, daß es beträchtliche Unterschiede zwischen der Beweiskraft der beiden zuletzt angeführten Fallstudien gibt. Während die Fallstudie über die gebundene Anapher in Form eines logisch gültigen Schlusses rekonstruiert werden könnte ("Alle TO-Explikate sind exakt"; "Es gibt ein TO-Explikat, das nicht exakt ist"; "Also ist es nicht der Fall, daß alle TO-Explikate exakt sind"), sind die Konsequenzen der  Fallstudie über Konfigurationalität weder empirisch noch logisch zwingend. Sie stellt lediglich ein *heuristisches Argument* dar, genauso, wie die meisten Fallstudien in diesem Werk. Der wesentliche Unterschied zwischen einem logischen und einem heuristischen Schluß liegt nicht in den Prämissen, sondern in der Konklusion:

*logisch gültiger Schluß*:
Wenn A, dann B,
B ist falsch

--------------------

A ist falsch

*heuristischer Schluß*
Wenn A, dann B,
B ist wahr,

----------------

A ist glaubhafter

Alle weiteren Fallstudien sollen in diesem Sinne verstanden werden, wonach sie also lediglich die *Glaubwürdigkeit* einer Hypothese erhöhen. Beim gegenwärtigen Stand der Forschungen zum Problem der "Modularität" einerseits und zur Erarbeitung einzelwissenschaftlicher Wissenschaftstheorien andererseits sind zwingendere Beweise kaum zu erwarten.

Nach (T4)(b) sind TO-Explikanda semantisch unterdeterminiert und nach (T4)(c) ist das Verhältnis zwischen TO-Explikat und TO-Explikandum ein konzeptuelles. Daraus folgt, daß man in der generativen Linguistik mit TO-Begriffsfamilien der im Abschnitt 3.3 beschriebenen Art zu tun hat. Diese Behauptung soll an Hand des Beispiels "c-Kommando" ausbuchstabiert werden.

**Fallstudie: Die Begriffsfamilie "c-Kommando"**

Die wichtigsten und bekanntesten Definitionen des c-Kommando-Begriffs sind etwa die folgenden (Höhle 1987):

(1)            "We shall describe the scope of wh- and *neg* in terms of the concept 'in construction with'... A constituent ... is 'in construction with' another constituent ... if the former is dominated by (that is, occurs somewhere lower down the branch of) the first branching node ... that dominates the latter..." Klima (1964: 279)

(2)            "We will say that a node $A$ 'commands' another node $B$ if (1) neither $A$ nor $B$ dominates the other; and (2) the S-node that most immediately dominates $A$ also dominates $B$." Langacker (1969: 167)

(3)            "(70) *John knows what who saw.
(71) John remembers where Bill bought which book.
(72) John remembers to whom Bill gave which book.
... we say that the category $A$ is 'superior' to the category $B$ in the phrase marker if every major category dominating $A$ dominates $B$ as well but not conversely." Chomsky (1973: 246). (Wobei gilt: 'major category': N, V, A und die Kategorien, die diese dominieren.)

(4)            "(13) A node $A$ is *superior to* a node $B$ if the first branching node dominating $A$ also dominates $B$." Reinhart (1974: 94)
"The definition in (13) is identical to the definition of the relation *in construction with* which was suggested by Klima (1974). Chomsky's definition of *superiority* (1973) is distinct in excluding sister nodes from the definition of superiority. But since at least in one coreference case — that of topicalization — that rule which is proposed here applies to sister nodes, I use Klima's and not Chomsky's definition. An alternative ... name for the relation defined in (13) is C(onstituent)-command, which was suggested to me by Nick Clements." Ebd. 105, Fn. 3.

(5)            "A constituent $A$ is in construction with a constituent $B$ if $A$ is dominated by the first branching node which dominates $B$, and $B$ does not dominate $A$." Wexler - Culicover - Hamburger (1975: 243).

(6)        "A commands $B$ if the minimal cyclic node dominating $A$ also dominates $B$." Lasnik (1976: 15). Dabei gelten NP und S als "cyclic".

(7)        "A node $A$ c(onstituent)-commands a node $B$ iff the first branching node $\alpha$ that dominates $A$ either dominates $B$, or is immediately dominated by a node $\alpha'$ which dominates $B$, where $\alpha$ and $\alpha'$ are of the same category type. (e.g. S and S')." Reinhart (1983: 50)

(8)        "*ß* is said to *c-command* $\alpha$ *if ß* does not contain $\alpha$ ...*and* $\alpha$ is dominated by the first branching category dominating ß." Chomsky (1980a: 10).

(9)        "We shall say that $A$ $\alpha$-*commands* $B$ iff $A$ does not dominate $B$ and $B$ is in the $\alpha$-*domain of* $A$." Rouveret - Vergnaud (1980: 103 Fn.9)

(10)       "$x$ c-commands $y$ iff ($z$), $z$ is a maximal projection, $z$ dominates $x$ only if it dominates $y$, and $x = y$." Aoun - Sportliche (1982:224)

(11)       " $\alpha$ *c-commands ß* if and only if
(i) $\alpha$ does not contain $ß$
(ii) Suppose that $\gamma_1,...\gamma_n$ is the maximal sequence  such that
(a) $\gamma_n = \alpha$
(b) $\gamma_i = \alpha^j$
(c) $\gamma_i$ immediately dominates $\gamma_{i+1}$
Then if $\delta$ dominates $\alpha$ , then either (I) $\delta$ dominates $ß$ or (II) $\delta = \gamma_i$ and $\gamma_1$ dominates $ß$." Chomsky (1981: 166)

(12)       "$\alpha$ c-commands $ß$ =df every maximal projection dominating $\alpha$ dominates $ß$ and $\alpha$ does not dominate $ß$." May (1985: 34).
"... to be dominated by an ocurrence of a projection, maximal or otherwise, is to be dominated by all the member nodes of that projection. ... Now, assuming that $\alpha$ and $ß$ are maximal projections, the c-command domain (and hence the scope, under appropriate circumstances) of $B$ is the $ß$-projection; it therefore includes $A$, $C$, and $D$, which are also dominated by this projection. The c-command domain of $C$ is the $\alpha$-projection, since it is dominated by both $\alpha^i$ and $\alpha^j$. The latter domain includes $D$, but not $B$, which is not dominated by the $\alpha$-projection but by only one of its member nodes, namely $\alpha$." Ebd. 57.

(13)  "The domain of $\alpha$ is the least maximal projection containing $\alpha$. ... We say that $\alpha$ c-commands every element of its domain that is not contained within$\alpha$ ." Chomsky (1986: 162)

(14) (i)  "(13) $\alpha$ c-commands $\beta$ iff $\alpha$ does not dominate $\beta$ and every $\gamma$ that dominates $\alpha$ dominates ß..." Chomsky (1986a: 8)

   (ii)  "Where $\gamma$ is restricted to maximal projections...., we will say that $\alpha$ m-commands $\beta$. ... It seems that for the binding theory, $\gamma$ should be taken to be any branching category." Chomsky (1986a: 8)

(15)  "for two theta roles $X$ and $Y$, $X$ th-commands $Y$ if $X$ is a coargument of $Y$; or, if $X$ th-commands $B$, $B$ is assigned to $Z$, and $Z$ th-commands $Y$." Williams (1987a: 166)

Eine erste Möglichkeit zur Differenzierung unter diesen Interpretationen des c-Kommando-Begriffs bietet sich dadurch an, daß die letzte Definition allen anderen gegenübergestellt werden muß: Während (1)-(14), trotz aller Verschiedenheit, über das gemeinsame Merkmal verfügen, daß c-Kommando als eine auf Konstituenten definierte *strukturelle Relation* angesehen wird, wird diese Relation in (15) auf *Thetarollen* verlagert. Wenn man nun feststellt, daß die Einführung des TO-Begriffs "th-command" in Williams (1987a) eindeutig mit dem strukturellen TO-Begriff des c-Kommando in Bezug gesetzt wird, so ergibt sich, daß bei der Beziehung der beiden TO-Begriffstypen sich klar das TO-Prinzip der *konzeptuellen Verschiebung* abzeichnet: Es handelt sich um die in verschiedene begriffliche Bereiche, nämlich zum einen in den der Theorie der Konstituentenstruktur, zum anderen in den der Theta-Theorie verschobenen Interpretationen eines TO-Lexems. Ist $F'$ die Menge der Funktionen, die *SEM* einer Begriffsfamilie zuordnen, so enthält $F'$ mindestens die Elemente $f_{KS}$ und $f_{ThT}$:

(16)(a)   $f_{KS}$ (SEM$_{cK}$) = $x_1$

   (b)   $f_{ThT}$ (SEM$_{cK}$) = $x_2$

wobei *SEM$_{cK}$* für die semantische TO-Repräsentation der lexikalischen TO-Einheit "c-Kommando", $x_2$ für die Interpretation (15) und $x_1$ für eine der Interpretationen (1)-(14) steht. Dabei erscheint, im Sinne der These von der Unterdeterminiertheit der lexikalischen Bedeutung, keine der Varianten in *SEM$_{cK}$* selbst, sondern diese ergeben sich vielmehr dadurch, daß folgende konzeptuelle TO-Prinzipen auf *SEM$_{cK}$* angewendet werden:

(17)(a)           $^\wedge$x $^\wedge$y [KONSTITUENTENSTRUKTUR x y UND SEM$_{cK}$ x y]

(b)           $^\wedge$x $^\wedge$y [THETA-THEORIE x y UND SEM$_{cK}$ x y]


Wie auch eine entsprechende mengentheoretische Darstellung von *SEM$_{cK}$* aussehen mag, setzt man diese in (17)(a) und (17)(b) ein, so erhält man die durch konzeptuelle Verschiebung hergestellten Spezifizierungen des TO-Begriffs. In diesem Sinne sind (17) (a) und (17)(b) konzeptuelle Schemata, die im Rahmen der Rektions- und Bindungstheorie prinzipell auf beliebige TO-Repräsentationen von lexikalischen TO-Einheiten anzuwenden sind. Allerdings sind verschiedene konzeptuelle TO-Prinzipen miteinander kombinierbar, und demnach kann die Ausgabe der Anwendung eines TO-Prinzips zugleich die Eingabe für ein anderes darstellen. Daß dies auch im Falle der zum TO-Lexem "c-Kommando" anknüpfenden Begriffsfamilie so ist, läßt sich dadurch bestätigen, daß (1)-(14) sich weiter differenzieren lassen.

Nach Höhle (1987) können alle strukturellen Definitionen des c-Kommando-Begriffs historisch auf eine von zwei Traditionen zurückgeführt werden: Zum einen auf die durch (1) repräsentierte Klima-Tradition, zum anderen auf die in (2) angegebene Langacker-Tradition. Der Unterschied zwischen den beiden Traditionen besteht darin, daß, während die c-Kommando-Definitionen des Klima-Typs rein geometrisch sind, die Interpretationen, die auf Langackers Ansatz zurückgreifen, auch auf den Konstituententyp Bezug nehmen. Außerdem läßt sich auch ein dritter Typ der Definitionen isolieren, nämlich der, der eine mögliche Parametrisierungsgrundlage bildet. Dies bedeutet, daß innerhalb des konzeptuellen Bereichs "Konstituentenstruktur" drei weitere Gebiete festgelegt werden müssen:


(18)(a)           GEOMETRISCH

(b)           GEOMETRISCH UND KONSTITUENTENTYP

(c)           PARAMETRISIERUNGSGRUNDLAGE


Betrachtet man die unter (1)-(14) angeführten Definitionen, so ergibt sich — ohne auf eine detaillierte Analyse einzugehen —, daß die Definitionen (1), (3), (4), (5), (8), (11 I), (14 I) in Einklang mit (18)(a), die unter (2), (6), (7), (10), (11 II), (12), (13), (14II) mit Bezug auf (18)(b) und (9) bzw. (14) nach (18)(c) gebildet werden. Es erhebt sich die Frage, wie man die Unterschiede unter den Mitgliedern der in diese Bereiche gehörenden (Unter)Familien erklären kann. Offensichtlich handelt es sich dabei nicht um eine dritte Anwendung des TO-Prinzips der konzeptuellen Verschiebung, denn die drei oben abgegrenzten konzeptuellen Bereiche der Theorie lassen sich nicht in weitere Teilgebiete unterteilen. Da zum Beispiel (1) und (4) oder (2) und (6) zwar unterschiedlich spezifiziert sind, aber unter denselben Oberbegriff fallen, handelt es sich dabei um die konzeptuelle Differenzierung.

Weil in diesem Falle der Unterdeterminiertheit der lexikalischen Bedeutung dadurch Rechnung getragen wird, daß $SEM_{cK}$ eine freie Variable enthält, und ferner weil die Information, die in $SEM_{cK}$ enthalten ist, lediglich soviel beinhaltet, daß eine Beziehung zwischen zwei Einheiten besteht, ergeben sich zunächst folgende Schemata:

(19)(a)        ^x ^y [R x y & GEOMETRISCH R & SEM x y]

    (b)        ^x ^y [R x y & GEOMETRISCH R & KONSTITUENTENTYP x & KONSTITUENTENTYP y & SEM x y]

    (c)        ^x ^y[R x y & PARAMETRISIERUNGSGRUNDLAGE R & SEM x y]

Die verschiedenen Spezifizierungen von *R*, wie sie etwa in den Definitionen (1), (3), (4) usw. im Hinblick auf den konzeptuellen Bereich (19)(a) erscheinen, werden dadurch gekennzeichnet, daß die freie Relationsvariable *R* relativ zu einem bestimmten TO-Kontext *ct* gebunden wird. Die Bindung der Variablen durch den Existenzquantor braucht allerdings nicht im TO-Lexikoneintrag gekennzeichnet zu werden, sondern ergibt sich als Resultat einer lexikalischen TO-Redundanzregel. Im gegebenen Fall finden wir drei TO-Redundanzregeln, jeweils den drei konzeptuellen Bereichen entsprechend:

(20)(a)        ^x ^y [R x y & GEOMETRISCH R & SEM x y]

               ===>

               ^x ^y ∃R [R x y & GEOMETRISCH R & SEM x y]

    (b)        ^x ^y [R x y & GEOMETRISCH R & KONSTITUENTENTYP x & KONSTITUENTENTYP y & SEM x y]

               ===>

               ^x ^y ∃R [R x y & GEOMETRISCH R & KONSTITUENTENTYP x & KONSTITUENTENTYP y & SEM x y]

    (c)        ^x ^y [R x y & PARAMETRISIERUNGSGRUNDLAGE R & SEM x y]

               ===>

               ^x ^y ∃R [R x y & PARAMETRISIERUNGSGRUNDLAGE R & SEM x y]

Damit scheinen die Zusammenhänge unter den Mitgliedern der Begriffsfamilie aufgedeckt zu sein. Schematisch läßt sich dann die Struktur des TO-Begriffs "c-Kommando" wie folgt darstellen:

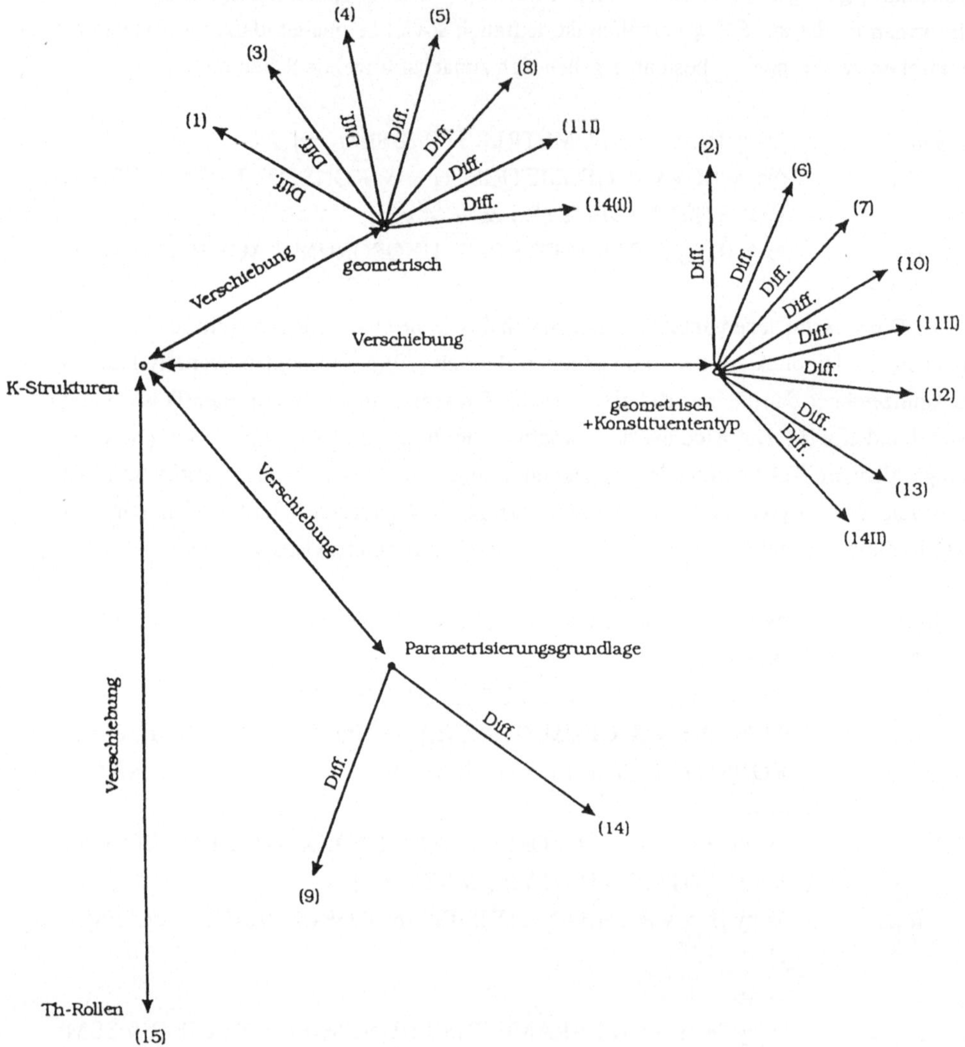

(1)
(3)
(4)
(5)
(8)
(11I)
(14(I))
Diff.
Diff.
Diff.
Diff.
Diff.
Diff.
Diff.
geometrisch
Verschiebung
Verschiebung
(2)
(6)
(7)
(10)
(11II)
(12)
(13)
(14II)
Diff.
Diff.
Diff.
Diff.
Diff.
Diff.
Diff.
Diff.
geometrisch
+Konstituententyp
K-Strukturen
Verschiebung
Parametrisierungsgrundlage
Diff.
Diff.
(14)
(9)
Verschiebung
Th-Rollen
(15)

## Fallstudie: Die Metapher "Schwester" in der generativen Linguistik

Als Ausgangspunkt sei folgende TO-Äußerung gegeben:

(1)                   $u$ = $NP_1$ hat eine Schwester.

In der generativen Linguistik kann diese TO-Äußerung nur eine TO-Äußerungsbedeutung
$m$ haben, die sich etwa wie folgt anführen läßt:

(2)                   Es gibt eine $NP_2$, die von demselben Knoten unmittelbar dominiert wird
                      wie $NP_1$.

Der TO-Kontext $ct_a$, in dem (1) als (2) interpretiert vorkommt, ist nicht-neutral. Deshalb
muß die Äußerung zunächst in Teile zerlegt werden, für die die jeweiligen neutralen
TO-Kontexte existieren:

(3) (a)               $NP_1$
    (b)               hat
    (c)               eine Schwester

In einem ersten Schritt müssen nun die "wörtlichen" Bedeutungen dieser Teile mit Hilfe
der Funktion $F$ determiniert werden. Es ergeben sich folgende semantische Repräsentationen *SEM* für (3)(a), (b), (c):

(4)(a)                [NP1]
   (b)                $^\wedge Z[^\wedge Y[\exists R[R\ Y\ Z]]]$
   (c)                $^\wedge Z[\exists Y[GESCHWISTER\ Z\ Y\ \&\ WEIBLICH\ Z]]$

Die Funktion $F$ bezieht dann diese drei semantischen Formen auf die jeweiligen
neutralen TO-Kontexte, wodurch sich die "wörtlichen" Bedeutungen der drei Teile von $u$
ergeben. Wenn man (4)(a), (b) und (c) miteinander verknüpft, erhält man — in Analogie
zu Bierwisch (1983: 91) — folgende semantische Repräsentation von (1):

(5)             $\exists Z[\exists Y[GESCHWISTER\ Z\ Y\ UND\ WEIBLICH\ Z]\ UND\ \exists R[R\ NP_1\ Z]]$

Aus (5) kann man die konzeptuelle Repräsentation (d.h. die Äußerungsbedeutung)
von (1) im grammatischen TO-Kontext $ct_a$ bekommen, wenn — im Sinne des Prinzips der

konzeptuellen Differenzierung — $NP_1$ als eine Instanz der quantifizierten Variablen $Z$ und GESCHWISTER als eine Instanz der Relation $R$ gedeutet werden. Es ergibt sich:

(6)          $\exists Z$[GESCHWISTER Z $NP_1$ & WEIBLICH Z]

Wie Bierwisch bemerkt, wird die semantische Repräsentation

von 'haben' nicht nur differenziert, sondern gewissermaßen aufgesogen (Bierwisch 1983:91).

Daher ist (6) als die konzeptuelle Repräsentation von "Schwester" im grammatischen TO-Kontext $ct_a$ zu deuten. Dieser TO-Kontext ist aber nicht neutral und die "wörtliche" TO-Bedeutung (6) ist inkonsistent. Um aus ihr die metaphorische Bedeutung zu erhalten, müssen wir die minimalen Veränderungen durchführen, die in $ct_a$ eine konsistente Bedeutung ergeben. Eine erste Veränderung besteht darin, daß die Komponente WEIBLICH sich in dem TO-Kontext der generativen Linguistik als irrelevant herausstellt und getilgt wird. Die zweite Veränderung betrifft die Tatsache, daß die Relation, die zwischen den NPn $Z$ und $NP_1$ besteht, die Abhängigkeit beider NPn von einem sie unmittelbar dominierenden Knoten kennzeichnet. Man erhält etwa folgende approximative Darstellung der metaphorischen TO-Äußerungsbedeutung von $u$, die (2) entspricht:

(7)          $\exists Z$[$\exists Q$[DOMINIERT UNMITTELBAR Q Z & DOMINIERT UNMIT-
             TELBAR Q $NP_1$]]

Somit ergibt sich, daß (4)(c) als das TO-Explikandum des TO-Lexems "Schwester" anzusehen ist, während (7) das TO-Explikat darstellt. Letzteres ist das Ergebnis der Anwendung des konzeptuellen Prinzips der Metaphorisierung, das die "wörtliche" Bedeutung (6), relativ zum TO-Kontext $ct_a$, in die metaphorische Bedeutung (7) überführt.

Es ist anzunehmen, daß auch der in der vorangehenden Fallstudie analysierten Begriffsfamilie "c-Kommando" ein ähnlicher metaphorischer Vorgang vorausging. Wenn man die Annahme akzeptiert, wonach im wissenschaftlichen Kontext ein TO-Lexem metaphorischer Herkunft als ein Ausdruck mit "wörtlicher" Bedeutung fungiert, so besteht prinzipiell die Möglichkeit zur Anwendung weiterer konzeptueller Operationen auf (7). Die Frage, inwieweit dies im Falle von "Schwester" tatsächlich vorkommen kann, wird im Abschnitt 3.4 kurz angeschnitten.

## 7.3  Fallstudien zu Kapitel 4

Im Abschnitt 4.3 wurde die These (T6') hergeleitet, die eine Schlüsselposition in der Argumentation einnimmt. Als Illustration der Plausibilität dieser These soll ein Beispiel aus dem Bereich der Anapherproblematik analysiert werden.

**Fallstudie: Bindung**

Das Grundproblem der Bindungstheorie besteht darin, warum in einem Satz wie (1)(a) zwischen $X$ und $Y$ Koreferenz besteht, in (1)(b) dagegen nicht:

(1)(a)        $Mary_i$ admires $herself_i$.
                   X                  Y

  (b)        $*Mary_i$ admires $her_i$.
                   X                  Y

Nach der ursprünglichen Problemstellung ist das TO-Explanandum etwa folgendes:

(2)(a)        Im Satz (1)(a) besteht Koreferenz zwischen $X$ und Y.

  (b)        Im Satz (1)(b) besteht keine Koreferenz zwischen $X$ und $Y$.

In diesen Sätzen sind $X$ und $Y$ syntaktische Ausdrücke in einer strukturellen Konfiguration. Ohne auf eine geschichtliche Darstellung der unterbreiteten verschiedenen Lösungen einzugehen, sei zunächst der bekannteste TO-Erklärungsversuch nach Chomsky (1981) angeführt:

(3)(a)        Eine Anapher ist in .... gebunden.

  (b)        Ein Pronomen ist in ... frei.

  (c)        Ein R-Ausdruck ist frei.

Die TO-Erklärung beruht auf der Einführung des TO-Explikats von "binden" ins TO-Explanans:

(4)           $X$ bindet $Y$ genau dann, wenn
              (i) $X$ $Y$ c-kommandiert und
              (ii) $X$ und $Y$ koindiziert sind.

wobei unter "c-kommandieren" eine strukturelle Relation zwischen zwei Knoten im Sinne von Chomsky (1981) zu verstehen ist. (Vgl. auch (11) in der Fallstudie über den c-Kommando-Begriff im vorangehenden Kapitel.) Betrachtet man jetzt die TO-Erklärung

(5)          Im Satz (1)(a) besteht Koreferenz zwischen $X$ und $Y$, weil $Y$ in ....
             gebunden ist.

so wird aufgrund des Bindungsbegriffs eindeutig festgelegt, daß der EMB, also *die Koreferenz, eine Relation zwischen zwei syntaktischen Ausdrücken darstellt*. Dadurch wird auch festgelegt, daß "Referenz" eine Beziehung zwischen einem syntaktischen Ausdruck (NP) und einer Entität gleich welchen Charakters ist.

(6)          *Explanandum₁*: Relation zwischen zwei NPn.

Eine Neuorientierung der Bindungstheorie hat u.a. E. Williams unterbreitet. Sein TO-Erklärungsversuch betrifft dieselben Beobachtungen (1) und (2). Er führt aber einen modifizierten Bindungsbegriff in das TO-Explanans in Form eines andersartigen TO-Explikats ein:

(7)          $Y$ ist *theta-gebunden*, wenn es eine Theta-Rolle $X$ gibt, die $Y$ th-kommandiert und mit $Y$ koindiziert ist.

wobei "th-kommandieren" im Sinne von (15) der Fallstudie über c-Kommando im vorangehenden Kapitel zu verstehen ist (vgl. Willaims 1987a). Zwar ist hier das, was zu erklären ist, anscheinend ebenfalls die Koreferenz wie in (2), aber das, was erklärt wird, ist damit nicht identisch. Die TO-Erklärung

(8)          Im Satz (1)(a) besteht Koreferenz zwischen $X$ und $Y$, weil $Y$ in ....
             th-gebunden ist.

zeigt nämlich eindeutig, daß dem TO-Explanandum nicht eine Relation zwischen zwei NPn, sondern eine zwischen zwei Theta-Rollen zugrundeliegt, weil aufgrund des Begriffs der th-Bindung nur Theta-Rollen, nicht aber syntaktische Ausdrücke wie NPn über einen Referenzwert verfügen können (s. auch Williams 1987a: 160).

(9)          *Explanandum₂*: Relation zwischen zwei Theta-Rollen.

Aufgrund der im 3. Kapitel unterbreiteten Analyse des c-Kommando-Begriffs ist nicht schwer zu erkennen, daß der Grund für den Unterschied darin besteht, daß der ins

TO-Explanans eingeführte TO-Begriff der Bindung konzeptuell verschoben wurde, indem bei Chomsky eine Verschiebung in den Bereich der Konstituentenstruktur, bei Williams eine in den der Theta-Rollen stattfand. Dadurch selektiert der ESB eine der mit ihm verträglichen Varianten des EMBs: Das Verhältnis zwischen dem Begriff "Koreferenz" und "binden" bzw. "th-binden" ist durch die Operation der konzeptuellen Selektion gekennzeichnet.

Ähnlich läßt sich auch der bereits diskutierte Versuch von Reinhart (1983, 1983a) deuten. Der Unterschied zu dem Chomskyschen Bindungsbegriff besteht darin, daß einerseits Koindizierung nicht als eine vorwiegend syntaktische Technik aufgefaßt wird, sondern mit der semantischen Operation der Variablenbindung identifiziert wird. Wenn nun in das Explanans ein TO-Begriff eingeführt wird, der die c-Kommando-Bedingung mit der Übersetzbarkeit eines Pronomens in eine gebundene Variable verknüpft, so wird dieser TO-Bindungsbegriff in den Bereich "semantische Interpretation von S-Sätzen" verschoben, wodurch das TO-Explanandum nicht mehr die "Koreferenz zwischen einem Knoten $X$ und einem Knoten $Y$" ist, sondern *das semantische Verhältnis zwischen einem Operator und einer Variablen.*

(10)     *Explanandum₃*: Relation zwischen einem Operator und einer Variablen.

Zusammenfassend läßt sich also feststellen, daß in diesen TO-Erklärungsversuchen, dem jeweiligen konzeptuellen Bereich entsprechend, in den der ins TO-Explanans eingeführte TO-Begriff (TO-Explikat) der Bindung verschoben wird, nicht die TO-Explananda TO-erklärt werden, deren Erklärungsbedürftigkeit die TO-Erklärungsversuche motiviert haben, sondern die, die durch den jeweiligen Bindungsbegriff determiniert wurden. Es ergibt sich, daß der ESB die EMBs bestimmt und daß unter Umständen jener diese beträchtlich modifizieren kann.

* * *

Im Abschnitt 4.7 wurde die Annahme unterbreitet, wonach in der generativen Linguistik grundsätzlich nicht die These der Unterdeterminiertheit von empirischen Theorien, sondern die Duhem-Quine-These für das Auftreten von Bewertungskriterien verantwortlich ist. Folgendes Beispiel dient als Illustration.

**Fallstudie: Die Doppelkopfkritik**

In Reis (1985a) wird die Frage aufgegriffen, ob es gerechtfertigt sei, eine einheitliche Struktur aller deutscher Sätze anzunehmen. Diese Frage läßt sich im Lichte der gängigen generativen Literatur auf das Problem reduzieren, ob und inwiefern jeder deutsche Minimalsatz (d.h. Sätze sowohl mit Verberst-, Verbzweit-, als auch mit Verbendstellung) mit dem Initialknoten COMP beginnt. Die bislang vorherrschende Antwort knüpft an die von M. Reis "Symmetrie-Hypothese" genannte Annahme an:

(SH) Alle Satztypen des Deutschen gehen auf eine einheitliche D-Struktur mit initialem COMP zurück (Reis 1985a: 274)

Da diese These zu Analysen führt, die ein COMP mit zwei strukurellen Positionen annehmen, wird die an (SH) anknüpfende Technik als "Doppelkopfanalyse" bezeichnet. Demgegenüber argumentiert die Autorin für eine "Asymmetrie-Hypothese", die in einer ihrer Fassungen folgendes besagt:

(AH) Hauptsätze sind in unmarkierten Fällen COMP-los; Nebensätze beginnen im unmarkierten Fall mit COMP. (Reis 1985a: 273)

Der Vorschlag, (SH) durch (AH) zu ersetzen, gab zu einer aufschlußreichen Diskussion zwischen M. Reis und W. Scherpenisse (Scherpenisse 1985) Anlaß, die durch folgende Tatsachen gekennzeichnet war:

(a) Marga Reis' Argumente zielen auf deskriptive Adäquatheit ab und beruhen daher auf empirischen Fakten, die für (AH) und gegen (SH) sprechen.

(b) Daß diese Fakten bzw. Argumente größtenteils stichhaltig sind, wird selbst von Scherpenisse anerkannt.

(c) Trotzdem laufen Scherpenisses Bemühungen darauf hinaus, nachzuweisen, daß (SH) aufrecht erhalten werden kann unter der Zugeständnis, daß die Annahme zweier struktureller COMP-Positionen tatsächlich fallen gelassen werden soll.

(d) Scherpenisse begründet seine Gegentheorie dadurch, daß diese, obwohl in einer Reihe von Fällen, die Reis genannt hat, eindeutig wirkungslos ist, für gewisse Phänomene bessere TO-Erklärungen anzubieten habe als (AH).

Zwar ist diese stichwortartige Darstellung der Diskussion sehr vereinfacht, doch sie ermöglicht die Formulierung folgender Schlußfolgerungen, die die Frage nach der Rolle von TO-Bewertungskriterien betreffen.

(i) Eine erste Konsequenz besteht darin, daß es in dieser Diskussion offensichtlich um einen Konflikt zwischen einer deskriptiv adäquateren und einer einfacheren Theorie geht, wobei diese *empirisch nicht äquivalent sind*.

(ii) Weiterhin ist hier die in Scherpenisses Ausführungen implizite Überzeugung ausschlaggebend, daß es — im Hinblick auf das globale Funktionieren und auf die globale innere Kohärenz der Theorie — durchaus plausibler ist, die *einfachere* These anzunehmen, wonach für alle deutschen Sätze dieselbe Struktur angenommen werden soll, als für (AH) zu plädieren. Was dabei das als Kohärenzbedingung fungierende TO-Bewertungskriterium "Einfachheit" verteidigt, ist eine ganz bestimmte Vorstellung über die Beschaffenheit des "Kopfes" aller deutscher Sätze. Daher gilt hier ein metaphorischer TO-Begriff als das stabile und zu verteidigende Element. Da dieser TO-Begriff konstitutiver Bestandteil einer Verallgemeinerung und als solcher wesentlicher Teil von TO-Explanantia ist, werden hier zugleich gewisse TO-Erklärungsschemata verteidigt.

(iii) Schließlich ist in Scherpenisses Ansatz (SH) nicht in ihrer ursprünglichen Form beibehalten worden, da Scherpenisse sich durchaus bereit gezeigt hat, die Annahme der "Doppelköpfigkeit" aufzugeben. Es ergibt sich also, daß hier die von Quine (1978: 3) vorgelegte Idee wirksam ist, wonach die Revision einer Theorie in dem Sinne konservativistisch geprägt sei, daß immer nur die unbedingt notwendigen minimalen Veränderungen durchgeführt werden.

Diese drei Konsequenzen der Diskussion laufen eindeutig darauf hinaus, daß die Rolle des TO-Bewertunsgkriteriums "Einfachheit" nicht in der Entscheidung zwischen zwei empirisch äquivalenten Theorien, sondern in der Revision eines Systems von Kenntnissen besteht. Es ergibt sich, daß eine empirisch stichhaltige TO-Erklärung mit einer solchen TO-Erklärung in Konflikt geriet, die zwar empirisch weniger zwingend ist, die aber durch den eigentümlichen Mechanismus eines Bewertungskriteriums verteidigt und demnach einer Revision nur bedingt unterzogen wurde.

Die zuletzt formulierte Schlußfolgerung wird auch dadurch unterstützt, daß der in der Fallstudie analysierte Konflikt analog ist mit dem ähnlichen Konflikt zwischen empirisch adäquaten Erfahrungen und allgemeinen Regularitäten, den Quine zur Charakterisierung der Probleme, die bei der Revision einer Theorie auftreten können, anführt:

> But such a choice as to what to revise is subject to a vague scheme of priorities. Some statements about physical objects ... are in some sense closer to possible experience than others... Should revision of the system become necessary, other statements than these are to suffer.... There is also, however, another and somewhat opposite priority: the more fundamental a law is to our conceptual scheme, the less likely we are to choose it for revision... Where the two priorities come into conflict, either is capable of prevailing. (Quine: 1978: 2. Hervorhebung von mir, A.K.)

## 7.4  Fallstudien zu Kapitel 5

In 5.2.1 wurde die These unterbreitet, wonach regelorientierte TO-Erklärungen intolerant gegenüber Anomalien sind, während prinzipienorientierte TO-Erklärungen von Anomalientoleranz zeugen. Da die Annahme einer solchen Korrelation für die Argumentation in 5.2 zentral ist, sei sie am Beispiel einer Konstruktion veranschaulicht, die bereits von den Anfängen der generativen Forschungen an immer wieder zur Demonstration methodologisch relevanter Entscheidungen herangezogen wurde.

**Fallstudie: "John is easy to please"**

Block (1986) gibt einen kritischen Überblick über die verschiedenen Versuche, die seit Chomskys *Current Issues*... zur TO-Erklärung von Konstruktionen mit einem Adjektiv des Typs *easy* und nachfolgendem Infinitivkomplement unternommen worden sind. Er kommt zu dem Schluß, die Entwicklung der generativen Linguistik sei deshalb als *regressiv* zu bewerten, weil eine Lösungsmöglichkeit übersehen wurde, die zwar mit der Standardtheorie verträglich ist, aber gegen die S-Prinzipien der Rektions- und Bindungstheorie verstößt und dementsprechend dort nicht formuliert werden kann. Wir wollen jetzt die Frage, inwieweit diese Schlußfolgerung gerechtfertigt ist, dadurch beantworten, daß wir die für diesen Vergleich konstitutiven Eigenschaften der beiden TO-Erklärungen zu ermitteln versuchen. Wir beginnen mit einer möglichst präzisen Wiedergabe der in Chomsky (1981: 308-314) dargelegten Beweisführung, die dann anschließend im Hinblick auf die Rolle, die Anomalien in der Formulierung der vorgeschlagenen TO-Erklärung spielen, ausgewertet wird.

(1)(a)          John is easy to please.

   (b)          John is an easy person to please.

Die frühere Analyse dieser Konstruktion etwa in Chomsky (1977) ging davon aus, daß es sich hier um einen klaren Fall der *wh*-Bewegung handele. Man kann daher annehmen, daß die zugrundeliegende Struktur des Adjektivkomplements ein Element in der COMP-Position enthält, das eine Spur hinterließ. Allerdings weicht die in Chomsky (1981: 309) angegebene Analyse von dem früheren Vorschlag insofern ab, als in der D-Struktur an die Stelle des "who" ein PRO tritt, aber der Mechanismus bleibt grundsätzlich derselbe, so daß man aus (2)(a), (2) (b)erhält:

(2)(a)          John is [AP easy [S' COMP [S PRO to please PRO]]]

  (b)           John is [AP easy [S' PRO$_i$ [S PRO to please t$_i$ ]]]


Aus dieser Analyse ergibt sich nach Chomsky ein Paradoxon. Auf der einen Seite gibt es Evidenz dafür, daß die Position des Matrixsubjekts "John" durch "idiom-chunks", die normalerweise Bewegungstransformationen durchlaufen, nicht belegt werden kann:


(3)(a)          * good care is hard to take t of the orphans

  (b)           * there is hard to believe t to have been a crime committed.


Deshalb ist (1) (a) nicht dadurch herzuleiten, daß ein Element aus dem eingebetteten Satz in die Position des Matrixsubjekts verlagert wurde, sondern das Matrixsubjekt muß lexikalisch eingesetzt worden sein. Im Sinne der Theta-Theorie, wonach nur Theta-Stellen lexikalisch gefüllt sein können, ist man gezwungen anzunehmen, daß "John" einer Theta-Position entspricht.

Auf der anderen Seite gestatten Adjektive wie *easy* solche Komplemente, bei denen das Subjekt im Matrixsatz keine Theta-Position einnehmen kann:


(4)             It is hard [to like John]


Die Lösung geht aus der Anwendung von *Reanalyse* auf (1) (a) hervor, die das Adjektiv und sein Komplement als ein komplexes Adjektiv "easy-to-please" behandelt. Man erhält (5) anstatt von (2)(b):


(5)             John is [AP [A easy to please] t$_i$]


Allerdings hebt sich diese Analyse entschieden von einer Reihe bisheriger Annahmen über die Natur der einzelnen Mitspieler der Konstruktion ab. Die Spur $t_i$ ist keine Variable mehr, sondern eine Anapher. Da aufgrund der Konvention über freie Indizierung durchaus die Möglichkeit besteht, die Spur mit John zu koindizieren, führt die Koindizierung zu einem grammatischen Satz. Anstatt eines Kontroll-Verhältnisses zwischen "John" und PRO wie in (2) (a) ist hier "John" das Antezedens der Anapher $t_i$.

Wie löst die Reanalyse das eingangs formulierte Paradoxon auf? Es braucht jetzt nicht angenommen zu werden, daß das Matrixsubjekt eine Theta-Stelle ist, weil sich die Spur in (5) in einer Theta-Position befindet und daher ihre Theta-Rolle auf seinen Antezedenten überträgt. Die Theta-Rolle von "John" muß nicht in der Tiefenstruktur spezifiziert werden, denn $t_i$ verleiht dem Matrixsubjekt seine Theta-Rolle, genauso wie bei Bewegungstransformationen. Konstruktionen wie (1) werden dadurch einer differenzierten TO-Erklärung zugänglich, weil sie auf der einen Seite durch die Art der Theta-Rollen-Zuweisung analog zu Konstruktionen sind, die durch Bewege-Alpha generiert werden, auf der anderen Seite aber kommen sie auf anderem Wege zustande, weil "idiom chunks" nicht in der Stelle des Matrix-Subjekts auftreten können.

Selbst diese mechanische Wiedergabe von Chomskys Argumentation deutet auf einige wichtige Eigenschaften seines TO-Erklärungsvorschlags hin. Wie Chomsky abschließend bemerkt, erfaßt die Analyse *alle einander widersprechenden früheren Vorschläge*, und *dadurch* wird das Paradoxon gelöst. Weiterhin macht Block in seiner kritischen Diskussion desselben Gedankengangs darauf aufmerksam, daß diese Lösung nur durch eine wesentliche Modifizierung der Spurentheorie hergeleitet werden kann. Trotz der Grundannahme der Spurentheorie, wonach eine Spur mit derjenigen NP koindiziert wird, die diese Spur hinterläßt, findet hier eine Koindizierung von $t_i$, das eine *Anapher* ist, mit "John" statt, wobei aber diese Elemente miteinander vor der Koindizierung nicht in Verbindung standen und trotzdem *derselbe Effekt* (nämlich, daß $t_i$ dem Matrix-Subjekt eine Theta-Rolle verleiht) erzielt wird, wie das bei der Relation "Spur — bewegte NP" der Fall ist. Die Fortsetzung der Argumentation bestätigt auf eine noch prägnantere Weise Chomskys Bereitschaft, selbst die wichtigsten allgemeinen Prinzipien in ihrer Gültigkeit einzuschränken, Ausnahmen oder solche empirische Befunde, die Widersprüche erzeugen, *in die Theorie zu integrieren* und *gerade dadurch* die TO-Erklärung herbeizuführen.

Die Reanalyse führt nämlich zu einem neuen Paradoxon: Sie ist eine Lösung, die selbst eine neue Anomalie erzeugt, und dies wird von Chomsky nicht als ein destruktives Resultat bewertet, sondern im Gegenteil, als ein weiterführendes Argument, das zu einer zu TO-Erklärungszwecken verwertbaren Feindifferenzierung des theoretischen Apparats beiträgt. Nach dem Projektionsprinzip muß ein Matrixsubjekt, das in die D-Struktur lexikalisch eingesetzt wird, eine Theta-Position darstellen; und das widerspricht dem Ergebnis. Also das Paradoxon: Die Konstruktion kann dann TO-erklärt werden, wenn das Matrix-Subjekt lexikalisch eingesetzt wird; wenn es aber lexikalisch eingesetzt wird, muß es eine Theta-Position sein, und dann ist die TO-Erklärung falsch. Der einzige Ausweg besteht darin, daß in diesem spezifischen Fall die lexikalische Einsetzung des Matrix-Subjekts im Bereich der S-Struktur erfolgt, während dies in allen übrigen Fällen nach wie vor in der D-Struktur geschieht. Das S-Prinzip, wonach die lexikalische Einsetzung nur im Bereich der D-Struktur vor sich gehen kann, ist eines der grundlegendsten S-Prinzipien der generativen Grammatik, das von Anfang an eine wesentliche Rolle spielte und lange Zeit hindurch als unangefochten galt — trotzdem ist Chomsky bereit, den Verstoß gegen dieses S-Prinzip im Interesse der Erfassung einer verhältnismäßig isolierten Erscheinung wie die kleine Gruppe der mit "easy" verwandten Adjektive zu legitimieren. Dieses Verfahren ist *typisch* für die Rektions- und Bindungstheorie, weil es sich eindeutig aus den Eigenschaften der S-Prinzipien bzw. aus den unter ihnen bestehenden S-Parametrisierungsrelationen ergibt: Um einer Menge von *Einzelerscheinungen,* die sich in Form von Ausnahmen, Anomalien, den bestehenden Generalisierungen widersprechenden Konstruktionen manifestieren, Rechnung zu tragen, wird ein allgemeines S-Prinzip soweit restringiert, bis es auch die "Anomalien" in das System aufzunehmen gestattet. Ein konstitutives Element der TO-Erklärungsstrategie ist *die Suche nach Anomalien,* die dann durch Revisionen in die Theorie integriert werden. Was dadurch entsteht, erhält den Status einer TO-Erklärung und wird positiv bewertet:

> In short, if we simplify the theory of lexical insertion, permitting to apply freely either at D- or S-structure, we see that the complex adjectival constructions we are now considering fill a gap in the pattern of possibilities. Chomsky (1981: 313)

Auf eine einfache Formel gebracht: *Zwischen der Anomalientoleranz und der Prinzipienorientiertheit der TO-Erklärungen besteht eine direkte Entsprechung.*

Um jetzt ein ähnliches Verhältnis zwischen der Intoleranz gegenüber Anomalien und der Regelorientiertheit von TO-Erklärungen nachzuweisen, sei dieses Ergebnis nun einer von R. S. Block unterbreiteten alternativen Lösung für das Problem der "easy"-Konstruktionen (Block 1986: 135-153) gegenübergestellt, die zwar verträglich mit der Standardtheorie, aber unverträglich mit der Rektions- und Bindungstheorie ist. Da Block aus seiner Analyse die Schlußfolgerung zieht, die Rektions- und Bindungstheorie stelle deshalb einen Rückschritt gegenüber der Standardtheorie dar, weil sie die Probleme, die in der Standardtheorie ohne die Integration der Ungereimtheiten in die Theorie hätten gelöst werden können, nur durch die bewußte Suche nach Gegebenheiten, die mit allgemeinen S-Prinzipien kollidieren und diese restringieren, zu lösen vermag, soll dann anschließend die Frage gestellt werden, inwieweit Blocks Bewertung der beiden TO-Erklärungsstrategien berechtigt ist.

Block untergliedert die Aufgabe in folgende drei Probleme:

(a) Wie trägt man den Infinitiven in den "easy"-Konstruktionen Rechnung?

(b) Wie behandelt man die Objekttilgung?

(c) Wie kann man die Tatsache erklären, daß "John" in den *easy*-Sätzen als Objekt des Verbs "please" fungiert?

Im Hinblick auf Punkt (a) besteht eine Wahl zwischen Equi und Anhebung. Aus Gründen, die Block ausführlich zu motivieren versucht, und auf die wir hier nicht eingehen können, entscheidet er sich für Anhebung.

Was das Problem (b) anbelangt, so wird unter Hinweis auf Downing (1978) davon ausgegangen, daß es bereits eine mit der Standardtheorie durchaus verträgliche Objekttilgungsregel gibt, nämlich die Koreferententilgung, die für die Herleitung etwa von (6) (b) aus (6) (a) verantwortlich ist:

(6)(a)            The man$_i$ [I saw the man$_i$ yesterday] was wearing a derby.

  (b)             The man$_i$ [I saw e$_i$ yesterday] was wearing a derby.


Um nachzuweisen, daß die Objekttilgung in (1) aufgrund derselben S-Regel erfolgt, muß ein Zwischenschritt durchgeführt werden: Da die Bedingung für die Anwendbarkeit der Koreferententilgung die Tatsache ist, daß der eingeklammerte Satz in (6) (b) in eine NP eingebettet ist, gilt zu zeigen, daß eine zugrundeliegende NP auch bei den Infinitiv-komplementen zu easy-Sätzen nachweisbar ist. Sätze wie


(7)                I have many difficult customers, but John is an easy one to please.


sind durchaus denkbar und damit steht die Voraussetzung zur Lösung des Problems (c) zur Verfügung. Folgende Baumstruktur wird vorgeschlagen:


(8)

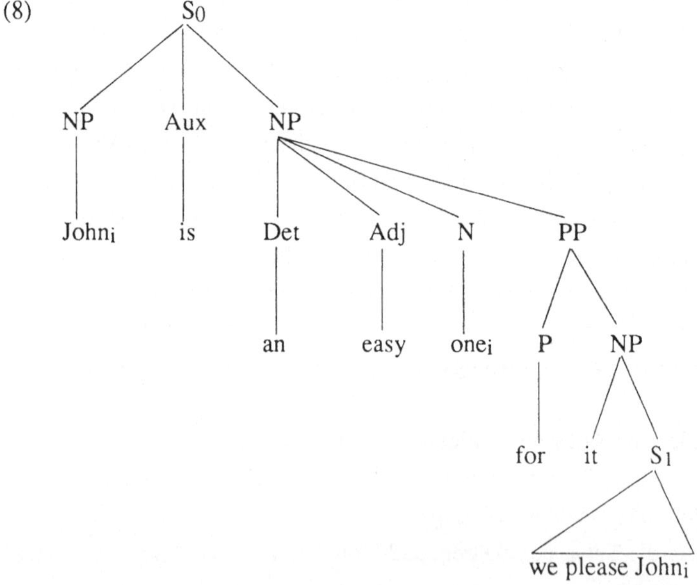



Erwartungsgemäß löscht dann Koreferententilgung "John" in S1, und durch "for"-Anhebung tritt "we" an die Stelle von "it"; ferner tilgt eine fakultative S-Regel "one$_i$" und "an". Diese Analyse löst Problem (c), indem sie der Tatsache Rechnung trägt, daß "John" als das Tiefenstrukturobjekt von "easy" fungiert. Nach Block ist diese Lösung in der Rektions- und Bindungstheorie unerreichbar, weil die zur TO-Erklärung der Grammatikalität der Konstruktion verwendeten S-Regeln mit den S-Prinzipien der letzteren nicht verträglich sind.

Wie läßt sich diese Argumentation und die sich daraus ergebende TO-Erklärung charakterisieren? Zum einen wurden nicht allgemeingültige S-Prinzipien, sondern sprachspezifische S-Regeln wie Koreferententilgung und "for"-Anhebung herangezogen und ins TO-Explanans eingefügt: Die TO-Erklärung ist strikt regelorientiert. Zum anderen hatte es Block darauf abgesehen nachzuweisen, daß *easy*-Konstruktionen Instanzen von *bereits existierenden* S-Regeln sind, und daß sie TO-erklärt werden können, ohne an diesen S-Regeln Modifikationen vorzunehmen oder sie durch andere zu ergänzen:

> Als allgemeines Kriterium für die Lösung wollen wir von plausiblen zugrundeliegenden Strukturen ausgehen und möglichst ohne die Hinzufügung neuer Regeln oder sogar Regeltypen auskommen. Block (1986:142)

Entsprechend sind auch Blocks Probleme, im Gegensatz zu denen Chomskys, keine Anomalien. Solche Probleme, die die bestehenden S-Regelformulierungen anfechten, werden von vornherein nicht formuliert, geschweige denn, gelöst. Es folgt: Blocks Lösung duldet keine Anomalien.

Damit haben wir veranschaulicht, daß *der regelorientierte TO-Erklärungstyp in der Tat abweisend gegenüber Anomalien ist.*

Wie verhält es sich mit Blocks Schlußfolgerung, die Rektions- und Bindungstheorie stelle einen Rückschritt gegenüber der Standardtheorie dar, weil die von Block vorgeschlagene Lösung dort nicht formuliert werden kann? Da, wie wir gesehen haben, der grundlegende Unterschied zwischen den beiden hier diskutierten TO-Erklärungen in der unterschiedlichen Haltung gegenüber Anomalien besteht, könnte die Regressivität der Rektions- und Bindungstheorie nur dann nachgewiesen werden, wenn Kriterien zur Verfügung stünden, die bestimmen, von welchem Grad der Anomlientoleranz an eine gewisse TO-Erklärung als rückschrittlich gilt. Da Block solche Kriterien nicht angeben kann, ja, dieses Problem nicht einmal erkennt, erweist sich seine Schlußfolgerung als durchaus *unbegründet.*

***

In 5.3 haben wir das motivationale TO-Prinzip (P9) ermittelt, das anschließend unter Hinweis auf Riley (1987) erläutert wurde. Wegen ihrer Wichtigkeit sollen diese Befunde durch eine analoge Interpretation des von Rileys Untersuchungen unabhängig entwickelten Gedankenganges von Forrai (1987) ausführlicher erörtert werden. Wenn es in dieser Fallstudie um das Verhältnis zwischen Chomskys Auffassung vom Menschen und einigen Grundbegriffen der generativen Syntax geht, so werden nicht die Ansichten eines individuellen Wissenschaftlers analysiert, sondern Chomsky soll stellvertretend für eine durch gewisse gemeinsame gesellschaftliche Interessen gekennzeichnete Gruppe von Menschen stehen. Ein solches Verfahren ist aufgrund der bekannten Untersuchungen von Sampson (1979) durchaus gerechtfertigt.


**Fallstudie:      Motivationales und Konzeptuelles in der grammatischen Begriffs-
             bildung**

Die Frage, ob zwischen Chomskys politischen und linguistischen Ansichten eine direkte Beziehung besteht, wird gewöhnlich verneinend beantwortet. Ein indirekter Zusammenhang läßt sich, wie dies in Forrai (1987) ausführlich gezeigt wird, dadurch nachweisen, daß sowohl Chomskys politische als auch seine linguistischen Ideen aus seiner Konzeption über die Eigenschaften des Menschen herzuleiten sind. Akzeptiert man die von Forrai diskutierten Fakten, so ergeben sich daraus folgende Konsequenzen für die Beschaffenheit einiger zentraler TO-Begriffe des Chomskyschen Unternehmens.

Chomsky verfügt über eine ausgeprägte Vorstellung über die Eigenschaften des Menschen. "Mensch" in diesem Sinne soll als ein Objekt verstanden werden, das den Mitgliedern einer TO-Gemeinschaft, also anderen Menschen unmittelbar perzipierbar, dessen Verhalten unmittelbar beobachtbar ist und dessen allgemeine Eigenschaften man Tag für Tag registrieren kann. Ein Teil des Menschen, der ebenfalls über gewisse Eigenschaften, aber über keine unmittelbar perzipierbaren verfügt, ist das, was Chomsky "sprachliche Kompetenz" nennt. Wenn nun Chomsky selbst des öfteren darauf hinweist, daß seine linguistische Auffassung aus seinen Ansichten über den Menschen hervorgeht, so bedeutet das etwa folgendes: Wenn $L$ (sprachliche Kompetenz) *ein Teil von M* (Mensch) ist, und $M$ über die Eigenschaft $A$ verfügt, dann verfügt auch $L$ über die Eigenschaft $A$ (s. auch Forrai 1987: 50). Nimmt man jetzt an, daß der TO-Begriff, der die I-Eigenschaft $A$ von "Mensch" konzeptualisiert, ein I-Modell im  Sinne von 5.3 ist, dann ergibt sich in unserem TM-modularen Rahmen, daß die konzeptuelle TO-Repräsentation einer unmittelbar feststellbaren I-Eigenschaft eines begrifflichen Bereichs, nämlich des Menschen, auf einen Teilbereich desselben verschoben wird. Unsere Hypothese besagt dann, daß dieser Prozeß Ergebnis der im Kapitel 3 ausführlich diskutierten Operation der *konzeptuellen Verschiebung* ist. Dadurch wird ermöglicht, angenommene Eigenschaften des Menschen auf die linguistische Kompetenz zu übertragen.

Ein erster einfacher Beleg dafür, daß diese Annahme einige der konstitutiven Grundideen der generativen Linguistik betrifft, ist der TO-Begriff der *Kreativität.* Da Kreativität eine zentrale Eigenschaft des Menschen ist, und Innovationen regelgeleitet sind, müssen sprachliche S-Regeln dazu dienen, die Herstellung einer unendlichen Zahl von Sätzen zu ermöglichen. Damit wird der TO-Begriff der Kreativität von dem konzeptuellen Bereich "Mensch" auf dessen Teilbereich "sprachliche Kompetenz" verschoben.

Ein zweites Beispiel mag etwa die Ansicht sein, daß Sprachkenntnis *regulär* ist. Dies steht im Konflikt mit den Ansichten der Deskriptivisten, mit denen sich Chomsky in seinen frühen Schriften auseinandersetzte, und, wie wir in 5.2 gesehen haben, auch mit den Thesen der Lexikalisten in einer späteren Periode. Wie Forrai bemerkt, ist diese Annahme jedoch nicht direkt überprüfbar, weil sowohl die Verfechter der irregulären Natur der Sprache als auch derjenige, der für ihre regelgeleitete Beschaffenheit eintritt, gleichermaßen in einen Teufelskreis geraten. Daher hängt die Akzeptabilität von Chomskys Annahme von einer anderen Annahme ab: Sie ergibt sich nicht als eine Generalisierung der Fakten, sondern daraus, daß nach Chomskys Ansicht die Kreativität des Menschen S-Regeln voraussetzt — daher muß Sprachkenntnis, insofern sie kreativ ist, grundsätzlich regelgeleitet sein.

Etwas komplizierter ist die Situation in einem dritten Fall, der Chomskys Theorie über den *Spracherwerb* betrifft. Im Gegensatz zu Skinner, dessen behavioristischer Ansatz das Erlernen der Sprache als einen Vorgang darstellt, in dem das Kind passiv auf Informationen aus seiner Umwelt reagiert (Skinner 1957), sieht Chomsky das Kind als einen aktiv handelnden Teilnehmer an, der es darauf abgesehen hat, die von ihm wahrgenommenen Daten mit seiner intern vorgegebenen sprachlichen Ausstattung auf die bestmögliche Weise in Einklang zu bringen (Chomsky 1959). Es ist unschwer zu erkennen, daß sich hinter dieser Ansicht eine typische Charakterisierung des Menschen verbirgt: Ist der Mensch ein im Rahmen der in seiner biologischen Ausstattung verankerten Möglichkeiten frei und kreativ handelndes Wesen, so erfolgt die Aneignung einer Sprache dadurch, daß das Kind seine Sprachkenntnis aufgrund von Entscheidungen erwirbt, die es innerhalb der von universellen S-Prinzipien festgesetzten Grenzen frei trifft.

Viertens hängt die Idee der Universalgrammatik, die dadurch zu kennzeichnen ist, daß sie die Form möglicher Grammatiken einschränkt, mit der Annahme zusammen, wonach der menschliche Geist über eine Struktur verfügt, die die Art der verarbeitbaren Information begrenzt. Genauso wie der Mensch die Informationen, die der Struktur des Geistes nicht entsprechen, nicht verwerten kann, so ist es auch unmöglich, solche Sprachen zu verwenden, die den S-Prinzipien der Universalgrammatik widersprechen.

Der letzte Gesichtspunkt, der hier erwähnt werden soll, ist das Bewertungskriterium der *Einfachheit*. Die Notwendigkeit dieses Prinzips geht in der frühen Fassung der generativen Grammatik aus dem Problem hervor, daß das Kind aus einer Anzahl von sowohl mit den Daten als auch mit den S-Prinzipien der Universalgrammatik verträglichen Grammatiken die beste auswählen muß. Nach Chomskys ursprünglicher Lösung soll die Universalgrammatik das Bewertungskriterium der Einfachheit zu diesem Zweck enthalten. Da nach Chomsky das Kriterium der Einfachheit weder eine ästhetische Kategorie darstellt, noch unseren intutiven Eindrücken über Einfachheit entspricht, sondern vielmehr eine empirisch zu entdeckende und beschreibende Erscheinung ist, handelt es sich dabei eigentlich, wie Forrai hervorhebt, um die Identifikation von Einfachheit mit Systematizität im Sinne Goodmans. Wenn demnach die beste Grammatik die am besten systematisierte ist, so dürfte wohl der Zusammenhang zwischen dieser Annahme und Chomskys Vorstellung darüber, daß das Verhalten des Menschen grundsätzlich regulär bestimmt ist, einleuchtend sein.

Dieser Überblick scheint eindeutig davon zu zeugen, daß TO-Begriffe, die nach Chomskys Anschauung zentrale Eigenschaften des Menschen betreffen, durch konzeptuelle Verschiebung auf ein teilweise anderes Gebiet, nämlich die Sprachkompetenz, die allerdings einen Teilbereich des Gebiets "Mensch" darstellt, übertragen werden. Nach Chomsky ist der Mensch ein *freies* Wesen, das innerhalb der in seiner biologischen Ausstattung vorgegebenen *systematischen Einschränkungen kreativ* handelt. Sprachkompetenz ist etwas, was durch TO-Begriffe wie *Universalgrammatik, Regularität, Einfachheit, Kreativität* und *Spracherwerb* im erläuterten Sinne gekennzeichnet ist. (Als Illustration vgl. das Schema (1))

Insofern dieses Beispiel dafür spricht, daß die zentralen Grundbegriffe der Standardtheorie durch konzeptuelle Operationen mit einem *I-Modell*, nämlich dem Begriff des Menschen verwandt sind, stellt sich die Frage nach der motivationalen Bestimmtheit dieser Prozedur.

Offensichtlich geht es dabei darum, daß das I-Modell nicht alle Eigenschaften des Menschen auf die Sprache überträgt, sondern nur einige ganz bestimmte und systematisch ausgewählte I-Eigenschaften. Diese Auswahl muß, in Einklang mit unseren früheren Feststellungen, durch gewisse handfeste Werturteile, Interessen, Ziele usw. erfolgen. Die Spielarten der in Frage kommenden Interessen sind aber sehr heterogen.

Ein direkter Zusammenhang zwischen gesellschaftlichen Interessen und den TO-Begriffen läßt sich nämlich allein im Fall von Chomskys TO-Begriff des Spracherwerbs eindeutig beobachten. Wenn nach Skinners Auffassung die Kenntnisse eines Individuums vollständig duch externe Faktoren determiniert werden, dann bedeutet das, daß der Mensch manipulierbar, beeinflußbar und ohne freien Willen ist. Das zieht die Möglichkeit der Ausbeutung und Unterdrückung des Menschen nach sich. Wenn aber, nach Chomskys Ansicht, der Mensch über ein System von internen mentalen Strukuren verfügt, wird die Rolle von externen Faktoren bei der Bestimmung seines Handelns reduziert, und demnach entfaltet sich ein ganz anderes Bild: Der Mensch hat die Möglichkeit und das Recht, frei zu handeln und jeder Art von Manipulation und Unterdrückung zu widerstehen. Somit ergibt sich, daß Chomskys TO-Begriff des Spracherwerbs eng mit seinem Begriff vom Menschen zusammenhängt, und dieser wurde wiederum durch ein klar definierbares politisches Interesse motiviert.

Bei der Auswahl der anderen I-Eigenschaften geht es anscheinend um andersartige Interessen, wie etwa spezifische Erkenntnisinteressen. Anstatt diese auszubuchstabieren, wollen wir uns mit der Feststellung begnügen, daß die hier dargestellte Interpretation von Forrais Beobachtungen das im Abschnitt 5.3 angenommene Zusammenspiel konzeptueller und motivationaler TO-Prinzipien bei der Bestimmung der generativ-grammatischen TO-Begriffsbildung wenn auch nicht bestätigt, aber zumindest als plausibel erscheinen läßt.

(1)

M = I-Modell "Mensch"

L = Sprachkompetenz

I-Eigenschaften:

$A_1$ = Kreativität

$A_2$ = Regularität

$A_3$ = Freiheit

$A_4$ = Restringiertheit

$A_5$ = Systematizität

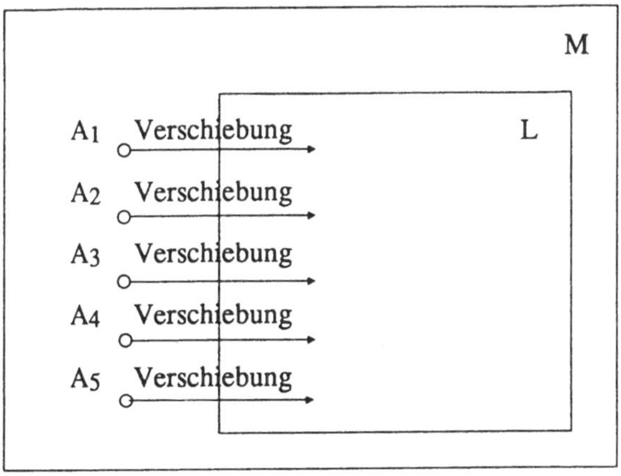

M

L

A1   Verschiebung

A2   Verschiebung

A3   Verschiebung

A4   Verschiebung

A5   Verschiebung

**Verzeichnis der logischen Symbole**

| | |
|---|---|
| - | nicht |
| & | und |
| $\rightarrow$ | wenn...., dann |
| $\forall x$ | für alle $x$ |
| $\exists x$ | es gibt ein $x$ |
| = | identisch |
| $^\wedge x$ | Lambda-Abstraktion |
| $(x_1,...,x_n)$ | Klasse mit den Elementen $x_1,...,x_n$ |
| $\varepsilon$ | ist Element von |
| $\subset$ | ist Teilmenge von |

# Literaturverzeichnis


Abraham, W. 1986. Pragmatik: Forschungsüberblick, Begriffsbildung. In: Weiss, W.E. - Wiegand, H. - Reis, M. (Hrsg.) Akten des VII. Kongresses der Internationalen Vereinigung für germanische Sprach- und Literaturwissenschaft. Göttingen, Bd. 3. Tübingen: Niemeyer, 1986, 270-286.

Abraham, W. (Hrsg.) 1982. Satzglieder im Deutschen. Vorschläge zur syntaktischen, semantischen und pragmatischen Fundierung. Tübingen: Narr, 1982.

Abraham, W. (Hrsg.) 1985. Erklärende Syntax des Deutschen. Tübingen: Narr, 1985.

Achinstein, P. 1983. The Nature of Explanation. New York - Oxford: Oxford University Press, 1983.

Andresen, H. 1974. Der Erklärungsgehalt linguistischer Theorien. München: Hueber, 1974.

Aoun, J. - Sportliche, D. 1983. On the Formal Theory of Government. In: The Linguistic Review 2 (1983), 211-236.

Apel, K-O. 1973. Noam Chomskys Sprachtheorie und die Philosophie der Gegenwart. In: Apel (1973a), 220-263.

Apel, K-O. 1973a. Transformation der Philosophie, Band 2: Das Apriori der Kommunikationsgemeinschaft. Frankfurt/Main: Suhrkamp, 1973.

Balzer, W. - Göttner, H. 1983. Eine logisch rekonstruierte Literaturtheorie: Roman Jakobson. In: Balzer, W. - Heidelberger, M. (Hrsg.) Zur Logik empirischer Theorien. Berlin - New York: de Gruyter, 1983, 304-331.

Bambrough, R. 1966. Universals and Family Resemblances. In: Pitcher, G. (Hrsg.): Wittgenstein: The "Philosophical Investigations". Garden City, N.Y.: Anchor Books, 1966, 186-204.

Barnes, B. 1977. Interests and the Growth of Knowledge. London: Routledge and Kegan Paul, 1977.

Barnes, B. 1982. T. S. Kuhn and Social Science. New York: Columbia University Press, 1982.

Barnes, B. 1985. About Science. Oxford: Blackwell, 1985.

Barnes, B. - Bloor, D. 1982. Relativism, Rationalism and the Sociology of Knowledge. In: Hollis - Lukes (Hrsg.) 1982, 21-47.

Barnes, B. - Law, J. 1976. Whatever Should Be Done with Indexical Expressions. In: Theory and Society 3(1976), 223-237.

Barnes, B. - MacKenzie, D. 1979. On the Role of Interests in Scientific Change. In: Wallis, R. (Hrsg.) On the Margins of Science: The Social Construction of Rejected Knowledge. Keele: University of Keele, 1979.

Bennett, L. J. 1990. Modularity of Mind Revisited. In: British Journal for the Philosophy of Science 41(1990), 429-436.

Bense, E. 1978. Die Beurteilung linguistischer Theorien. Tübingen: Narr, 1978.

Berwick, R. C. - Weinberg, A.S. 1984. The Grammatical Basis of Linguistic Performance: Language Use and Acquisition. Cambridge, Mass.: MIT Press, 1984.

Bierwisch, M. 1979. Wörtliche Bedeutung: Eine pragmatische Gretchenfrage. In: Grewendorf, G. (Hrsg). Sprechakttheorie und Semantik. Frankfurt: Suhrkamp, 1979, 119-148.

Bierwisch, M. 1980. Semantic Structure and Illocutionary Force. In: Searle, J.R.- Kiefer,F. - Bierwisch, M. (Hrsg.) Speech Act Theory and Pragmatics. Dordrecht: Reidel, 1980, 1-36.

Bierwisch, 1981. Die Integration autonomer Systeme: Überlegungen zur kognitiven Linguistik. Manuskript. Berlin, 1981.

Bierwisch, M. 1982. Sprache als kognitives System: Thesen zur theoretischen Linguistik. In: Deutsch als Fremdsprache 19(1982), 139-144.

Bierwisch, M. 1983. Essays in the Psychology of Language. (=Linguistische Studien des Zentralinstituts für Sprachwissenschaft der Akademie der Wissenschaften der DDR, Reihe A Nr. 114) Berlin, 1983.

Bierwisch, M. 1983a. Semantische und konzeptuelle Repräsentation lexikalischer Einheiten. In: Růžička, R. - Motsch, W. (Hrsg.) . Untersuchungen zur Semantik (studia grammatica XXII), Berlin: Akademie-Verlag, 1983, 61-100.

Bierwisch, M. 1987. Linguistik als kognitive Wissenschaft: Erläuterungen zu einem Forschungsprogramm. In: Zeitschrift für Germanistik 8(1987), 645-667.

Bierwisch, M. 1989. Probleme der biologischen Erklärung natürlicher Sprache. Manuskript. Berlin, 1989.

Bierwisch, M. 1990. Beobachtungen zur Situation der Linguistik in der DDR. In: Zeitschrift für Phonetik, Sprachwissenschaft und Kommunikationsforschung 43(1990), 533-548.

Bierwisch, M. - Lang, E. 1987. Etwas länger—viel tiefer—immer weiter: Epilog zum Dimensionsadjektive-projekt. In: Bierwisch, M. - Lang, E. (Hrsg.) 1981, 649-691.

Bierwisch, M. - Lang, E. (Hrsg.) 1987. Grammatische und konzeptuelle Aspekte von Dimensionsadjektiven (studia grammatica XXVI+XXVII). Berlin: Akademie-Verlag, 1987.

Birnbacher, D. - Burckhardt, A. (Hrsg.) 1985. Sprachspiel und Methode: Zum Stand der Wittgenstein-Diskussion. Berlin - New York: de Gruyter, 1985.

Block, R. L. 1986. Revolution und Revision in der generativen Theoriebildung. Tübingen: Narr, 1986.

Bloor, D. 1976. Knowledge and Social Imagery. London: Routledge and Kegan Paul, 1976.

Bloor, D. 1982. Durkheim and Mauss Revisited: Classification and the Sociology of Knowledge. In: Stud. Hist. Phil. Sci. 13(1982), 267-297 .

Bloor, D. 1983. Wittgenstein: A Social Theory of Knowledge. London: Macmillan, 1983.

Bloor, D. 1988. Rationalism, Supernaturalism and the Sociology of Knowledge. In: Hronszky, I. et. al. (Hrsg.) 1988, 59-74.

Boas, H. U. 1984. Formal versus Explanatory Generalizations in Generative Transformational Grammar: An Investigation into Generative Argumentation. Tübingen: Niemeyer, 1984.

Bonjour, L. 1985. The Structure of Empirical Knowledge. Cambridge, Mass.: Harvard University Press, 1985.

Botha, R. P. 1981. The Conduct of Linguistic Inquiry: A Sytematic Introduction to the Methodology of Generative Grammar. The Hague: Mouton, 1981.

Bresnan, J. (Hrsg.) 1982. The Mental Representation of Grammatical Relations. Cambridge, Mass.: MIT Press, 1982.

Brown, H. J. 1988. Normative Epistemology and Naturalized Epistemology. In: Inquiry 31(1988), 53-78.

Brown, J. R. (Hrsg.) 1984. Scientific Rationality: The Sociological Turn. Dordrecht: Reidel, 1984.

Carnap, R. - Stegmüller, W. 1959. Induktive Logik und Wahrscheinlichkeit. Wien: Springer, 1959.

Chomsky, N. 1957. Syntactic Structures. The Hague: Mouton, 1957.

Chomsky, N. 1959. Review of Skinner, Verbal Behaviour. In: Language 35(1959), 26-58.

Chomsky, N. 1965. Aspects of the Theory of Syntax. Cambridge, Mass.: MIT Press, 1965.

Chomsky, N. 1972. Studies on Semantics in Generative Grammar. The Hague: Mouton, 1973.

Chomsky, N. 1973. Conditions on Transformations. In: Anderson, S.R. - Kiparsky, P. (Hrsg.) A Festschrift for Morris Halle. Holt, Reinhart and Winston, Inc. 1973, 232-286.

Chomsky, N. 1974. Einige empirische Annahmen in der modernen Sprachphilosophie. In: Grewendorf, G. - Meggle, G. (Hrsg.) 1974, 313-352.

Chomsky, N. 1974a. Linguistik und Philosophie. In: Grewendorf, G. - Meggle, G. (Hrsg.) 1974, 269-312.

Chomsky, N. 1977. On WH-Movement. In: Culicover, P. - Wasow, T. - Akmajian, A. (Hrsg.). Formal Syntax. New York: Akademic Press, 1977, 71-132.

Chomsky, N. 1980. Rules and Representations. Oxford: Blackwell, 1980.

Chomsky, N. 1980a. On Binding. In: Linguistic Inquiry 11(1980), 1-46.

Chomsky, N. 1981. Lectures on Government and Binding. Dordrecht: Foris, 1981.

Chomsky, N. 1986. Knowledge of Language. Its Nature, Origin and Use. New York: Praeger, 1986.

Chomsky, N. 1986a. Barriers. Cambridge, Mass.: MIT Press, 1986.

Chomsky, 1988. A Personal View. Manuskript. Cambridge, Mass.

Chomsky, N. 1988a. Some Notes on Economy of Derivation and Representation. Manuskript. Cambridge, Mass.

Cohen, D. (Hrsg.) 1974. Explaining Linguistic Phenomena. Washigton: John Wiley and Sons, 1974.

Dahl, Ö. 1980. Is Linguistics Empirical? A Critique of Esa Itkonen's "Linguistics and Metascience". In: Perry, Th. A. (Hrsg.) 1980, 133-145.

Davidson, D. - Harman, G. (Hrsg.) 1972. Semantics of Natural Language. Dordrecht: Reidel, 1972.

Davidson, D. - Hintikka, J. (Hrsg.) 1969. Words and Objections: Essays on the Work by W. V. Quine. Dordrecht: Reidel, 1969.

Dirven, R. - Goossens, L. - Putseys, Y. - Vorlat, E. 1982. The Scene of Linguistic Action and Its Perspectivization by Speak, Talk, Say and Tell. Amsterdam: Benjamins, 1982.

Dixon, R. W. 1963. Linguistic Science and Logic. The Hague: Mouton, 1963.

Downing, B. T. 1978. Some Universals of Relative Clause Structure. In: Greenberg, J. (Hrsg.) Universals of Human Language. Stanford, Cal.: Stanford University Press, 1978, Band IV. 375-418.

Durkheim, E. 1938. The Rules of Sociological Method. New York: The Free Press, 1938.

Douglas, M. 1975. Implicit Meanings. Essays in Anthropology. London: Routledge and Kegan Paul, 1975.

Fanselow, G. 1989. Die Autonomie der Syntax. Überlegungen zur Biologie und Evolution der Grammatik. Vortragsskizze für das Symposium "Biologische und soziale Grundlagen der Sprache", Jena, Oktober 1989.

Fanselow, G. - Felix, S. 1987. Sprachtheorie 1-2. Tübingen: Francke, 1987.

Farmer, A. K. - Harnish, R. M. 1985. Pragmatics and the Modularity of the Linguistic System. In: Lingua 63(1985), 255-277.

Fehér, M. 1984. A posztpozitivista tudományfilozófia válsága. (A tudomány fejlödésének problémája a 70-es évek angolszász tudományfilozófiájában) In: Magyar Filozófiai Szemle 1984, 559-593.

Fehér, M. 1986. A tudásszociológia mint tudományelmélet. In: Janus 1(1986), 45-58.

Fehér, M. 1988. Epistemology Naturalized vs. Epistemology Socialized. In: Hronszky, I. et. al. (Hrsg.) 1988, 75-96.

Feyerabend, P. 1962. Explanation, Reduction and Empiricism. In: Feigl, H. - Maxwell G. (Hrsg.) Minnesota Studies in the Philosophy of Science. Minneapolis: University of Minnesota Press, 1962, 28-97.

Fillmore, Ch. J. 1972. On Generativity. In: Peters, S. (Hrsg.) Goals of Linguistic Theory. Englewood Cliffs, N.J.: Prentice Hall, 1972, 1-19.

Finke, P. 1979. Grundlagen einer linguistischen Theorie: Empirie und Begründung in der Sprachwissenschaft. Braunschweig - Wiesbaden: Vieweg, 1979.

Finke, P. 1982. Konstruktiver Funktionalismus: Die wissenschaftstheoretische Basis einer empirischen Theorie der Literatur. Braunschweig - Wiesbaden: Vieweg, 1982.

Finke, P. 1983. Politizität: Zum Verhältnis von theoretischer Härte und praktischer Relevanz in der Sprachwissenschaft. In: ders. (Hrsg.) Sprache im politischen Kontext: Ergebnisse aus Bielefelder Forschungsprojekten zur Anwendung linguistischer Theorien. Tübingen: Niemeyer, 1983, 15-75.

Finke, P. 1986. Wissenschaften sind Ökosysteme. Kreative Potentiale der Ökologie für die Innovation der Wissenschaftstheorie. Manuskript. Bielefeld, 1986.

Fodor, J. A. 1983. The Modularity of Mind. Cambridge, Mass.

Forrai G. 1987. The Role of Metaphor in the Birth of Generative Grammar. In: Doxa 9(1987), 49-56.

Fries, N. 1987. Satzmodus zwischen Grammatik und Pragmatik. Seminar, Universität Tübingen, Wintersemester 1987/88.

Fries, N. 1989. Aspekte der Erforschung des Grammatik-Pragmatik-Verhältnisses. In: Zeitschrift für Germanistik 10(1989), 293-308.

Gärdenfors, P. 1980. A Pragmatic Approach to Explanation. In: Philosophy of Science 47(1980), 405-423.

Garfield, J. L. (Hrsg.) 1987. Modularity in Knowledge Representation and Natural Language Understanding. Cambridge, Mass.: MIT Press, 1987.

Gazdar, G. - Klein, E. - Pullum, G. - Sag, I. 1985. Generalized Phrase Structure Grammar. Oxford: Blackwell, 1985.

Geier, M. 1976. Wissenschaftstheoretische Überlegungen zum linguistischen Strukturalismus als einer Sprachkompetenztheorie. In: Geier, M. - Kohrt, M. - Küper, Chr. - Marschallek, F. (Hrsg.) Sprache als Struktur: Eine kritische Einführung in Aspekte und Probleme der generativen Transformationsgrammatik. Tübingen: Niemeyer, 1976, 60-91.

Gellatly, A. 1980. Logical Necessity and the Strong Programme for the Sociology of Knowledge. In: Stud. Hist. Phil. Sci. 10(1980), 325-339.

Gellatly, A. 1988. Influences on The Conception of Logic and Mind. In: Hronszky, I. et. al. (Hrsg.) 1988, 245-263.

Ginev, D. - Polikarov A. 1988. The Scientification of Methodology of Science. In: Zeitschrift für allgemeine Wissenschaftstheorie 19(1988), 18-25.

Giere, R. N. 1985. Philosophy of Science Naturalized. In: Philosophy of Science 52(1985), 331-356.

Göttner, H. - Jacobs, J. 1978. Der logische Bau von Literaturtheorien. München: Fink, 1978.

Goldsmith, J. 1976. Autosegmental Phonology. Diss., MIT. Bloomington: Indiana University Linguistics Club, 1976.

Grewendorf, G. 1985. Sprache als Organ und Sprache als Lebensform: Zu Chomskys Wittgenstein-Kritik. In: Birnbacher, D. - Burckhardt, A. (Hrsg.)1985. 89-129.

Grewendorf, G. 1988. Aspekte der deutschen Syntax: Eine Rektions-Bindungs-Analyse. Tübingen: Narr, 1989.

Grewendorf, G. - Hamm, G. - Sternefeld, W. 1987. Sprachliches Wissen: Eine Einführung in moderne Theorien der grammatischen Beschreibung. Frankfurt: Suhrkamp, 1987.

Grewendorf, G. - Meggle, G. (Hrsg.) 1985. Linguistik und Philosophie. Frankfurt/M: Suhrkamp, 1974.

Guiness, B. F. M. (Hrsg.) 1967. Wittgenstein und der Wiener Kreis von Friedrich Waismann. In: Wittgenstein, L. (1967) Schriften, Band 3. Frankfurt/M.: Suhrkamp, 1967.

Haider, H. 1991. Deutsche Syntax—generativ: Prinzipien und Parameter. Tübingen: Narr, 1990.

Hale, K. 1983. Warlpiri and the Grammar of Non-Configurational Languages. In: Natural Language and Linguistic Theory 1(1983), 5-47.

Hanna, J. F. 1968. An Explication of "Explication". In: Philosophy of Science 35(1968), 28-44.

Hansson, B. 1979. Explanations—Of What? Manuskript. Lund, 1979.

Harding, S. (Hrsg.) 1976. Can Theories Be Refuted? Essays on the Duhem-Quine Thesis. Dordrecht: Reidel, 1975.

Helman, D. H. (Hrsg.) 1988. Analogical Reasoning. Dordrecht: Kluwer, 1988.

Hempel, C. G. 1965. Aspects of Scientific Explanation and other Essays in the Philosophy of Science. New York: Free Press, 1965.

Hesse, M. 1963. Models and Analogies in Science. London: Sheed and Ward, 1963.

Hesse, M. 1972. The Explanatory Function of Metaphor. In: Bar-Hillel, J. (Hrsg.) Logic, Methodology and Philosophy of Science. Amsterdam: North-Holland: 1972, 249-259.

Hesse, M. 1974. The Structure of Scientific Inference. London: Macmillan, 1974.

Hesse, M. 1980. The Strong Thesis of Sociology of Science. In: Hesse, M. 1980. Revolutions and Reconstructions in the Philosophy of Science. London: Harvester, 1980, 29-60.

Hesse, M. 1982. Comments on the Papers of David Bloor and Steven Lukes. In: Stud. Hist. Phil. Sci. 13(1982), 325-331.

Hesse, M. 1985. Texts without Types and Lumps without Laws. In: New Literary History 17(1985), 31-55.

Hesse, M. 1988. Socializing Epistemology. In: Hronszky, I. et. al. (Hrsg.) 1988, 3-26.

Hesse, M. 1988a. Theory, Family Resemblances and Analogy. In: Helman D.H. (Hrsg.) 1988, 317-340.

Hesse, M. 1988b. Socializing Epistemology. In: Mc.Mullin (Hrsg.) 1988, 97-122.

Hockett, Ch. 1966. Language, Mathematics, and Linuistics. The Hague: Mouton, 1966

Höhle, T. N. 1982. Explikation für "normale Betonung" und "normale Wortstellung". In: Abraham, W. (Hrsg.) 1982, 75-154.

Höhle, T. N. 1987. Syntax anaphorischer Ausdrücke. Seminar. Universität Tübingen, Wintersemester 1987/88.

Hollis, M. - Lukes, S. (Hrsg.) 1982. Rationality and Relativism. Oxford: Blackwell, 1982.

Hronszky, I. - Fehér, M. - Dajka, B. (Hrsg.) 1988. Scientific Knowledge Socialized. Dordrecht: Kluwer und Budapest: Akadémiai Kiadó, 1988.

Hyams, N. 1986. Language Acquisition and the Theory of Parameters. Dordrecht: Reidel, 1986.

Hyams, N. 1988. The Theory of Parameters and Syntactic Development. In: Roeper, Th. - E. Williams (Hrsg.) 1988, 1-22.

Itkonen, E. 1972. Concerning the Methodological Status of Linguistic Descriptions. In: Linguistics and The Philosophy of Science, KVAL PM Ref. No. 729, 1972, 31-41.

Itkonen, E. 1975. Transformational Grammar and the Philosophy of Science. In: Koerner, E.F.K. (Hrsg.) The Transformational-Generative Paradigm and Modern Linguistic Theory. Amsterdam: Benjamins, 1975, 381-447.

Itkonen, E. 1976. Was für eine Wissenschaft ist die Linguistik eigentlich? In: Wunderlich, D. (Hrsg.) 1976, 56-76.

Itkonen, E. 1978. Grammatical Theory and Metascience, Amsterdam: Benjamins, 1978.

Itkonen, E. 1983. Causality in Linguistic Theory. London: Croom Helm, 1983.

Jackendoff, R. 1983. Semantics and Cognition. Cambridge, Mass.: MIT Press, 1983.

Jacobsen, B. 1986. Modern Transformational Grammar with Particular Reference to the Theory of Government and Binding. Amsterdam: North-Holland,1986.

Jaeggli, O. - Safir, K. 1989. The Null Subject Parameter and Parametric Theory. In: Jaeggli, O. - Safir, K. (Hrsg.) 1989, 1-44.

Jaeggli, O. - Safir, K. (Hrsg.) 1989. The Null Subject Parameter. Dordrecht: Kluwer, 1989.

Janssen, H. 1982. Linguistische Erklärung und Bewertung: Zur Struktur generativer Theorien. Frankfurt/M: Peter Lang, 1982.

Johnson-Laird, P. N. 1980. Mental Models in Cognitive Science. In: Cognitive Science 4(1980), 71-115.

Johnson-Laird, P. M. 1983. Mental Models. Cambridge: Cambridge University Press, 1983

Kantorovich, A. 1988. Philosophy of Science: From Justification to Explanation. In: British Journal for the Philosophy of Science 39, 469-494.

Kasher, A. (Hrsg.) 1976. Language in Focus. Dordrecht: Reidel, 1976.

Katz. J. J. 1966. The Philosophy of Language. New York - London: Harper and Row, 1966.

Katz, J. J. 1972. Semantic Theory. New York: Harper & Row, 1972.

Kertész, A. 1988. Zur Bewertung der pragmatischen Erklärungsmodelle. In: Zeitschrift für allgemeine Wissenschaftstheorie 19(1988), 239-251.

Kertész, A. 1988a. On the Explanatory Potential of Nontheoretical Information in Linguistics: An Exercise in Methodological Analysis. In: Papiere zur Linguistik 38(1988), 33-50.

Kertész, A. 1989. Wissenschaftstheorie und Modularität: Eine Pilotstudie über vortheoretische Information und funktionale Erklärungen in der Linguistik. In: Grazer Linguistische Studien 31(1989), 67-88.

Kertész, A. 1990. Wittgensteins Kohärentismus und das "Starke Programm" der Wissenssoziologie. In: Philosophisches Jahrbuch 97(1990), 172-181.

Kertész, A. 1990a. Review of J. Klein, Die konklusiven Sprechhandlungen. In: Journal of Pragmatics 14(1990), 340-345.

Kertész, A. 1990b. Chomsky, Wittgenstein, Bloor: Zum Problem einer wissenssoziologischen Metatheorie der Linguistik. In: Zeitschrift für philosophische Forschung 44(1990), 68-84.

Kertész, A. 1990c. Bemerkungen zu einer modularen Wissenschaftstheorie der theoretischen Linguistik. In: Zeitschrift für Phonetik, Sprachwissenschaft und Kommunikationsforschung 43(1990), 762-771.

Kertész, A. 1990d. Begriffsexplikation und Tatsachenerklärung in der generativen Grammatik. Die heuristische Basis einer modularen Wissenschaftstheorie der theoretischen Linguistik. Manuskript. Debrecen, 1990.

Kertész, A. 1990e. Grammar, Pragmatics and Modularity. In: Journal of Pragmatics 14(1990), 957-969.

Kiefer, F. 1985. A nyelvtudomány néhány tudományelméleti-módszertani kérdése, I. rész. In: Tertium non datur 2(1985), 37-66.

Kiparsky, P 1982. From Cyclic Phonology to Lexical Phonology. In: Hulst, H. van der - Smith, N. (Hrsg.) The Structure of Phonological Representations (Part I). Dordrecht: Foris, 1982, 131-175.

Klein, J. 1987. Die konklusiven Sprechhandlungen. Studien zur Pragmatik, Semantik, Syntax und Lexik von BEGRÜNDEN, ERKLÄREN-WARUM, FOLGERN und RECHTFERTIGEN. Tübingen: Niemeyer, 1987.

Klima, E. S. 1964. Negation in English. In: Fodor, J.A. - Katz, J.J. (Hrsg.) The Structure of Language. Readings in the Philosophy of Language. Englewood Cliffs, N.J.: Prentice Hall, 1964, 246-323.

Klüver, J. 1977. Einige Bemerkungen zur wissenschaftstheoretischen Diskussion in der Linguistik. In: Osnabrücker Beiträge zur Sprachtheorie 3 (1977), 15-26.

Knorr-Cetina, K. 1988. The Internal Environment of Knowledge Claims: One Aspect of the Knowledge-Society Connection. In: Argumentation 2(1988), 369-389.

Kornblith, H. (Hrsg.) 1985. Naturalized Epistemology. Dordrecht: Kluwer, 1985.

Kripke, S. 1987. Wittgenstein über Regeln und Privatsprache. Eine elementare Darstellung. Frankfurt/M: Suhrkamp, 1987.

Kuhn, T. S. 1970. The Structure of Scientific Revolutions. Chicago: The University of Chicago Press, 1970.

Kutschera, F. von 1975. Sprachphilosophie. München: Fink, 1975.

Lakatos, I. 1971. History of Science and Its Rational Reconstructions. In: Buck, R. C. - Cohen, R. S. (Hrsg.) PSA 1970. Dordrecht: Reidel, 1971, 91-136.

Lang, E. 1985. Symmetrische Prädikate - Lexikoneintrag und Interpretationsspielraum. Eine Fallstudie zur Semantik der Personenstandslexik. LS/ZISW/A, Reihe A/127, 1985, 75-112.

Lang, E. 1987. Semantik der Dimensionsauszeichnung räumlicher Objekte. In: Bierwisch, M. - Lang, E. (Hrsg.) 1987, 287-458.

Lang, E. (Hrsg.) 1988. Studien zum Satzmodus I. Berlin: Zentralinstitut für Sprachwissenschaft der Akademie der Wissenschaften der DDR, 1988.

Langacker, R. W. 1969. On Pronominalization and the Chain of Command. In: Reibel, D.A. - Schane S.A. (Hrsg.). Modern Studies in English: Readings in Transformational Grammar. Englewood Cliffs, N.J.: Prentice Hall, 1969, 160-186.

Lasnik, H. 1976. Remarks on Coreference. In: Linguistic Analysis 2(1976), 1-22.

Laudan, L. 1984. The Pseudo-science of Science? In: Brown, J.R. (Hrsg.) 1984, 41-74.

Leech, G. 1983. Principles of Pragmatics. London: Longman, 1983.

MacKenzie, D. 1978. Statistical Theory and Social Interests: A Case Study. In: Social Studies of Science 8(1978), 35-83.

MacKenzie, D. 1981. Statistics in Britain 1865-1930. Edinburgh: Edinburgh University Press, 1981.

Mannheim, K. 1936. Ideology and Utopia. London: Routledge and Kegan Paul, 1936.

Marr, D. 1982. Vision. San Francisco: Freeman, 1982.

May, R. 1985. Logical Form: Its Structure and Derivation. Cambridge, Mass.: MIT Press, 1985.

McCarthy, T. 1988. Scientific Rationality and the "Strong Program" in the Sociology of Knowledge. In: McMullin (Hrsg.) 1988, 75-95.

McMullin, E. (Hrsg.) 1988. Construction and Constraint. The Shaping of Scientific Rationality. Notre Dame: University of Notre Dame Press, 1988.

Meibauer, J. (Hrsg.) 1987. Satzmodus zwischen Grammatik und Pragmatik, Tübingen: Niemeyer, 1987.

Montague, R. 1974. Formal Philosophy: Selected Papers of Richard Montague. New Haven: Yale University Press, 1974.

Moser, P. K. 1985. Empirical Justification. Dordrecht: Reidel, 1985.

Müller, H.M. 1987. Evolution, Kognition und Sprache. Die Evolution des Menschen und die biologischen Grundlagen der Sprachfähigkeit. Berlin - Hamburg: Paul Parey

Mulkay, M. 1979. Knowledge and Utility: Implications for the Sociology of Knowledge. In: Social Studies of Science 9(1979), 63-80.

Newmeyer, F. J. 1986. Linguistic Theory in America. New York: Academic Press, 1986.

Newmeyer, F. J. 1986a. The Politics of Linguistics. Chicago: The University of Chicago Press, 1986.

Newmeyer, F. J. 1988. Rules and Representations in the Development of Generative Syntax. Manuskript. Washington, 1988.

Niiniluoto, I. 1981. Language, Norms, and Truth. In: Acta Philosophica Fennica 32(1981), 168-189.

Nola, R. 1990. The Strong Programme for the Sociology of Science, Reflexivity and Relativism. In: Inquiry 33(1990), 273-296.

Nunberg, G. 1979. The Non-Uniqueness of Semantic Solutions: Polysemy. In: Linguistics and Philosophy 3(1979), 143-184.

Oesterreicher, W. 1979. Sprachtheorie und Theorie der Sprachwissenschaft. Heidelberg: Carl Winter, 1979.

Perry, J. 1980. Evidence and Argumentation in Linguistics. Berlin - New York: de Gruyter, 1980.

Pickering, A. 1984. Constructing Quarks. Edinburgh: Edinburgh University Press, 1984.

Postal, P. 1964. Constituent Structure: A Study of Contemporary Models of Syntactic Description. The Hague: Mouton, 1964.

Pylyshin, Z. W. 1985. Computation and Cognition. Towards a Foundation of Cognitive Science. Cambridge, Mass: MIT Press, 1985.

Quine, W. V. O. 1969. Epistemology Naturalized. In: ders. Ontological Relativity and Other Essays. New York: Columbia University Press, 1969, 69-90.

Quine, W. V. O. 1975. On Empirically Equivalent Systems of the World. In: Erkenntnis 9(1975), 313-328.

Quine, W. V. O. 1978. Methods of Logic. London: Routledge and Kegan Paul, 1978.

Reichling, A. 1961. Principles and Methods in Syntax: Cryptanalytical Formalism. In: Lingua 10(1961), 1-17.

Reinhart, T. 1974. Syntax and Coreference. In: NELS 3(1974), 92-105.

Reinhart, T. 1983. Coreference and Bound Anaphora: A Restatement of the Anaphora Questions. In: Linguistics and Philosophy 6(1983), 47-88.

Reinhart, T. 1983a. Anaphora and Semantic Interpretation. London: Croom Helm, 1983.

Reis, M. 1982. Zum Subjektbegriff im Deutschen. In: Abraham, W. (Hrsg.) 1982, 171-212.

Reis, M. 1985. Anmerkungen zu: Manfred Bierwisch "On the Nature of Semantic Form in Natural Language". Manuskript, Tübingen, 1985.

Reis, M. 1985a. Satzeinleitende Strukturen im Deutschen. Über COMP, Haupt- und Nebensätze, w-Bewegung und die Doppelkopfanalyse. In: Abraham, W. (Hrsg.) 1985, 271-311.

Reis, M. 1987. Die Stellung der Verbargumente im Deutschen: Stilübungen zum Grammatik:Pragmatik-Verhältnis. In: Rosengren, I. (Hrsg.) 1987, 139-178.

Rescher, N. 1979. Cognitive Systematization: A Systems-Theoretic Approach to a Coherentist Theory of Knowledge. Oxford: Blackwell, 1979.

Riemsdijk, H. van. 1984. On Pied-Piped Infinitives in German Relative Clauses. In: Toman, J. (Hrsg.) Studies in German Grammar. Dordrecht: Foris, 1984, 165-192.

Riemsdijk, H. van - Williams, E. 1985. Introduction to the Theory of Grammar. Cambridge, Mass.: MIT Press, 1985.

Riley, K. 1987. The Metalanguage of Transformational Syntax: Relations between Jargon and Theory. In: Semiotica 67(1987), 173-194.

Ringen, J.D. 1975. Linguistic Facts: A Study of the Empirical Scientific Status of Transformational Generative Grammars. In: Cohen, D. - Wirth, J. (Hrsg.). Testing Linguistic Hypotheses. Washington: Hemisphere, 1975, 1-41.

Roeper, Th. - Williams, E. (Hrsg.) 1988. Parameter Setting. Dordrecht: Reidel, 1988.

Rosengren, I. (Hrsg.) 1987. Sprache und Pragmatik. Lunder Symposium 1986. Stockholm: Almquist and Wiksell International, 1987.

Rothbart, D. 1984. The Semantics of Metaphor and the Structure of Science. In: Philosophy of Science 51(1984), 595-615.

Rouveret, A. - Vergnaud, J-R. 1980. Specifying Reference to the Subject: French Causatives and Conditions on Representations. In: Linguistic Inquiry 11(1980), 97-202.

Rudwick, M. 1982. A Grid-Group Analysis of Cognitive Styles in Geology. In: Douglas, M. (Hrsg.) Essays in the Sociology of Perception. London: Routledge and Kegan Paul, 1982.

Sampson, G. 1979. Liberty and Language. Oxford: Oxford University Press, 1979.

Savigny, E. von. 1976. Das normative Fundament der Sprache: Ja und aber. In: Grazer Philosophische Studien 2(1976), 141-158.

Schecker, M. (Hrsg.) 1976. Methodologie der Linguistik. Hamburg: Hoffmann und Campe, 1976.

Scheffler, I. 1967. Science and Subjectivity. New York: Bobbs-Merrill, 1967.

Scherpenisse, W. 1985. Die Satzstrukturen des Deutschen und Niederländischen im Rahmen der GB-Theorie. Eine Reaktion auf Marga Reis' Doppelkopfkritik. In: Abraham, W. (Hrsg.) 1985, 313-334.

Schlieben-Lange, B. (Hrsg.) 1975. Sprachtheorie. Hamburg: Hoffmann und Campe, 1975.

Schoopman, J. 1986. Negative Cross-fertilization. In: Zeitschrift für allgemeine Wissenschaftstheorie 17(1986), 59-67.

Shanon, B. 1988. Remarks on the Modularity of Mind. In: The British Journal of the Philosohy of Science 39(1988), 331-352.

Skinner, B. F. 1957. Verbal Behaviour. New York: Appleton-Century-Crofts, 1957.

Sperber, D. - Wilson, D. 1986. Relevance: Communication and Cognition. Oxford: Blackwell, 1986.

Stechow, A. - von Sternefeld, W. 1988. Bausteine syntaktischen Wissens: Ein Lehrbuch der generativen Grammatik. Opladen: Westdeutscher Verlag, 1988.

Stegmüller, W. 1969. Wissenschaftliche Erklärung und Begründung. Berlin - Heidelberg - New York: Springer, 1969.

Stegmüller, W. 1979. Hauptströmungen der Gegenwartsphilosophie 1-2. Stuttgart: Kröner, 1979.

Stegmüller, W. 1983. Erklärung, Begründung, Kausalität. Berlin - Heidelberg - New York: Springer, 1979.

Stegmüller, W. 1986. Kripkes Deutung der Philosophie Wittgensteins. Stuttgart: Kröner, 1986.

Sternefeld, W. 1985. Deutsch ohne grammatische Funktionen: Ein Beitrag zur Rektions- und Bindungstheorie. In: Linguistische Berichte 99(1985), 394-439.

Tuomela, R. 1977. Human Action and Its Explanation: A Study on the Philosophical Foundations of Psychology. Dordrecht: Reidel, 1977.

Uhlenbeck, E. M. 1963. An Appraisal of Transformational Theory. Lingua 12(963), 1-18.

Velde, R. G. van de 1974. Zur Theorie der linguistischen Forschung. München: Hueber, 1974.

Verschueren, J. 1980. On Speech Acts. Amsterdam: Benjamins, 1980.

Verschueren, J. 1984. Basic Linguistic Action Verbs: A Questionnaire. (=Antwerp Papers in Linguistics 37 ) Antwerpen: Universität Antwerpen, 1984.

Verschueren, J. 1985. What People Say They Do With Words: Prolegomena to an Empirical-Conceptual Approach to Linguistic Action. Norwood, N.J.: Ablex, 1985.

Walker, R. C. S. 1985. Regelbefolgen und die Kohärenztheorie der Wahrheit. In: Birnbacher, D. - Burkhardt, A. (Hrsg.) 1985, 27-46.

Wang, J. 1972. Wissenschaftliche Erklärung und generative Grammatik. In: Hyldgard-Jensen, K. (Hrsg.) Linguistik 1971. Frankfurt/M.: Athenäum 1972, 50-66.

Webelhuth, G. 1985. German is Configurational. In: The Linguistic Review 4(1984-1985), 203-246.

Wexler, K. - Culicover, P. - Hamburger, H. 1975. Learning-Theoretic Foundations of Linguistic Universals. In: Theoretical Linguistics 2(1975), 215-253.

Weydt, H. 1975. Das Problem der Sprachbeschreibung durch Simulation. In: Schlieben-Lange, B. (Hrsg) 1975, 53-80.

Wiese, R. 1982. Remarks on Modularity in Cognitive Theories of Language. In: Linguistische Berichte 80/82(1982), 18-31.

Williams, E. 1987. A Reassignment of the Functions of LF. In: Linguistic Inquiry 17(1987), 265-299.

Williams, E. 1987a. Implicit Arguments, the Binding Theory, and Control. In: Natural Language and Linguistic Theory 5(1987), 151-180.

Williams, E. - Roeper, Th. 1988. Introduction. In: Roeper, Th. - Williams, E. (Hrsg.) 1988, vii-xix.

Winkler, E. 1987. Syntaktische und semantische Eigenschaften von verba dicendi und ihre Bedeutung bei der Behandlung des Satzmodus. In: Lang (Hrsg.) 1987, 216-253.

Winston, M. E. 1978. Explanation in Linguistics: A Critique of Generative Grammar. Diss. University of Illinois at Urbane-Champaign, 1978.

Wirth, J. R. (Hrsg.) 1976. Assessing Linguistic Arguments. Washington: Hemisphere, 1976.

Wittgenstein, L. 1969. Philosophische Untersuchungen. In: ders. Schriften, Band 1. Frankfurt/M.: Suhrkamp, 1969.

Wittgenstein, L. 1970. Das Blaue Buch. In: ders. Schriften, Band 5. Frankfurt/M.: Suhrkamp, 1970.

Wittgenstein, L. 1970a. Zettel. In: ders. Schriften, Band 5. Frankfurt/M.: Suhrkamp, 1970.

Wittgenstein, L. 1974. Bemerkungen über die Grundlagen der Mathematik. In: ders. Schriften, Band 6. Frankfurt/M.: Suhrkamp, 1974.

Wittgenstein, L. 1978. Wittgensteins Vorlesungen über die Grundlagen der Mathematik. In: ders. Schriften, Band 7. Frankfurt/M.: Suhrkamp, 1978.

Wittgenstein, L. 1982. Bemerkungen über die Philosophie der Psychologie. In: ders. Schriften, Band 8. Frankfurt/M.:Suhrkamp, 1982.

Woolgar, S. 1981. Interests and Explanation in the Social Study of Science. In: Social Studies of Science 11(1981), 365-394.

Wright, G. H. von 1974. Erklären und Verstehen. Frankfurt/M.: Athenäum, 1974.

Wunderlich, D. 1981. Grundlagen der Linguistik. Opladen: Westdeutscher Verlag, 1981.

Wunderlich, D. 1976. Einleitung und Thesen. In: Wunderlich (Hrsg.) (1976), 1-5.

Wunderlich, D. (Hrsg.) 1976. Wissenschaftstheorie der Linguistik. Kronberg: Athenäum, 1976.

Yearley, S. 1982. The Relationship between Epistemological and Sociological Cognitive Interests: Some Ambiguities Underlying the Use of Interests Theory in the Study of Scientific Knowledge. In: Stud. Phil. Hist. Sci. 13(1982), 353-388.

Znaniecki, F. 1965. The Social Role of The Man of Knowledge. New York: Octagon Books, 1965.

# Praktische Argumentationstheorie

Theoretische Grundlagen, praktische Begründung und Regeln
wichtiger Argumentationsarten

von Christoph Lumer

*1990. XII, 474 Seiten (Wissenschaftstheorie, Wissenschaft und Philosophie,
Bd. 26; hrsg. von S. J. Schmidt und P. Finke) Gebunden.
ISBN 3-528-06347-5*

Das spezifische Ziel von Argumentationen ist nicht einfach, den Adressaten etwas glauben zu machen – dies wäre bloße Rhetorik –, sondern: den Adressaten beim Erkennen der Akzeptabilität (insbesondere der Wahrheit) der These anzuleiten und ihn so zu *begründetem* Glauben, zu Erkenntnis zu führen. Argumentationen leiten das Erkennen an, indem sie hinreichende Akzeptabilitätsbedingungen der These als erfüllt beurteilen und so den Adressaten implizit auffordern, diese Bedingungen zu überprüfen. Argumentationen sind gültig, wenn sie diese Funktion erfüllen. – Auf der Basis dieser Funktionsbestimmung werden in der „Praktischen Argumentationstheorie" (erstmalig) präzise Gültigkeitskriterien für Argumentationen entwickelt, philosophisch begründet und auf komplexe Argumentationsbeispiele aus Wissenschaft, Technik und Kultur angewendet. Besonderes Gewicht liegt dabei auf nicht logischen Argumentationstypen. Die Analyse der erkenntnistheoretischen Grundlagen vor allem der interpretierenden und praktischen Argumentationen ist zudem von erheblicher Bedeutung weit über die Argumentationstheorie hinaus: für die Interpretationstheorie, die Handlungstheorie und die praktische Philosophie.

Verlag Vieweg · Postfach 58 29 · D-6200 Wiesbaden